计算机科学与技术专业实践系列教材

网页设计与制作

（第2版）

曹振丽 孙俊琳 主编

清华大学出版社

北京

内 容 简 介

网页设计在IT行业属于一门基础学科，也是一项比较容易学习的技术。在高校，网页设计是计算机专业学生的必修课，也是其他学科学生的选修课。本教材以实用为目的，通过浅显易懂的知识讲解，并配以典型案例进行知识技能的强化，使学生容易上手，学习不再枯燥。通过本教材的学习，会让初学者爱上网页设计。

全书共分11章，内容涉及网页设计基础知识、Dreamweaver、XHTML、CSS和JavaScript等。

本书可作为高等院校网页设计与制作课程的教学用书，也可作为网页设计与制作的培训教材，同时还可作为网页设计与制作的自学指导书和参考书。

图书在版编目(CIP)数据

网页设计与制作/曹振丽，孙俊琳主编. —2版. —北京：清华大学出版社，2018（2022.7重印）
（计算机科学与技术专业实践系列教材）
ISBN 978-7-302-49063-0

Ⅰ. ①网… Ⅱ. ①曹… ②孙… Ⅲ. ①网页制作工具－高等学校－教材 Ⅳ. ①TP393.092

中国版本图书馆CIP数据核字(2017)第295786号

责任编辑：白立军
封面设计：傅瑞学
责任校对：徐俊伟
责任印制：宋 林

出版发行：清华大学出版社
网　　址：http://www.tup.com.cn，http://www.wqbook.com
地　　址：北京清华大学学研大厦A座　　**邮　　编**：100084
社 总 机：010-83470000　　**邮　　购**：010-62786544
投稿与读者服务：010-62776969，c-service@tup.tsinghua.edu.cn
质量反馈：010-62772015，zhiliang@tup.tsinghua.edu.cn
课件下载：http://www.tup.com.cn，010-83470236
印 装 者：北京嘉实印刷有限公司
经　　销：全国新华书店
开　　本：185mm×260mm　　**印　　张**：20.25　　**字　　数**：509千字
版　　次：2016年1月第1版　2018年1月第2版　　**印　　次**：2022年7月第5次印刷
定　　价：49.00元

产品编号：077208-01

前　　言

网页设计在IT行业属于一门基础学科，也是一项比较容易学习的技术。在高校，网页设计是计算机专业学生的必修课，也是其他学科学生的选修课。

全书共分11章，内容涉及网页设计基础知识、Dreamweaver、XHTML、CSS和JavaScript等。

(1) 第1章，主要介绍网页制作的基础知识，包括网络相关的概念、网页设计技术及所需要的软件和网站开发流程等。通过本章的学习，初学者能了解网页制作的范畴，确定学习的目标。

(2) 第2章，主要介绍网页的开发工具Dreamweaver CS6。通过本章的学习，初学者能熟悉Dreamweaver CS6的操作界面，并使用Dreamweaver CS6创建网页，建立站点。

(3) 第3章和第4章，主要介绍HTML标签及其属性。设计简单案例，强化HTML标签和属性的用法。通过这两章的学习，初学者能够熟练地在页面中添加所需的网页元素，如文本、图像、列表、超链接、表格、表单、框架等，为网页结构的搭建打下基础。

(4) 第5章和第6章，主要介绍CSS基本语法和常用CSS样式。通过这两章的学习，初学者可以在网页结构的基础上，丰富网页元素的表现效果。

(5) 第7章和第8章，主要介绍如何运用CSS实现网页布局。这两章是网页布局的核心内容。第7章主要介绍盒模型、浮动和定位及浏览器的兼容性。第8章通过浮动和定位实现一列、两列及三列的网页布局。掌握这两章的内容，可以随心所欲地布局网页结构。

(6) 第9章和第10章，主要介绍JavaScript基础及在网页中的应用。第9章以知识讲解为主，第10章侧重应用。通过这两章的学习，初学者可以运用JavaScript实现网页的常见效果。

(7)第11章是全书内容的升华，也是点睛之笔。以一个企业网站为例，介绍网页制作的全过程，包括如何分析页面、确定网页结构、布局网页，运用HTML添加网页元素，运用CSS定位网页元素并美化网页元素，最终实现详细设计。网站制作过程基本上覆盖了全书介绍的所有知识点。通过该实例的学习，初学者可以尝试自己设计一个标准的、美观大方的网页。

由于作者水平有限，不当之处在所难免，恳请广大读者批评指正。

编　者

2017年9月

前　言

目　录

第1章　网页设计基础

本章学习目标

(1) 理解互联网技术、Web 浏览器和 Web 标准等概念。

(2) 熟悉网页设计的相关技术。

(3) 了解网页设计所需的软件。

(4) 了解网站开发的流程。

本章主要介绍在网页设计中涉及的一些基本网络概念、网页设计相关技术及网页设计所需要的软件和网站开发流程。让读者在学习网页设计之前,对相关内容有一定的了解与认识。

1.1　网站建设基本概念

网页是一种网络信息传递的载体。“新浪”“搜狐”“网易”等都是俗称的“网站”,当人们访问这些网站时,最直接访问的就是“网页”。当然,首要一个条件就是计算机已经连接互联网,同时需要计算机安装了网页浏览器。

1.1.1　因特网

因特网(Internet)又称为互联网,是网络与网络之间连接成的庞大网络,这些网络以一组通用的协议相连,形成逻辑上的单一巨大国际网络。这种将计算机网络互相连接在一起的方法可称为“网络互联”,在这基础上发展为覆盖全世界的全球性互联网络称因特网,应该说互联网是互相连接在一起的网络结构。互联网并不等同万维网,万维网只是基于超文本相互链接而成的全球性系统,且是互联网所能提供的服务之一。

互联网是人类20世纪最伟大的基础性科技发明之一。作为信息传播的新载体,科技创新的新手段,互联网的普及和发展,改变了人类的生产和生活方式,引发了前所未有的信息革命和产业革命,也进一步引发了深刻的社会变革。互联网的发展经历了如下3个阶段。

第一阶段:实验科研阶段(1969—1994年)。美国国防部1969年建立了由4台计算机构成的分布式控制的分组交换网——阿帕网。1983年,为了满足更大规模网络互联的需求,阿帕网采用了TCP/IP,并被正式命名为“互联网”。1986年美国国家科学基金会出资,在全美建立全国性的互联网络NFSNet,并在随后发展为互联网的主干网络。这一时期的互联网由政府出资建设,主要面向科学研究,网络开放给科研人员免费使用。互联网网络技术快速发展并逐渐成熟,但应用技术相对单一,主要是电子邮件和文件传输。

第二阶段:社会化应用启动阶段(1994—2001年)。1994年,美国允许商业资本介入互联网建设与运营,互联网从实验室进入了商业运营时期,开始向各行各业渗透。万维网(WWW)技术的发明大大降低了信息交流和资源共享的门槛,为互联网迅速普及提供了技术基础。这一阶段,互联网的发展主要体现为网络的扩张、用户的增加、大批网站的涌现,以及 VoIP、综合新闻网站等应用的出现和繁荣。

第三阶段：社会化应用阶段(2001—)。进入 21 世纪，宽带、无线移动通信等技术的发展，为互联网应用类型的丰富和应用领域的拓宽提供了条件，在网络规模和用户数量持续增加的同时，互联网逐渐应用到了金融、商贸、公共服务、社会管理、新闻出版、广播影视等经济社会生活的各个领域。IP 技术以其强大的包容性和渗透力，促进了互联网与电信网、广电网的融合。以博客、播客为代表的具有自组织、个性化特征的 Web 2.0 技术使普通用户可以轻松成为网络内容的提供者，促进了网络内容的日益繁荣。

1.1.2 万维网

万维网(World Wide Web，WWW)又称为全球信息网，简称为 Web，是促进互联网第二阶段出现的重要技术，是互联网上最流行的交互式信息查询服务系统。作为互联网的子系统，Web 本身既是一种信息浏览工具，又是一种信息资源，不过这种信息资源需通过互联网来访问。

万维网的诞生在互联网史上是一个重要的历史事件，它使人们可以更加方便地访问互联网上的信息资源。1980 年，蒂姆·伯纳斯-李(Tim Berners-Lee)在当时的欧洲量子物理实验中心做了一段短期的软件咨询工作。在此期间，他遇到了志同道合的罗伯特·卡雷欧(Robert Cailliau)。卡雷欧当时在实验中心做软件工程师，他被蒂姆·伯纳斯-李的“全球超文本”的想法吸引，两人一起合作构建了万维网的原型“查询万有”，这个系统展示了现在使用的万维网的核心思想。随后，直到 1984 年他又得到了实验中心的一份助理工作。于是，他又回到了以前的项目上。在此期间，互联网的发展及量子物理实验中心作为欧洲最大的互联网结点的特殊原因，给了他一个千载难逢的机会，让他去观察和思考如何将超文本与互联网结合起来。

1989 年，蒂姆·伯纳斯-李向实验中心正式提交了一份后来被称为“万维网蓝图”的报告——《关于信息化管理的建议》。在这份报告中，蒂姆·伯纳斯-李根据他和卡雷欧在 1980 年构建的万维网的原型，正式提出了万维网的运行机制和实施方案。但是，由于找不到公司愿意提供他们需要的产品，蒂姆·伯纳斯-李只好自己动手来制作浏览器和服务器。1990 年 11 月，蒂姆·伯纳斯-李在欧洲量子物理实验中心的那台分配给他使用的 NeXT 工作站上制作出了第一个万维网浏览器(同时也是编辑器)和第一个网络服务器，并编写了第一个网页，该网页提供了执行万维网项目的细节。1993 年，万维网技术有了突破性的进展，伊利诺伊州立大学香槟分校超级计算中心的一个学生和一个程序员，合作编写了第一个能够传输多媒体的万维网浏览器，它很好地解决了远程信息服务中的文字显示、数据连接及图像传递等问题，使得万维网用户可以通过图形界面很方便地查询到以前要通过几种不同程序查询的信息，这使得万维网很快成为互联网上最为流行的信息传播方式。根据保守估计，互联网上已有 80 多亿可查询到的网页。

WWW 获得成功的秘诀在于它制定了一套标准的、易于掌握的超文本开发语言(HTML)、信息资源的统一定位格式(URL)和超文本传送通信协议(HTTP)，用户掌握后可以很容易地建立自己的网站。

万维网建立在标准化的网络概念之上，采用客户机/服务器(Client/Server)的体系结构。资源共享是互联网的基本特征，在大多数情况下，共享是通过两个独立的程序实现的，即“客户机程序”和“服务器程序”,它们分别为请求服务和提供服务的程序。客户机程序申请并使用资源,服务器程序提供资源,两者运行在不同的计算机上。本书后面要介绍的网页设计主要就是客户机程序。

1.1.3 浏览器

浏览器是指可以显示网页服务器或者文件系统的 HTML 文件(标准通用标记语言的一个应用)内容,并让用户与这些文件交互的一种软件。它用来显示在万维网或局域网等内的文字、图像及其他信息。这些文字或图像,可以是连接其他网址的超链接,用户可迅速及轻易地浏览各种信息。

1. 常用浏览器

大部分网页为 HTML 格式。一个网页中可以包含多个文档,每个文档都是分别从服务器获取的。大部分浏览器本身支持除了 HTML 之外的大量格式,例如 JPEG、PNG、GIF 等图像格式,并且能够扩展支持众多的插件(plug-ins)。另外,许多浏览器还支持其他的 URL 类型及其相应的协议,如 FTP、Gopher、HTTPS(HTTP 的加密版本)。HTTP 内容类型和 URL 协议规范允许网页设计者在网页中嵌入图像、动画、视频、声音和流媒体等。

浏览器的种类很多,从内核上分为以下 4 种。

(1) IE 内核。例如 IE、GreenBrowser、Maxthon2、世界之窗、360 安全浏览器和搜狗浏览器等。

(2) Chrome 内核。例如 Chrome(谷歌)浏览器。

(3) 双核(IE 和 Chrome/WebKit 内核)。双核的意思是一般网页用 Chrome 内核(即 WebKit 或高速模式)打开,网银等指定的网页用 IE 内核打开,并不是一个网页同时用两个内核处理。例如 360 高速浏览器、搜狗高速浏览器。

(4) Firefox。

不同的浏览器,对于 HTML 的解释不同,进行网页测试时,需要在不同的浏览器下进行,这样才能保证不同的用户看到的网页效果相同。

2. 浏览器的兼容性

浏览器的兼容性问题又被称为网页兼容性或网站兼容性问题,是指网页在各种浏览器上的显示效果可能不一致而产生浏览器和网页间的兼容问题。在网站的设计和制作中,做好浏览器兼容,才能够让网站在不同的浏览器下都正常显示。而对于浏览器软件的开发和设计,浏览器对标准的更好兼容将给用户带来更好的使用体验。

因为不同的浏览器使用内核及所支持的 HTML 等网页语言标准不同,以及用户客户端的环境不同(如分辨率不同)造成显示效果不能达到理想的效果。最常见的问题就是网页元素位置混乱、错位。为了解决这样的问题,对于一般用户来说,应该用 IE 8 兼容模式浏览网页,而不应该用 IE 9 或 IE 10 渲染模式。很多用户安装 IE 10 后发生很多网页显示错乱,就是兼容性的原因,因为 IE 10 默认的渲染模式是 IE 10,此时应该将其改为 IE 7 渲染模式。因为中国所有网页都支持基于 IE 内核的浏览器,但并不一定支持 Chrome、Firefox 和双核浏览器的高速模式。原因很简单,网页开发人员没有那么多时间和精力去兼容及测试那么多浏览器,开发人员一般让网页在 IE 下正常工作就算大功告成。渲染模式和网页打开速度几乎没有关系,用户感觉不到。

对于网站开发者来说，目前暂时没有统一能解决这样问题的工具，最普遍的解决办法就是不断地在各浏览器间调试网页的显示效果，通过对 CSS 样式控制以及通过脚本判断并赋予不同浏览器的解析标准。如果所要实现的效果可以使用框架，那么还有另一个解决办法是在开发过程中使用当前比较流行的 JS、CSS 框架，如 jQuery、YUI 等，因为这些框架无论是底层的还是应用层的一般都已经做好了浏览器兼容，所以可以放心使用。除此之外，CSS 提供了很多 hack 接口可供使用，hack 既可以实现跨浏览器的兼容，也可以实现同一浏览器不同版本的兼容。

1.1.4 网页和网站

Internet 网络是由数百万台计算机和数千万计的用户组成的全球范围内的计算机互联网络，是一个世界范围内的信息资源的大型集合体系，这些计算机通过网站的形式组成庞大的资源集合。通过超链接连接起来的一系列逻辑上可以视为一个整体的网页就是网站。例如新浪网站就是由数千计的网页组成，每个网页间通过超链接访问。

1. 网页

网页是构成网站的基本元素，是承载各种网站应用的平台。通俗地说，网站就是由网页组成的，如果只有域名和虚拟主机而没有制作任何网页的话，客户将无法访问到该网站。网页是一个文件，它可以存放在世界某个角落的某一台计算机中，是万维网中的一“页”，是超文本标记语言格式(标准通用标记语言的一个应用，文件扩展名为 html 或 htm)。网页分为静态网页和动态网页。

静态网页是指站点的页面内容是“固定不变”的。无论客户浏览器请求多少次，从 Web 服务器返回的内容都是一致的。静态网页多为 HTML 语言编写，不包含服务器语言。静态网页并不是指页面“外观”上静态，例如有些使用 JavaScript 脚本制作的动画效果及 Flash 页面，仍属于静态页面。

动态网页的网页文件里包含服务器语言，通过后台数据库与 Web 服务器的信息交互，由后台数据库提供实时数据更新和数据查询服务。客户浏览器每次从 Web 服务器返回的结果可能不一样。常见的动态网页技术有 JSP、ASP、ASP.NET 及 PHP 等。

网页要通过网页浏览器来阅读。网页由文本、图像、超链接、动画等基本元素构成，具体构成元素如下。

1）文本

一般情况下，网页中最多的内容是文本，可以根据需要对其字体、大小、颜色、底纹、边框等属性进行设置。建议用于网页正文的文字一般不要太大，也不要使用过多的字体，中文文字一般可使用宋体，大小一般使用 9 磅或 12 像素左右即可。

2）图像

丰富多彩的图像是美化网页必不可少的元素，用于网页上的图像一般为 JPG 格式和 GIF 格式。网页中的图像主要用于点缀标题的小图片，介绍性的图片，代表企业形象或栏目内容的标志性图片，用于宣传广告等多种形式。

3）超链接

超链接是 Web 网页的主要特色，是指从一个网页指向另一个目的端的链接。这个“目的端”通常是另一个网页，也可以是下列情况之一：相同网页上的不同位置、一个下载的文件、一幅图片、一个 E-mail 地址等。超链接可以是文本、按钮或图片,鼠标指针指向超链接位置时,会变成小手形状。

4) 动画

动画是网页中最活跃的元素,创意出众、制作精致的动画是吸引浏览者眼球的最有效方法之一。但是如果网页动画太多,也会物极必反,使人眼花缭乱,进而产生视觉疲劳。

5) 表格

表格是 HTML 语言中的一种元素,主要用于网页内容的布局,组织整个网页的外观,通过表格可以精确地控制各网页元素在网页中的位置。

6) 框架

框架是网页的一种组织形式,将相互关联的多个网页的内容组织在一个浏览器窗口中显示。例如,在一个框架内放置导航栏,另一个框架中的内容可以随单击导航栏中的链接而改变。

7) 表单

表单是用来收集访问者信息或实现一些交互作用的网页,浏览者填写表单的方式是输入文本、选中单选按钮或复选框、从下拉菜单中选择选项等。

网页中除了上述这些最基本的构成元素外,还包括横幅广告、字幕、悬停按钮、日戳、计算器、音频、视频、Java Applet 等元素。

2. 网站

顾名思义,网站就是网络上的一个站点。网站由两部分构成,即域名(也就是网站地址)和网站空间构成。众所周知,每一台计算机在网络中都有自己的 IP 地址,以前在互联网初期,要想和大家分享自己计算机中的内容,别人必须输入你的计算机的 IP 地址才能访问到你的计算机,例如你的计算机的 IP 地址是 114.112.44.1,别人就必须输入一遍,显而易见这些数字是比较难以记忆的,于是诞生了"域名"。通过一台超级计算机把某个域名和某个 IP 绑在一起,例如把 www.baidu.com 和 IP 地址 220.181.112.143 绑在一起,这样就形成了一个网站。可以通过 www.baidu.com 访问百度,当然也可以通过 220.181.112.143 来访问百度。

1) 域名

域名(Domain Name)是由一串用点分隔的字母组成的 Internet 上某一台计算机或计算机组的名称。用于在数据传输时标识计算机的电子方位(有时也指地理位置)。DNS 规定,域名中的标号都由英文字母和数字组成,每一个标号不超过 63 个字符,也不区分大小写字母。标号中除连字符(-)外不能使用其他的标点符号。级别最低的域名写在最左边,而级别最高的域名写在最右边。由多个标号组成的完整域名总共不超过 255 个字符。

2) 网址

人们所访问的网站的网址以及访问方式,是通过统一资源定位器(Uniform Resource Locator,URL)来确定的。网址用于描述 Internet 上资源的位置和访问方式。

网址的基本语法如下:

```
Scheme://host.domain:port/path/filename
```

语法说明:URL 通常包括三部分,第一部分是 Scheme,告诉浏览器该如何工作;第二部分是文件所在的主机;第三部分是文件的路径和文件名。

Scheme：定义因特网服务的类型,告诉浏览器如何解析将要打开的文件内容。最流行的类型是 HTTP,也有 FTP、Telnet 等。

domain(域)：定义因特网域名。

host(主机)：定义域中的主机。如果省略,默认支持 HTTP 的主机是 WWW。

port(端口)：定义服务的端口号,端口号通常是被省略的。HTTP 默认的端口号是 80。

path(路径)：定义服务器上的路径(一个辅助的路径)。如果路径被省略,资源(文档)会被定位到网站的根目录。

filename(文件名)：定义文档的名称。

网站是根据一定的规则,使用 HTML 等工具制作的用于展示特定内容的相关网页的集合。简单地说,网站是一种通信工具,人们可以通过网站来发布自己想要公开的资讯,或者利用网站来提供相关的网络服务。人们可以通过浏览器来访问网站,获取自己需要的资讯或者享受网络服务。衡量一个网站的性能通常从网站空间大小、网站位置、网站连接速度(俗称"网速")、网站软件配置和网站提供服务等几方面考虑,最直接的衡量标准是网站的真实流量。

现在许多公司都拥有自己的网站,它们利用网站来进行宣传、产品资讯发布、招聘等。随着网页制作技术的流行,很多个人也开始制作个人主页。这些通常是制作者用来自我介绍、展现个性的地方。也有提供专业企业网站制作的公司,通常这些公司的网站上提供人们生活各个方面的服务、新闻、旅游、娱乐、经济等资讯。

1.2 网页设计相关技术

自网站诞生以来,用于构建网站的语言就一直在不断地演化。现在 Web 标准在业界已经成为一种网页制作的非强制性规范,是很多网站表现层技术标准的集合。网页设计者一般使用 HTML 或 XHTML 创建基本的网页,使用 CSS 控制它们的外观并使它们更加引人注目,使用 JavaScript 添加交互功能。

1.2.1 网页设计相关组织

1. W3C

W3C 的中文译名为万维网组织,它是一个专注于"领导和发展 Web 技术"的国际工业行业协会。它由万维网发明者蒂姆·伯纳斯-李领导,成立于 1994 年。W3C 已经有超过 500 家的会员,包括微软、美国在线(Netscape 的母公司)、苹果计算机、Adobe、Macromedia、Sun 以及各类主流硬件、软件制造商和电信公司。协会主要研究由美国麻省理工学院(MIT)、法国的欧洲信息与数学研究论坛(ERCIM)、日本应庆大学(KEIO)三家学术机构主理。

W3C 的主要工作是研究和制定开放的规范(事实上的标准),以便提高 Web 相关产品的互用性。W3C 的推荐规范的制定都是由来自会员和特别邀请的专家组成的工作组完成。工作组的草案(drafts)在通过多数相关公司和组织同意后提交给 W3C 理事会讨论,正式批准后才成为"推荐规范(recommendations)"发布。目前,W3C 发布的标准主要有以下内容。

1) HTML 4.0

超文本标记语言 HTML 广泛用于现在的网页，HTML 可以为文档增加结构信息。

2) XML 1.0

XML 是 eXtensible Markup Language（可扩展标记语言）的简写。XML 类似于 HTML，也是标记语言，不同的是 HTML 有固定的标签，而 XML 允许用户自己定义标签，甚至允许用户通过 XML namespaces 为一个文档定义多套设定。

3) CSS 2.0

CSS 指层叠样式表。通过 CSS 可以控制 HTML 或者 XML 标签的表现形式。W3C 推荐使用 CSS 布局方法，使得 Web 设计更加简单，结构更加清晰。

4) XHTML 1.0

实际上，XHTML 就是将 HTML 根据 XML 规范重新定义一遍。它的标签与 HTML 4.0 一致，而格式严格遵循 XML 规范。所以，虽然 XHTML 与 HTML 在浏览器中一样显示，但如果要转换成 PDF 格式，那么 XHTML 会容易得多。

5) DOM 1.0

DOM 是 Document Object Model 的缩写，即文档对象模型。DOM 给了脚本语言（类似于 ECMAScript）无限发挥的能力。它使脚本语言很容易访问整个文档的结构、表现和行为。

2. ECMA

ECMA 是 European Computer Manufactures Association 的缩写，中文名称为欧洲计算机制造联合会，是 1961 年成立的旨在建立统一的计算机操作格式标准，包括程序语言和输入输出的组织。

ECMA 位于日内瓦，和 ISO（国际标准化组织）以及 IEC（国际电工委员会）总部相邻，主要任务是研究信息和通信技术方面的标准并发布有关技术报告。ECMA 并不是官方机构，而是由主流厂商组成的，主流厂商还经常与其他国际组织进行合作。

ECMA 发布了标准 ECMAScript。ECMAScript 是基于 Netscape JavaScript 的一种标准脚本语言。它也是一种基于对象的语言，通过 DOM 可以操作网页上的任何对象。可以增加、删除、移动或者改变对象，使得网页的交互性大大提高。

1.2.2 Web 标准

Web 标准不是某一个标准，而是一系列标准的集合。这些标准大部分由万维网联盟（W3C）起草和发布，也有一些是其他标准组织制定的标准，例如 ECMA 的 ECMAScript 标准。

1. Web 标准的发展

Web 标准经历了 Web 1.0 和 Web 2.0，下面介绍 Web 1.0 和 Web 2.0 的区别。

Web 2.0 指的是一个利用 Web 的平台，由用户主导而生成的内容互联网产品模式，为了区别传统由网站雇员主导生成的内容而定义为第二代互联网。Web 1.0 和 Web 2.0 的区别如图 1.1 所示。

具体从以下几方面介绍。

(1) 用户参与网站内容制造。与 Web 1.0 网站单向信息发布的模式不同，Web 2.0 网

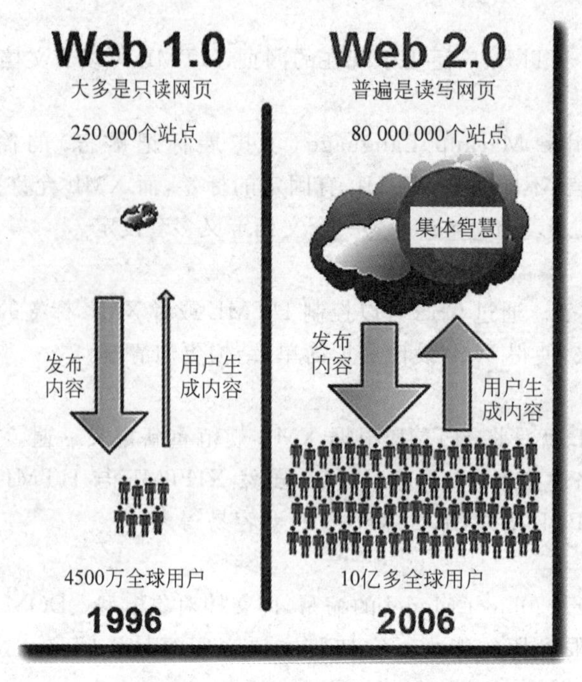

图 1.1　Web 1.0与Web 2.0的区别

站的内容通常是用户发布的，使得用户既是网站内容的浏览者也是网站内容的制造者，这也就意味着Web 2.0网站为用户提供了更多参与的机会，例如博客网站和Wiki就是典型的用户创造内容的指导思想，而tag技术(用户设置标签)将传统网站中的信息分类工作直接交给用户来完成。

(2) Web 2.0更加注重交互性。不仅用户在发布内容过程中实现与网络服务器之间的交互，而且，也实现了同一网站不同用户之间的交互，以及不同网站之间信息的交互。

(3) 符合Web标准的网站设计。Web标准是国际上正在推广的网站标准，通常所说的Web标准一般是指网站建设采用基于XHTML语言的网站设计语言。Web标准中典型的应用模式是CSS+XHTML，摒弃了HTML 4.0中的表格定位方式，其优点之一是网站设计代码规范，并且减少了大量代码，减少网络带宽资源浪费，加快了网站访问速度。更重要的一点是，符合Web标准的网站对于用户和搜索引擎更加友好。

(4) Web 2.0网站与Web 1.0没有绝对的界限。Web 2.0技术可以成为Web 1.0网站的工具，一些在Web 2.0概念之前诞生的网站本身也具有Web 2.0特性，例如，B2B电子商务网站的免费信息发布和网络社区类网站的内容也来源于用户。

(5) Web 2.0的核心不是技术而在于指导思想。Web 2.0有一些典型的技术，但技术是为了达到某种目的所采取的手段。Web 2.0技术本身不是Web 2.0网站的核心，重要的在于典型的Web 2.0技术体现了具有Web 2.0特征的应用模式。因此，与其说Web 2.0是互联网技术的创新，不如说是互联网应用指导思想的革命。

(6) Web 2.0是互联网的一次理念和思想体系的升级换代，由原来的自上而下的由少数资源控制者集中控制主导的互联网体系，转变为自下而上的由广大用户集体智慧和力量主导的互联网体系。

(7) Web 2.0 体现交互,可读可写,体现出的应用是各种微博、相册,用户参与性更强。

2. Web 标准的构成

Web 标准是由 W3C(World Wide Web Consortium)和其他标准化组织制定的一套规范集合,这些规范是专门为那些在网上发布的可向后兼容的文档所设计的,使其能够被大多数人访问。网页主要由 3 部分组成:结构(structure)、表现(presentation)和行为(behavior)。对应的标准也分为 3 方面:结构化标准语言(主要包括 XHTML 和 XML)、表现标准语言(主要包括 CSS)、行为标准语言(主要包括对象模型,如 W3C DOM、ECMAScript 等)。

1) 结构化标准语言

结构化标准语言用来对网页中用到的信息进行整理与分类。用于结构化设计的 Web 标准技术主要有两种:XHTML 和 XML。

2) 表现标准语言

表现技术用于对已经被结构化的信息进行显示上的控制,包括版式、颜色、大小等样式控制。W3C 创建 CSS 标准的目的是希望以 CSS 来描述整个页面的布局设计,与 HTML 所负责的结构分开,使站点的构建及维护更加容易。

3) 行为标准语言

行为是指对整个文档内部的一个模型进行定义及交互行为的编写,用于编写用户可以进行交互式操作的文档。行为标准包括 DOM 和 ECMAScript 两部分。DOM 指文档对象模型。W3C 建立的 W3C DOM 是建立网页与 Script 或程序语言沟通的桥梁。它实现了访问页面中标准组件的一种标准方法。ECMAScript 是 ECMA 制定的标准脚本语言。

1.2.3 XHTML 标签

XHTML 即可扩展超文本标记语言,目前推荐遵循的是 W3C 于 2000 年 1 月 26 日发布的 XHTML 1.0 版本,虽然 XML 的数据转换能力强大,完全可以替代 HTML,但面对成千上万的 Internet 站点,直接采用 XML 还为时过早。所以,在 HTML 4.0 的基础上,用 XML 的规则对其进行了扩展,得到了 XHTML。简单来说,建立 XHTML 的目的就是实现 HTML 向 XML 的过渡。

XHTML 有 3 种定义:严格的(strict)、过渡的(transitional)和框架的(frameset)。DTD 是 Document Type Definition(文档类型定义)的缩写,它写在 XHTML 文件的开始位置,告诉浏览器这个文档符合什么规范,用什么规范来解析。

下面介绍 HTML、XML 和 XHTML 三者之间的区别和联系。

1. HTML

HTML 是超文本标记语言(HyperText Markup Language)的英文缩写,它是用来描述网页的一种语言,强调把数据和数据的显示放在一起,使用标记标签来描述网页,显示数据外观。简言之,HTML 文件能够将数据组织在一起并按照不同的格式显示出来,它并不关心数据间的组织结构。

2. XML

XML 是可扩展标记语言(eXtensible Markup Language)的英文缩写,用户可以自定义具有结构性的标记语言,可以用来定义数据类型、标记数据内容的含义,展现文件中数据的组织结构。XML 可以使用 XML 解析器按照其组织结构分解出数据，而本身不提供数据的显示格式。

XML 与 HTML 的主要区别如下。

(1) XML 的重点是数据内容，是为传输和存储数据而设计的；HTML 的重点是数据的外观显示，是为了显示数据而设计的。

(2) 在 HTML 中，并不是所有的标记都需要成对出现，但是在 XML 中，则要求所有的标记必须成对出现。

(3) HTML 标记不区分大小写，XML 则需要区分大小写。

3. XHTML

XHTML 是作为一种 XML 应用被重新定义的标记语言，它和 HTML 有些相似，但有细微而重要的区别。从本质上说，XHTML 是一种过渡技术，结合了部分 XML 的强大功能及大多数 HTML 的简单特性。在 HTML 4.0 的基础上，用 XML 的规则对其进行扩展，就得到了 XHTML。XHTML 的可扩展性和灵活性将适应未来网络应用的更多需求，通过 XHTML 实现 HTML 向 XML 的过渡，最终取代 HTML。

XHTML 与 HTML 的主要区别如下。

(1) XHTML 的元素必须被正确地嵌套，不能出现交叉；而 HTML 则可以彼此交叉嵌套。

(2) XHTML 的元素必须被关闭，非空标签必须使用结束标签；而 HTML 中可以有单独标记。

(3) XHTML 的标签名和属性对大小写敏感，XHTML 元素必须小写；而 HTML 标记不区分大小写。

(4) 所有的 XHTML 元素都必须被嵌套于<html>根元素中。

1.2.4 CSS 样式

CSS 的英文全称为 Cascading Style Sheets，中文译名为层叠样式表或级联样式表。

从 20 世纪 90 年代初 HTML 被发明开始，样式表就以各种形式出现了。不同的浏览器结合了它们各自的样式语言，读者可以使用这些样式语言来调节网页的显示方式。开始样式表是为访问者设置的，最初的 HTML 版本只含有很少的显示属性，由访问者来决定网页应该怎样被显示。但随着 HTML 的完善，同时也是为了满足设计师的要求，HTML 获得了很多显示功能。随着这些功能的增加，外来定义样式的语言变得越来越不重要。

1994 年，哈坤·利提出了 CSS 的最初建议。伯特·波斯当时正在设计一个称为 Argo 的浏览器，他们决定一起合作设计 CSS。当时已经有过一些样式表语言的建议，但 CSS 是第一个有“层叠”含义的。哈坤·利于 1994 年在芝加哥的一次会议上第一次展示了 CSS 的建议，1995 年他与伯特·波斯一起再次展示了这个建议。当时 W3C 刚刚建立，W3C 对 CSS 的发展很感兴趣，并为此组织了一次讨论会。哈坤·利、伯特·波斯和其他一些人（如微软公司的托马斯·雷尔登）是这个项目的主要技术负责人。1996 年底，CSS 已经完成。

1997 年初，W3C 内组织了专门管理 CSS 的工作组，其负责人是克里斯·里雷。该工作组讨论了 CSS 1.0 版本中没有涉及的问题，促使 1998 年 5 月发布了 CSS 2.0 版本。CSS 3.0

版本现在还处于开发中。CSS 3.0 在包含了 CSS 2.0 所有语法的基础上有所改进。

CSS 的作用有 3 个。其一，CSS 针对页面中对象的风格和样式进行定义。样式就是格式，对于网页来说，像网页显示的文字的大小、颜色、图片位置、段落、列表等，都是网页显示的样式。层叠是指当 HTML 文件中引用了多个 CSS 时，如果 CSS 的定义发生冲突，浏览器将依据层次的先后顺序来应用样式。如果不考虑样式的优先级，则一般会遵循“最近优选原则”。其二，它使得 HTML 各标记的属性更具有一般性和通用性。CSS 能将样式的定义与 HTML 文件的内容分离。只要建立样式表文件，并且让所有的 HTML 文件都调用所定义的样式表，即可改变 HTML 文件的显示风格。然而建立样式表的真正意义在于把对象真正引入 HTML，使得网页可以使用脚本程序（如 JavaScript、VBScript）调用对象属性，并且可以改变对象属性，达到动态的目的，这在以前的 HTML 中是无法实现的。其三，控制网页中的每一个元素精确定位，其技术的核心是布局，CSS 的强大生命力也在于它的布局能力。

1.2.5 JavaScript 脚本

JavaScript 的正式名称是 ECMAScript，这个标准由 ECMA 发展和维护。ECMA-262 是正式的 JavaScript 标准，这个标准基于 JavaScript（Netscape）和 JScript（Microsoft）。Netscape(Navigator 2.0)的 Brendan Eich 发明了这门语言，从 1996 年开始，已经出现在所有的 Netscape 和 Microsoft 浏览器中。ECMA-262 的开发始于 1996 年，1997 年 7 月，ECMA 会员大会采纳了它的首个版本。1998 年，该标准成为 ISO 标准（ISO/IEC 16262）。目前，所有主流的 Web 浏览器都遵守 ECMA-262 版本三的相关规定。

JavaScript 是一种解释型语言，其源代码不经过编译，而是在运行时被“翻译”，所以被称为脚本式语言。由于 JavaScript 的这一特点，在编写 JavaScript 程序时，很难预计程序运行时所使用的硬件环境、操作系统和浏览器等，因此，在程序开发时，不应该只关心高版本的特性与功能，还必须考虑低版本浏览器。

JavaScript 在网页中的用处很多，它可以对事件做出响应，可以将 JavaScript 设置为当某事件发生时才被执行，例如，页面载入完成或者用户单击某个 HTML 元素时。JavaScript 可以读写 HTML 元素。在数据被提交到服务器之前，JavaScript 可被用来验证这些数据。JavaScript 可被用来检测访问者的浏览器，并根据所检测到的浏览器，为这个浏览器载入相应的页面。JavaScript 可被用来创建 Cookies，存储和取回位于访问者计算机中的信息等。

1.2.6 图形图像处理

制作网页离不开大量的图像处理操作，网页图像处理与用于打印、视频的图像处理有很大的差异，Web 设计者应该有针对性地掌握网页图像处理的方法和技巧。通常情况下，应考虑以下几个要素。

1. 格式

由计算机产生的形式简单的图像（如标识、图标）首选 PNG 格式，而色彩丰富的照片则一定是 JPEG 格式。如果颜色不多且没有渐变，应当使用 GIF 格式。

GIF 是用得最多的网页图像格式。GIF 最多容纳 256 种颜色，几乎适用于除照片以外的所有图像，它还具有生成简单的动画和透明图像的能力。

PNG 格式相对较新，也是 W3C 推荐的格式。PNG-8 最多可包含 256 种颜色，堪比 GIF；PNG-24 支持 RGB 模式，即可以表现任何颜色，品质较高；PNG-32 在 PNG-24 的基础上增加了 Alpha 通道，即可以设置透明。

JPEG 可以保存约 1670 万种颜色，常用于保存照片。但除此之外，几乎用不到 JPEG。如果图像颜色少于 256 种，或者含有大片纯色，则 JPEG 的效果反而不好——为获得高质量的图像，文件大小可能成倍增加。

选择图像格式应当综合考虑其使用范围，如下文详细展开的颜色、透明、动画等方面。可以通过 Photoshop 或 Fireworks 的导出向导比较各项参数。选择的标准是，保证可接受的图像质量的前提下，文件应尽可能小。

2. 颜色

创建图像应使用 RGB 模式，而非用于打印的 CMYK 模式。不必考虑浏览器安全色，因为几乎不再有人使用 8 位的显示器。颜色的选择应当参照统一的标准，如视觉识别（VI）系统。颜色的数量和效果是决定图像格式的重要因素，例如色彩渐变往往产生大量颜色，如果保存为 GIF 则会产生失真，文件大小也大幅增加，这时应考虑使用 PNG-24、PNG-32 或 JPEG 格式。

3. 尺寸

使用矢量创作工具制作的图像往往适合保存为 PNG 格式，其尺寸应在矢量绘图工具中确定，变为位图后便不再轻易对其进行缩放操作（尤其不应进行放大操作）。值得注意的是，在 Fireworks 中创建的 PNG 文件包含图层等可编辑信息，其中的直线、形状、文字都属于矢量图。将这样的图像应用于网页应先进行输出操作以压缩文件大小，而输出的 PNG 图像也会因为丢掉可编辑信息而转为位图。所以，图像尺寸的调节应在输出操作之前完成。不对位图进行缩放是为了保证图像的轮廓和渐变足够清晰。

对于已有的位图和照片，应先使用 Photoshop 等软件调整好尺寸后再插入到网页中，而不应使用 HTML 语言中的 width 和 height 属性改变图像尺寸。直接使用 HTML 语言控制图像尺寸可能会使图像严重失真。

通常，放入网页中的图片应控制到一个比较小的尺寸。如果与文字混排，宽度最好在 300px 左右。即使单独出现，宽度也最好在 600px 以下。至于高度，以不超过一屏为宜。

4. 透明

GIF 和 PNG 都支持透明，但方式并不相同。GIF 只是单纯地将某一种或几种颜色设为完全透明，并不考虑与它邻近的渐变色的透明度。这意味着，如果背景颜色发生重大改变（或者本来就包含几种对比明显的颜色），与透明部分交界的地方将得不到平滑过渡，出现一条明显的分界线。如果要创建透明 GIF，有必要将画布背景色设置成与目标效果的背景色相同（或接近）。PNG 不存在这个问题，同时还可以设置半透明。但是默认情况下 IE 6 不能正确地显示透明 PNG，需要采取恰当的措施。

5. 动画

网页上的动画通常包括 Flash 和 GIF 两种。Flash 的功能强大，效果丰富，图像质量高，且拥有强大的创作软件，是多数情况下首选的网页动画形式。GIF 的不足是仅能使用不超过 256 种颜色，且难以制作效果复杂的动画，但它的优势是文件小，且无需插件支持就可以在任何旧式的或现代的浏览器中播放。

1.3 网页制作工具

目前,流行的网页制作工具很多,例如非可视化的代码编辑器、可视化编辑器、在线编辑器等,下面简单介绍一些网页制作工具。

1.3.1 HTML 网页编辑器

记事本或办公软件是最简单的网页制作工具,只要网页内容不太复杂或只涉及静态网页部分,用记事本或办公软件直接书写 HTML 标签代码,即可快速生成网页。下面介绍常见的编辑工具。

1. 记事本

记事本可以用来编写网页代码,而且非常实用。对于初学者来说,使用记事本是最好的选择,能够快速地提高初学者的网页编辑能力。例如在记事本中输入如下程序代码:

```
<html>
    <head>
        <title>这是我的第一个网页</title>
    </head>
    <body>
        <h2 align="center"> 我的网页</h2>
        <hr>
        <p> 这是我写的第一个网页,大家来尝试吧!</p>
    </body>
</html>
```

然后将以上代码文件另存为 1-1.html,再用浏览器打开,效果如图 1.2 所示。

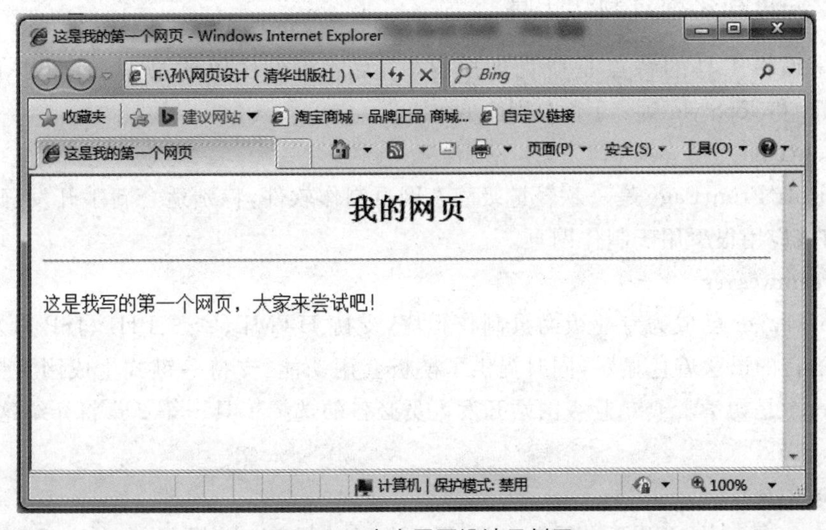

图 1.2 记事本网页设计示例图

2. 在线网页编辑器

eWebEditor 是一个基于浏览器的在线 HTML 编辑器。eWebEditor 具有专业设计的外观，看起来就如微软公司的 Word 文字处理软件。在编辑器的界面中用户需要做的只是用鼠标指向并点击的操作。即使没有主页制作经验的使用者也能快速上手，使用者不需要输入一行代码即可完成专业的 HTML 内容编辑。操作界面如图 1.3 所示。

图 1.3　eWebEditor 操作界面

除了 eWebEditor 之外，还有很多流行的基于浏览器的在线 HTML 编辑器，在此就不一一列举了。

3. 专业网页编辑器

Notepad++ 是一款非常有特色的编辑器，是开源软件，可以免费使用。Notepad++ 支持的语言有 C、C++ 、Java、C# 、XML、HTML、PHP、JavaScript。这款软件是非常小巧且有效的代码编辑器，可完美地取代微软公司的视窗笔记本。Notepad++ 操作界面如图 1.4 所示。

1.3.2　可视化网页制作工具

可视化编辑工具的特点是所见即所得，可大量减少代码的书写量，例如 FrontPage、Dreamweaver 和 TopStyle 等。下面分别简单介绍。

1. FrontPage

Microsoft FrontPage 是一款轻量级静态网页制作软件，特别适合新手开发静态网站的需要，目前该应用很少用于制作网页。

2. Dreamweaver

Dreamweaver 已成为专业级网页制作程序，支持 HTML、CSS、PHP、JSP 以及 ASP 等众多脚本语言的语法着色显示，同时提供了模板套用功能，支持一键式生成网页框架功能。Dreamweaver 是初学者或专业级网站开发人员必备的选择工具。第 2 章将介绍这款软件的使用方法。

3. TopStyle

TopStyle 是一款 CSS 开发辅助工具，即 HTML5/CSS3 编辑器，它专注于 HTML CSS 设计，提供多个实用的功能，如 CSS 代码检查等。使用此类辅助软件，可以提高工作效率和

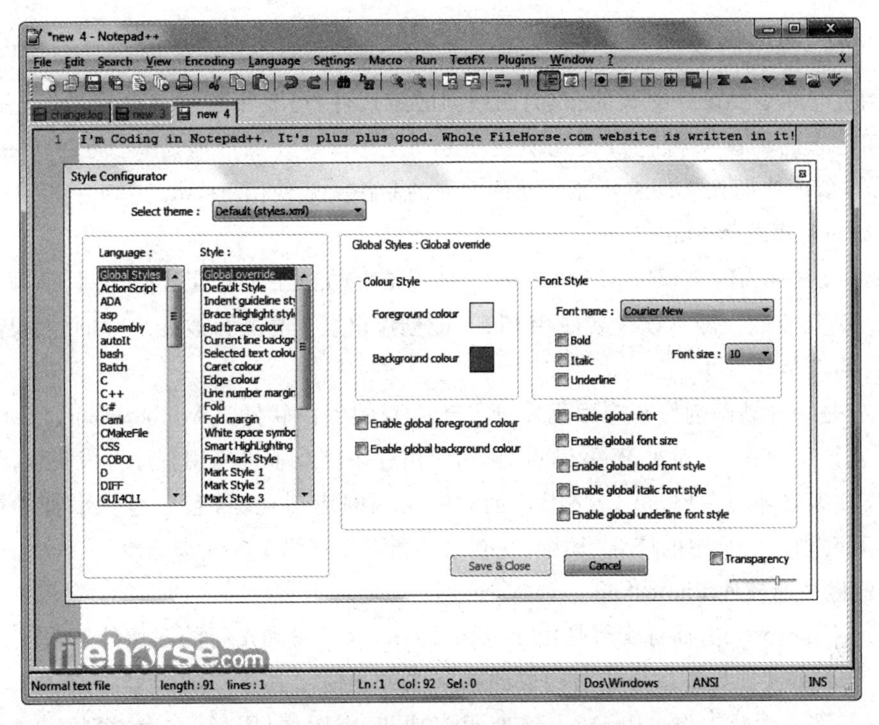

图 1.4 Notepad++ 操作界面

开发速度。TopStyle 是一款所见即所得的 DIV+CSS 样式编辑器软件，使用它可以编辑出更好、更完整的 CSS，兼容性更好的 CSS 样式。TopStyle 拥有 CSS 码检查功能，减少写错的机会。

此外，TopStyle 还提供了非常好的帮助文件，有详细的 CSS 指令，适合初次接触 CSS 的人学习使用。TopStyle 操作界面如图 1.5 所示。

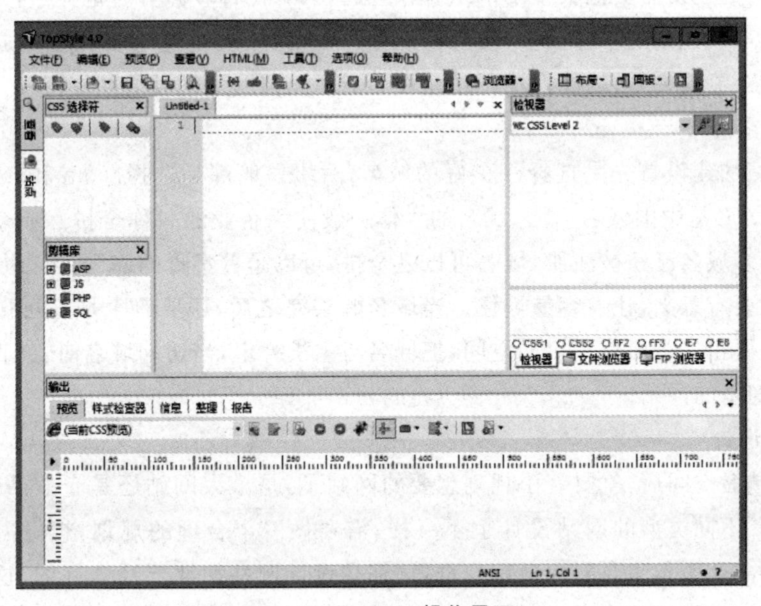

图 1.5 TopStyle 操作界面

1.3.3 图形图像处理工具

做网页时除了要设计网页的布局、网站间的链接外，还要用图片来修饰网页，有些地方也需要用动态的动画来衬托以使网页更吸引人、更有生气。目前，图片的制作一般使用 Photoshop 等网络图像文件编辑器。动画方面的制作一般使用 Flash。

1. 动画制作软件 Flash

Flash 又被称为闪客，是由 Macromedia 公司推出的交互式矢量图和 Web 动画的标准，由 Adobe 公司收购。网页设计者使用 Flash 能创作出既漂亮又可改变尺寸的导航界面以及其他奇特的效果。

Flash 是一种动画创作与应用程序开发于一身的创作软件。Adobe Flash Professional CC 为创建数字动画、交互式 Web 站点、桌面应用程序以及手机应用程序开发提供了功能全面的创作和编辑环境。Flash 广泛用于创建吸引人的应用程序，它们包含丰富的视频、声音、图形和动画。网页中的广告、动画、交互式项目都可以由 Flash 来完成。

2. 图像处理软件 Photoshop

Adobe Photoshop(简称 PS)是由 Adobe Systems 开发和发行的图像处理软件。

Photoshop 主要处理以像素所构成的数字图像。使用其众多的编修与绘图工具，可以有效地进行图片编辑工作。Photoshop 有很多功能，在图像、图形、文字、视频、出版等各方面都有涉及。在网页制作中，通过 Photoshop 可对网页图片进行润色或特殊效果处理，是一款网页制作必备的软件。

1.4 网站开发流程

一个网站的建设需要把很多细节结合在一起，只有把各步骤有序地完成，才能建成一个完整的网站，虽然建站的步骤很多，而且都是分开的部分，但是这些步骤会形成一个基本的流程，按照这个流程去做，就能完成网站建设。下面介绍网站建设的基本流程。

1. 域名空间

一个网站的建设首先是选择一个好的域名，后缀一般都是选择.com 和.cn。.com 是国际域名后缀，.cn 是中国域名后缀，域名的主体一般使用企业的名称全拼。如今互联网当中网站繁多，很多域名已经被注册，域名可以是全拼，可以是首字母的缩写，可以加地域或者数字，但是一定要有意义，让人容易记住。当域名购买完之后，还要有个域名可以访问到的地方，这时候就要租一个虚拟主机的空间，把域名与主机绑定，当访问域名时，就直接进入放在虚拟主机空间里的网站。

2. 规划设计

申请完域名空间后，就要着手规划想要的网站了，是个人网站还是企业站或是门户站，要有目的性。不同类型的网站设计也不一样，需要做一个合理的规划，想好需要实现的功能，想要的版式类型和主要的面对用户群，这都是设计网站初期要计划好的，这时候也要收集好素材，网站中需要的内容、文字、图片等信息的收集，都是在建站时需要的。

3. 制作建设

建站主要分为前台和后台，前台的就是网站的版式，根据网站类型和面向人群，来设计网站的版面，不宜太过杂乱，一定要简洁，保证用户体验，才能让访问者有好感。建设后台较为复杂，要用程序整合前台，并且完成需要的功能，这个需要编写较为复杂的程序。

4. 测试发布

当编写好网站程序时，一个网站的雏形就形成了，但这时网站还是不完善的，需要进行测试评估。网站还有很多不完善的地方，要从用户体验的角度多去观察，渐渐完善。当网站的问题都解决了，没什么大的问题时，就可以把网站传到虚拟主机空间里，这时通过访问域名就可以正式访问网站了。

5. 维护推广

网站虽然上线了，但是工作还没有完成，这时网站也许还有没发现的漏洞等细节。在网站上线之后，还要继续完善网站，维护主要针对于网站的服务器、网站安全和网站内容。这时站内的事情完成了，就要注重站外事情，可以做SEO(Search Engine Optimization)优化或者百度推广，对网站进行推广，这是针对百度搜索引擎的推广，还可以在其他网络平台上推广，做互联网推广。

1.5 本章小结

本章主要介绍和网页设计相关的一些概念、组织机构、相关技术、建站流程等，目的是希望读者在进行网页设计之前，了解和网页相关的知识，为后续学习奠定坚实的基础。

1.6 习题

1.6.1 填空题

1. 万维网(World Wide Web，WWW)又称为________，简称为Web，是目前互联网上最流行的交互式信息查询服务系统。

2. ________是一个专注于“领导和发展Web技术”的国际工业行业协会，发布的标准主要内容有________、________、________、________和________。

3. 网页是网站上的某一个页面，它是一个以扩展名为________或________的文件，是向浏览者传递信息的载体。

4. 网站(Website)是指Internet上的一个固定的面向全世界发布消息的地方，由________和________构成，通常包括主页和其他具有超链接文件的页面。

5. CSS的全称是________。

6. 写出你了解的专业网页编辑制作工具的名称：________。

7. URL的全称是________________________。

8. ________是Hypertext Markup Language的英文缩写，即超文本标记语言，网页的核心是________，它是构成Web页面(page)的主要工具。

9. 实现网页交互性的核心技术是________。

10. 常用的浏览器有________、________和________。

1.6.2 简答题

1. 写出 URL 包含的 3 部分内容的作用。
2. 网页和网站有什么区别？
3. 浏览器的兼容性代表的含义是什么？

第 2 章　Dreamweaver CS6 简介

本章学习目标

(1) 认识并掌握 Dreamweaver CS6 软件的使用方法。

(2) 熟练掌握创建站点和管理站点的方法。

本章主要介绍 Dreamweaver CS6 软件的操作界面和基本操作以及站点的创建和管理，为今后设计网页打下基础。

2.1　初识 Dreamweaver CS6

2.1.1　认识 Dreamweaver CS6 的工作界面

运行 Dreamweaver CS6 应用程序，弹出欢迎界面，如图 2.1 所示。在欢迎界面中，左边栏目可以打开最近打开的文件，中间栏目可以根据需要进行相应文档类型的创建，右边栏目是 Dreamweaver CS6 的功能设置。

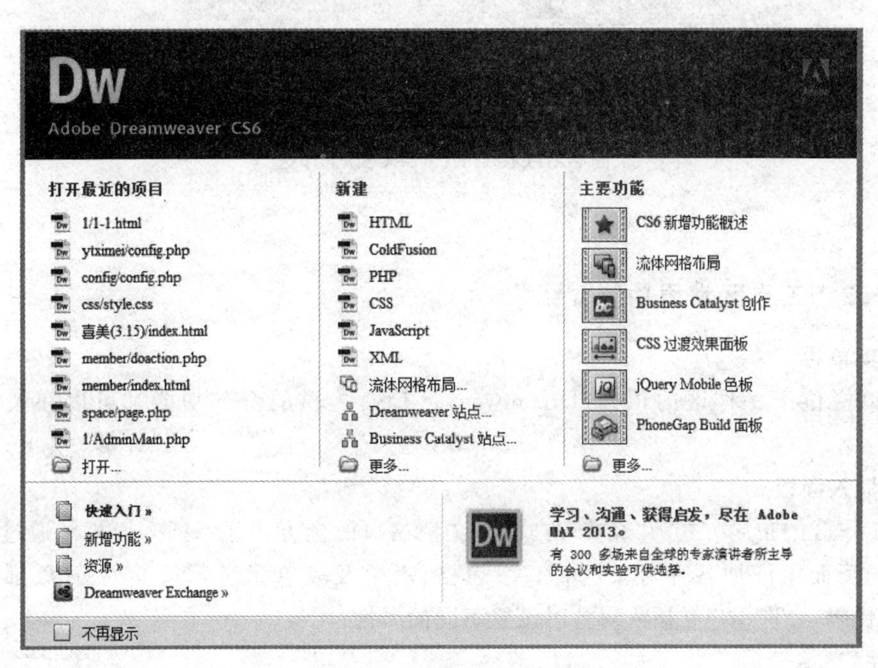

图 2.1　Dreamweaver CS6 的欢迎界面

单击中间部分“新建”栏目中的 HTML，进入 Dreamweaver CS6 工作区，如图 2.2 所示。

Dreamweaver CS6 的工作区主要包括菜单栏、插入面板、文档工具栏、文档窗口、状态栏、属性面板和功能面板等。合理使用这几个板块的相关功能，可以使设计工作更高效、便捷。

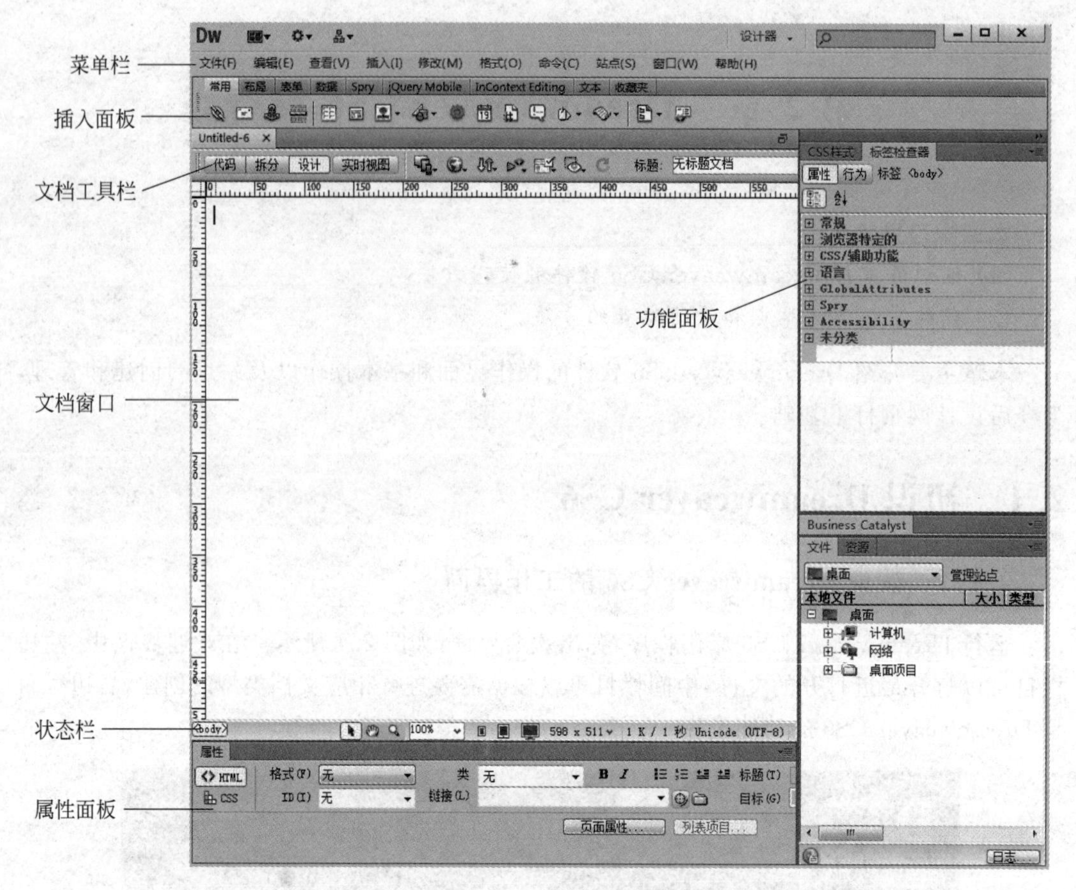

图 2.2　Dreamweaver CS6 工作区

2.1.2　工作区常用功能介绍

1. 菜单栏

菜单栏位于工作区的顶部，Dreamweaver CS6 提供的全部功能都可以在菜单栏中找到。

2. 插入面板

当工作区的布局方式为“经典”方式时，文档窗口的上方将显示插入面板。通过插入面板可以向页面中添加各种对象（如图片、表格、表单及表单元素等）。每个对象都是一段 HTML 代码，允许用户在插入对象时设置不同的属性。

说明：

(1) 选择“窗口”→“工作区布局”→“经典”命令，可以设置工作区的布局方式。

(2) 如果当前工作区采用的不是经典方式，也可以通过“窗口”→“插入”命令来打开插入面板。

3. 文档工具栏

单击文档工具栏上的“代码”“拆分”“设计”和“实时视图”按钮，可以切换视图方式，即文档的显示方式。其中，单击“代码”按钮，可以切换到代码视图，文档窗口显示当前页面的代码，如图 2.3 所示。

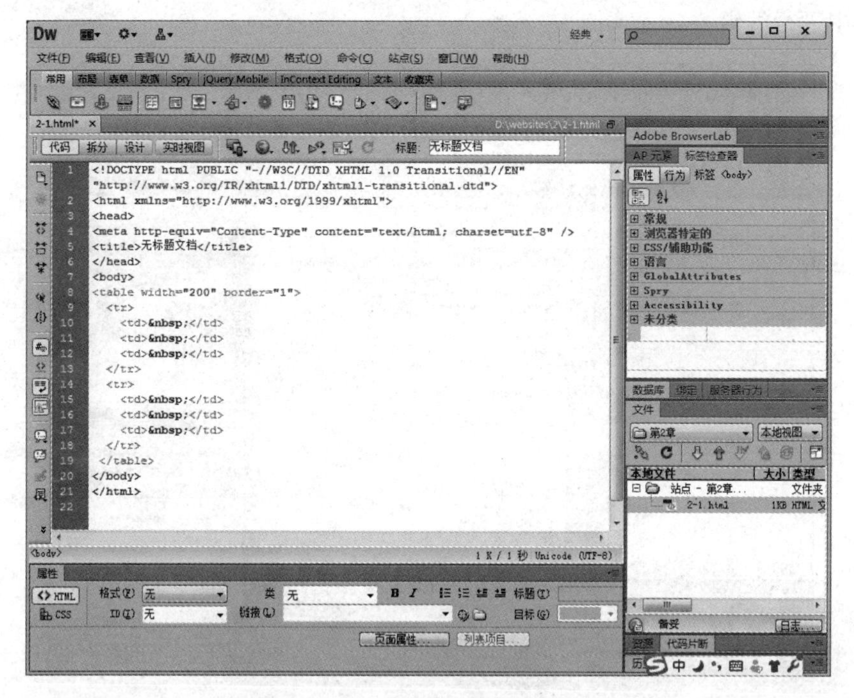

图 2.3　代码视图

单击“设计”按钮，可以切换到设计视图，文档窗口中将显示当前页面的设计效果，如图 2.4 所示，可以直接在设计视图下编辑页面内容，修改的内容会实时地体现在页面代码中。

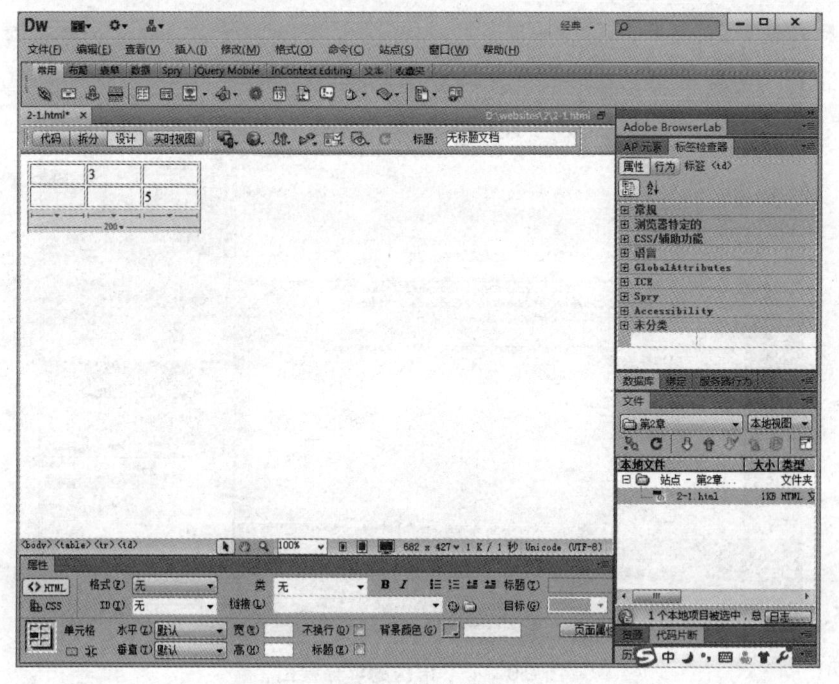

图 2.4　设计视图

单击“拆分”按钮，可以切换到拆分视图。在该视图中，上侧显示对应的代码，下侧显示设计效果，如图 2.5 所示。在拆分视图中，单击代码部分，即可进行代码设计；也可以直接在设计窗口中进行编辑。

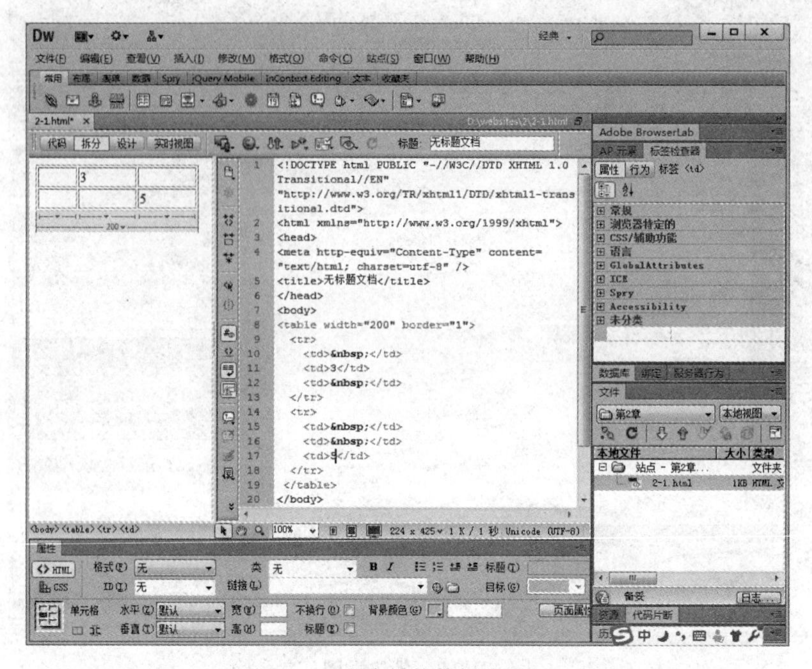

图 2.5　左右结构的拆分视图

说明： 通过设置或取消“查看”→“垂直拆分”命令，可以改变拆分视图中代码窗口和设计窗口的水平显示方式或垂直显示方式，效果如图 2.6 所示。

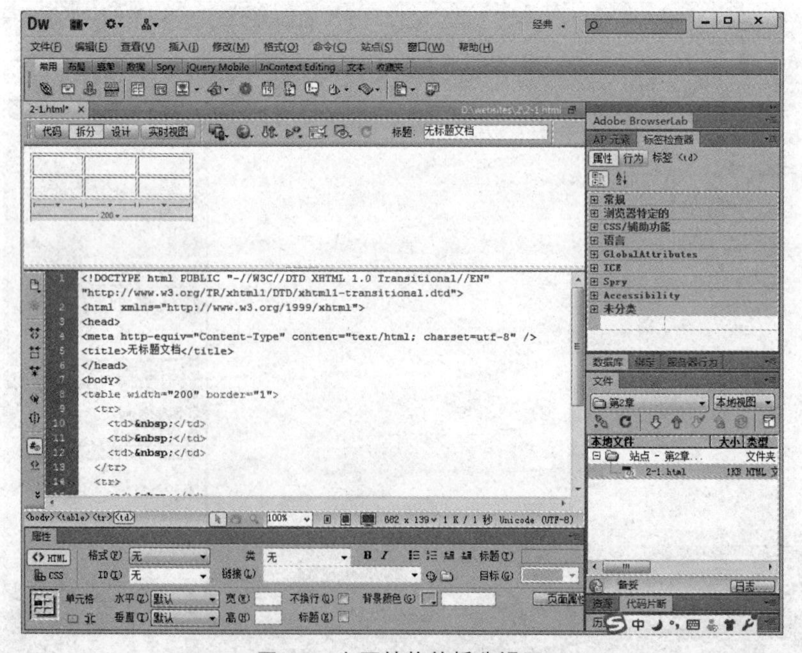

图 2.6　上下结构的拆分视图

单击“实时视图”按钮，可以切换到实时视图。这样，在发布前就可以测试页面。“实时视图”现已使用最新版的 WebKit 转换引擎，能够提供绝佳的 HTML5 支持。

4. 文档窗口

文档窗口处可以编辑或预览页面的内容，可以用编辑代码的方式，也可以直接插入对象（如图片、表格）。

5. 状态栏

状态栏用于显示当前编辑文档的相关信息，如文档的大小、估计下载时间、窗口大小、缩放比例和标签选择器等。

单击标签选择器位置的标签，可以快速定位到页面中该标签的位置。例如，当单击状态栏中的<table>标签时，可选中对应的表格。

6. 功能面板

Dreamweaver CS6 功能强大，提供了很多面板，不同的面板提供相应的功能。这些面板处在编辑窗口之外，可以使用拓展按钮展开。通过“窗口”菜单中的命令可以有选择地打开、隐藏或关闭相应面板。属性面板和文件面板是人们使用频率最高的面板。

1）属性面板

属性面板通常放在文档窗口的下方，用于查看或改变文档窗口中选中的对象或文字的各种属性。属性面板的内容，会根据选取的对象不同而显示不同的设置内容。例如，当选中文档中的图像对象时，将显示如图 2.7 所示的属性面板；而选中文字对象时，将显示如图 2.8 所示的属性面板。

图 2.7　选中图像时的属性面板

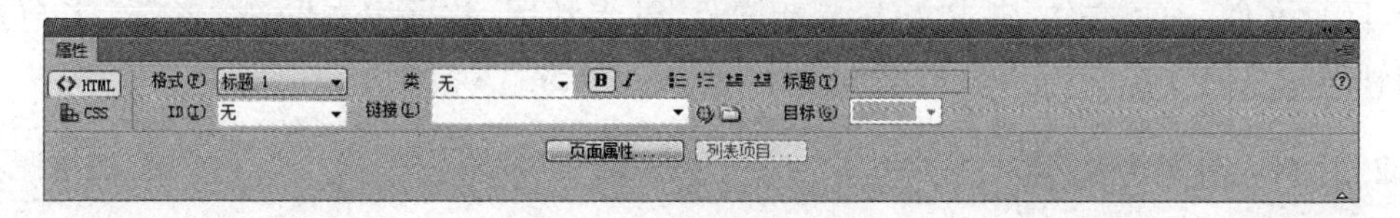

图 2.8　选中文字时的属性面板

2）文件面板

文件面板用于查看和管理 Dreamweaver 站点中的文件，如图 2.9 所示。当文件面板折叠时，它以文件列表的形式显示本地站点、远程站点或测试服务器的内容。在展开时，它显示本地站点和远程站点或者显示本地站点和测试服务器。对于 Dreamweaver 站点，还可以通过更改默认显示在折叠面板中的视图（本地站点或远程站点）来对“文件”面板进行自定义。

还有 CSS、应用程序、文件、框架、历史记录等浮动面板，这些面板根据功能被分成了若干组。按住面板标签拖动可以改变这些面板的位置。

2.1.3　Dreamweaver CS6 版本介绍

Adobe Dreamweaver CS6 除了继承之前版本的各项功能外，还增加了许多新的功能。

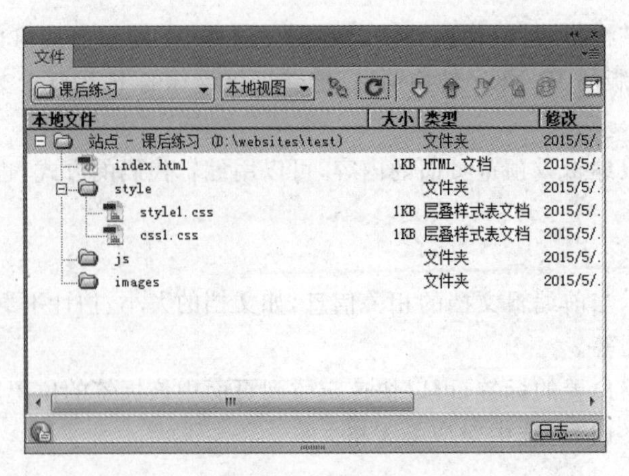

图 2.9　文件面板

例如，支持 CSS3 的动画过渡效果、改善的 FTP 性能、增强型 jQuery 移动支持、更新的实时视图、集成编码增强功能等。

该软件提供了一套直观的可视界面，供创建和编辑 HTML 网站和移动应用程序。使用专为跨平台兼容性设计的自适应网格版面创建适应性版面。在发布前使用多屏幕预览审阅设计。

Dreamweaver CS6 使用更新的“实时视图”和“多屏预览”面板高效创建和测试跨平台、跨浏览器的 HTML5 内容。利用增强的 jQuery 和 PhoneGap 支持构建更出色的移动应用程序，并通过重新设计的多线程 FTP 传输工具来缩短上传大文件所需的时间。

2.2　站点的创建和管理

站点是网站中所有网页的集合。制作一个网站，首先要创建站点。站点中可以包含文件夹、网页文件、动画文件、脚本文件、视频文件、站点地图、数据库文件等。首先，来学习创建和管理站点的方法。

2.2.1　创建新站点

创建新站点有很多种方法。

方法 1：选择“站点”→“新建站点…”命令。

方法 2：单击菜单栏右侧的按钮，选择“新建站点…”命令。

方法 3：在“管理站点”对话框中，单击“新建站点”按钮。

这 3 种方法都可以打开图 2.10。在对话框中填入新站点的相应信息，站点名称是新建站点的描述性信息，可以是中文；本地站点文件夹指明站点名以及站点文件夹存放的位置。创建的网页和相关文件都存放在目录 D:\websites\website1 下。其中，website1 是新建站点的名称，D:\websites 是人们自定义的存放所有站点的文件夹，今后再创建的新站点也要存放在这个目录下，方便统一管理。

说明：站点的目录名要求是英文或拼音，不允许出现中文。站点结构中的所有文件和文件夹的名称中也都不允许出现中文。

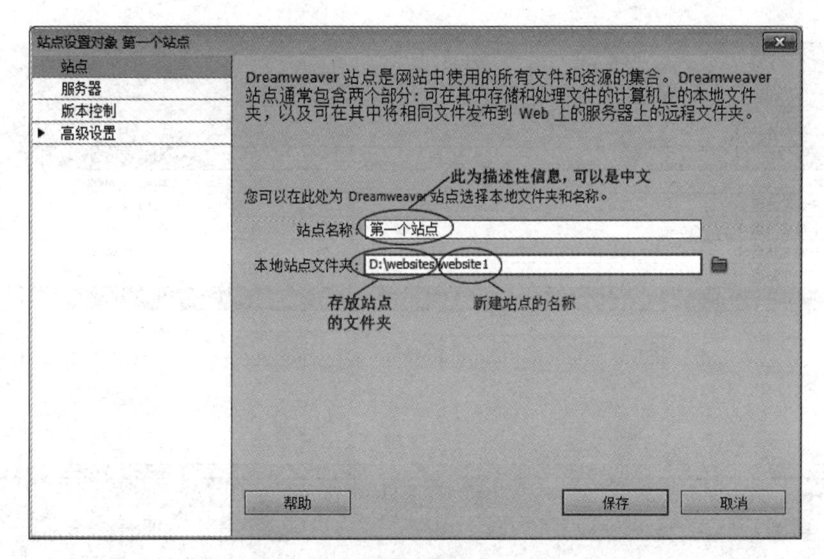

图 2.10　创建新站点 website1

单击“保存”按钮后，文件面板中就出现了新建立的空站点 website1，如图 2.11 所示。同时，在资源管理器中，文件夹 D:\websites 中也对应创建了子文件夹 website1。

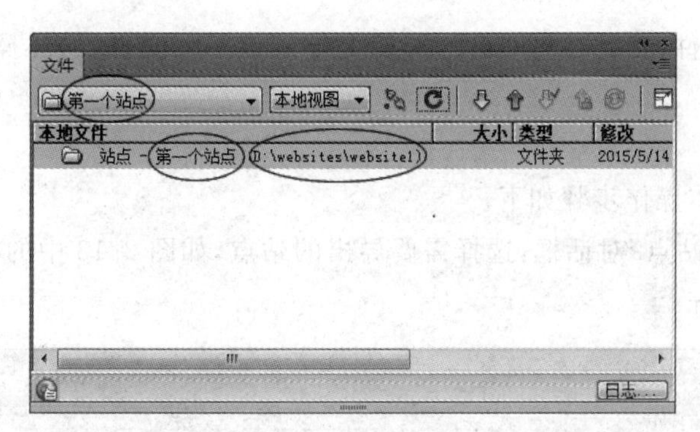

图 2.11　文件面板

2.2.2　打开已有站点

打开已有站点的方法有 3 种。

方法 1：选择“站点”→“管理站点…”命令，在弹出的“管理站点”对话框的站点列表中，单击要打开的站点名称，如图 2.12 所示。

方法 2：单击菜单栏右侧的按钮，选择“管理站点…”命令，在弹出的“管理站点”对话框的站点列表中，单击要打开的站点名称。

方法 3：在文件面板的站点列表中，单击要打开的站点名称。

这 3 种方法都可以打开已有站点。在文件面板中会对应显示该站点的站点结构，双击文件名即可在文档窗口显示该文件内容。

2.2.3　导出和导入已有站点

有时需要把本机上的某个站点及其内的所有文件移动到另一台计算机上，可以将该站

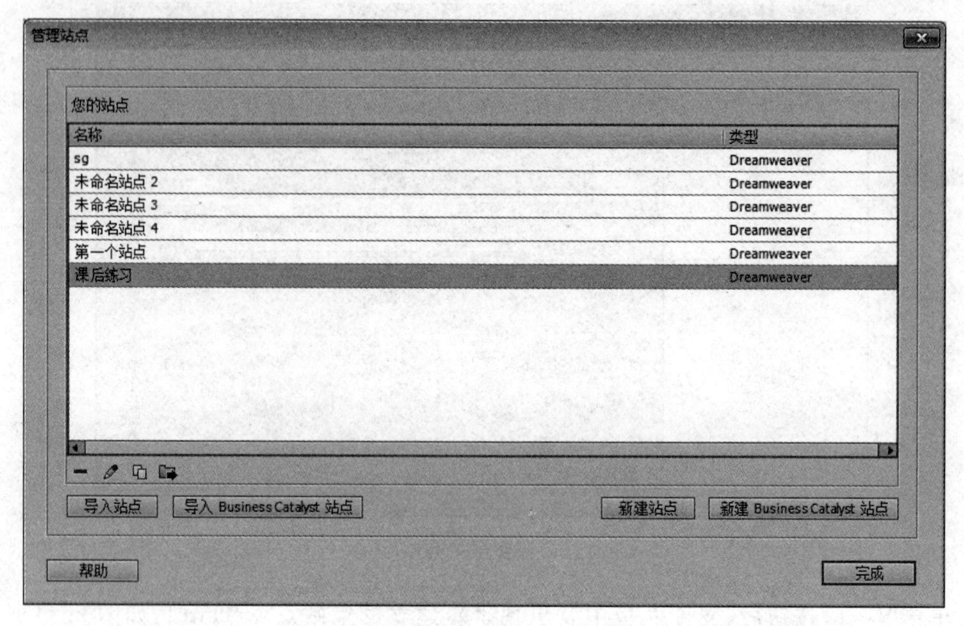

图 2.12 “管理站点”对话框

点导出，存为.ste文件，然后在另一台计算机上导入该.ste文件，这样操作保证了原有站点结构的完整性。

1. 导出站点

导出站点的具体操作步骤如下。

(1) 打开“管理站点”对话框，选择需要导出的站点，如图 2.13 中的“课后练习”，选择站点后单击“导出”图标。

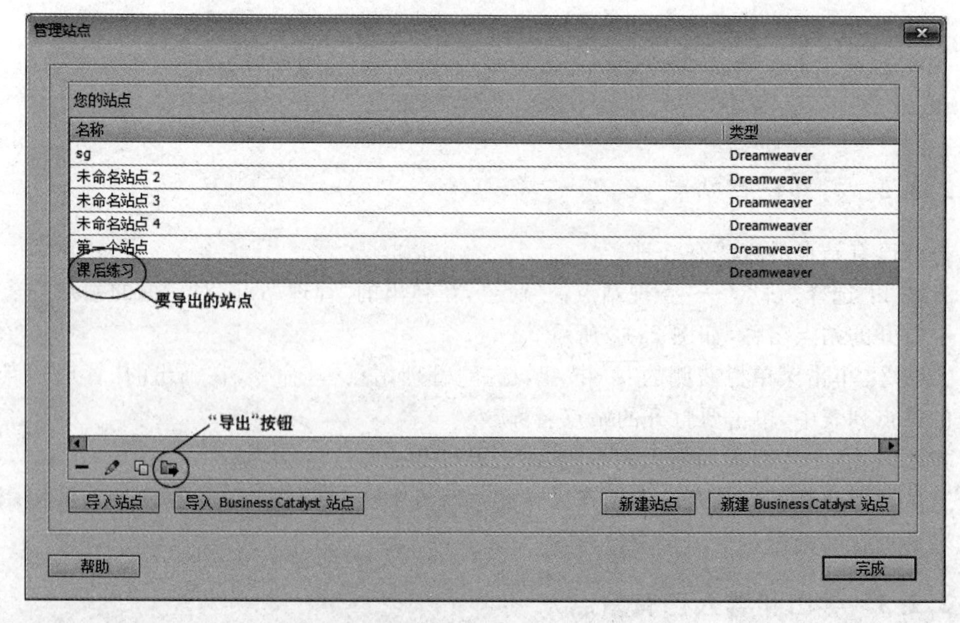

图 2.13 导出已有站点

(2) 当单击“导出按钮”图标后，弹出如图 2.14 所示对话框，选择保存的位置和文件名，单击“保存”按钮。

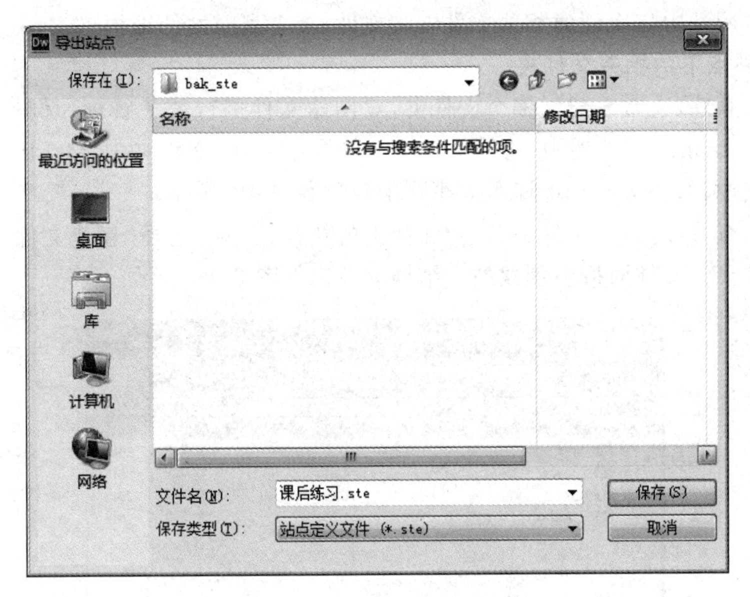

图 2.14 “导出站点”对话框

2. 导入站点

在需导入站点的计算机中，打开“管理站点”对话框，单击“导入站点”按钮，弹出“导入站点”对话框，指定要导入的站点定义文件，如图 2.15 所示，即可将一个已有的站点导入到本地计算机。

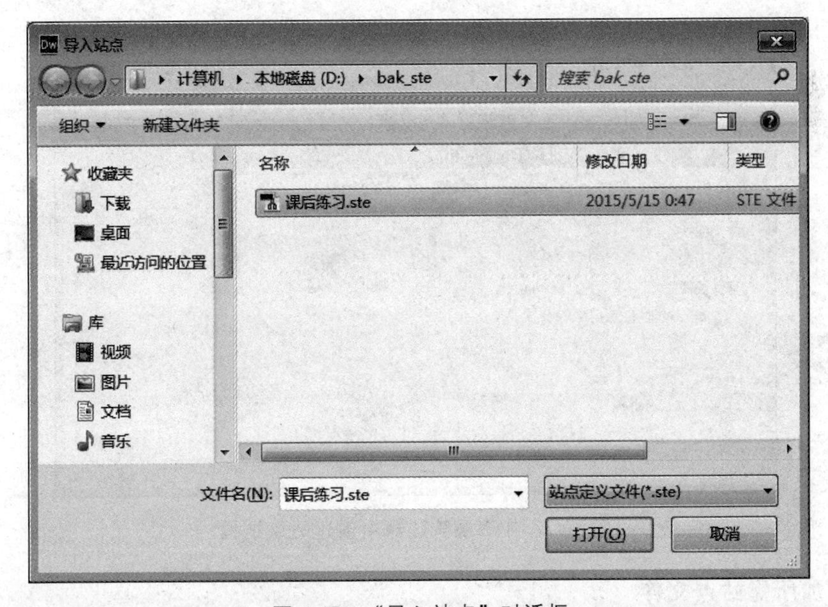

图 2.15 “导入站点”对话框

2.2.4 管理已有站点

可以在空网站中依次创建相关文件夹和文件,来丰富网站的结构。

1. 创建站点下的相关文件夹

为了便于管理,通常需建立多个文件夹,对网站文件进行统一管理。例如,将网站中的图像文件放在 images 文件夹中,将网页样式文件放在 style 文件夹中,将 Flash 动画文件放在 swf 文件夹中,将 JavaScript 脚本文件放在 js 文件夹中,等等。

在文件面板中,对站点文件夹右击,在弹出的快捷菜单中选择“新建文件夹”命令,即可创建相关文件夹。文件面板中创建站点结构的效果如图 2.16 所示。

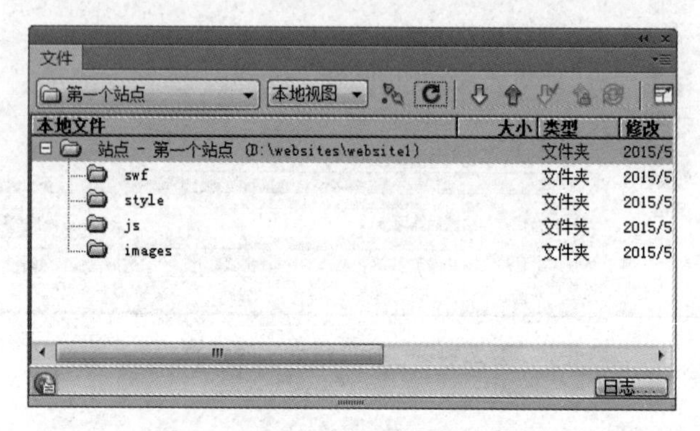

图 2.16 在文件面板中创建站点结构

说明:在文件面板中,右击站点中的某个文件夹,选择“新建文件夹”命令,也可以在这个文件夹下创建子文件夹。还可以在资源管理器窗口中直接创建站点结构,如图 2.17 所示。

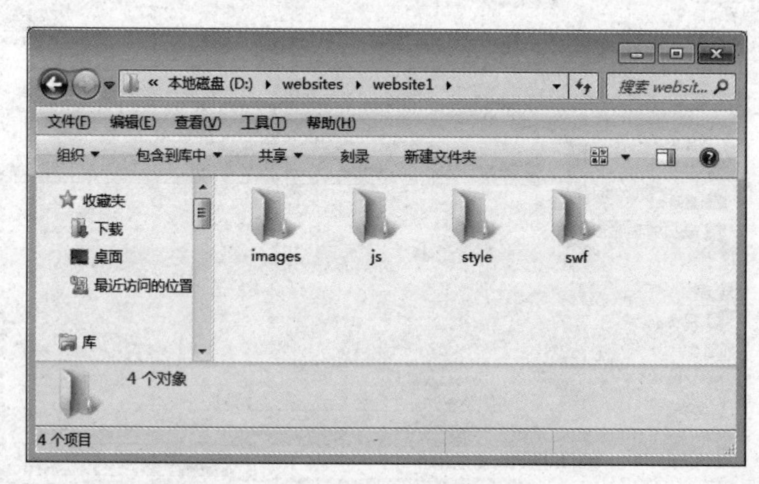

图 2.17 在资源管理器中创建站点结构

2. 添加所需站点文件

站点中的文件类型繁多,包括静态页面文件(*.html)、样式文件(*.css)、动画文件(*.gif)、图像文件(*.jpg)、JavaScript 脚本文件(*.js)等。网页中使用的图像文件,最好都保存在网站中的某个 images 文件夹中,以保证图片能正常显示。

1）创建 HTML 文件

选择“文件”→“新建”命令，弹出“新建文档”对话框，如图 2.18 所示。

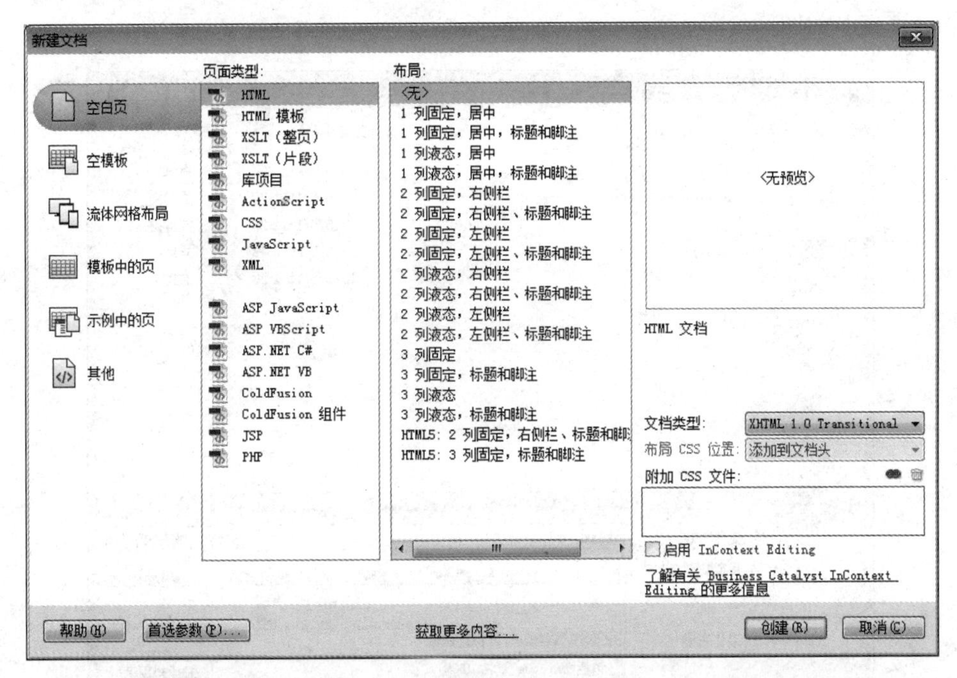

图 2.18 “新建文档”对话框(一)

在该对话框中选择要创建的文件类型，选择“空白页”→“HTML(页面类型)”→“<无>(布局)”选项，单击“创建”按钮，在文档窗口位置就显示了一个 HTML 文件，如图 2.19 所示。

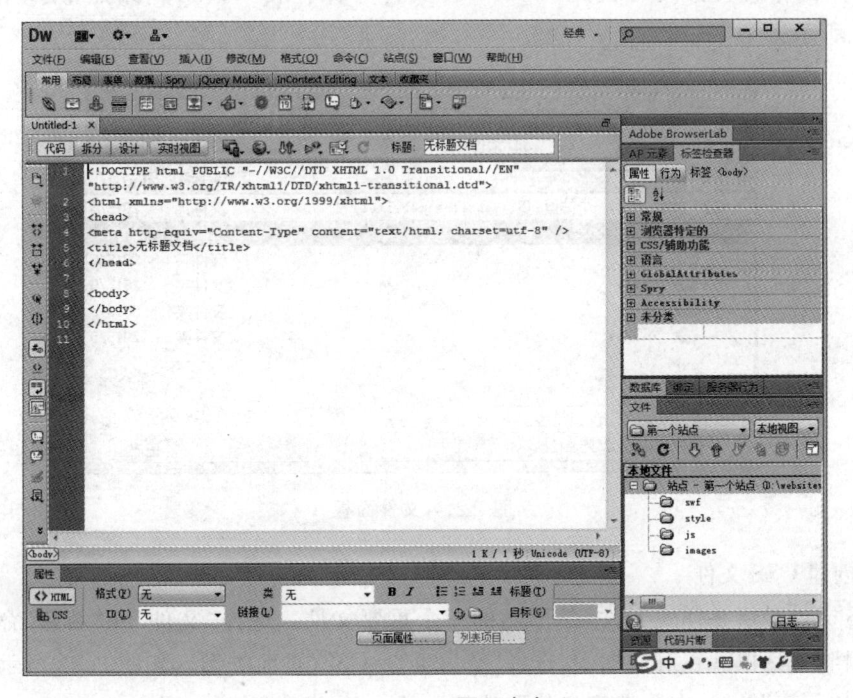

图 2.19 HTML 页面内容

但此时，这个 HTML 文件并没有存放到站点中，如图 2.19 中的文件面板所示。

接着，选择“文件”→“另存为”命令，将刚创建的 HTML 文件保存在当前站点中，命名为 index.html，如图 2.20 所示。

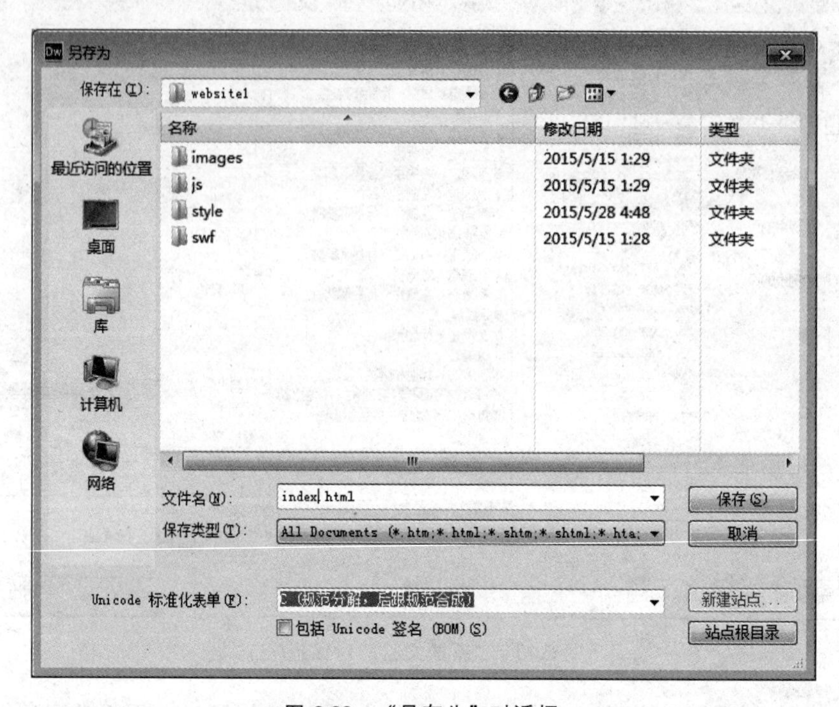

图 2.20 “另存为”对话框

单击“保存”按钮，此时创建的 HTML 文件才保存在 website1 站点中，站点结构如图 2.21 所示。

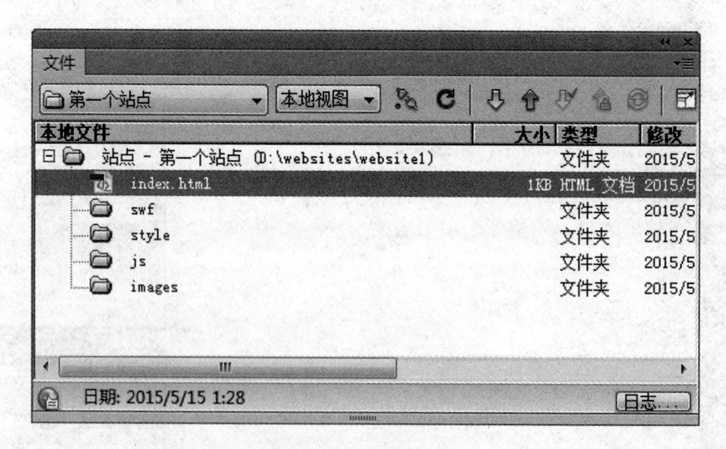

图 2.21 文件面板

2）创建 CSS 文件

CSS 文件是层叠样式文件，是网站的一个重要文件。选择“文件”→“新建”命令，弹出“新建文档”对话框。在对话框中，选择“空白页”→CSS(页面类型)，如图 2.22 所示。

单击“创建”按钮，在文档窗口位置就显示了一个 CSS 文件，如图 2.23 所示。

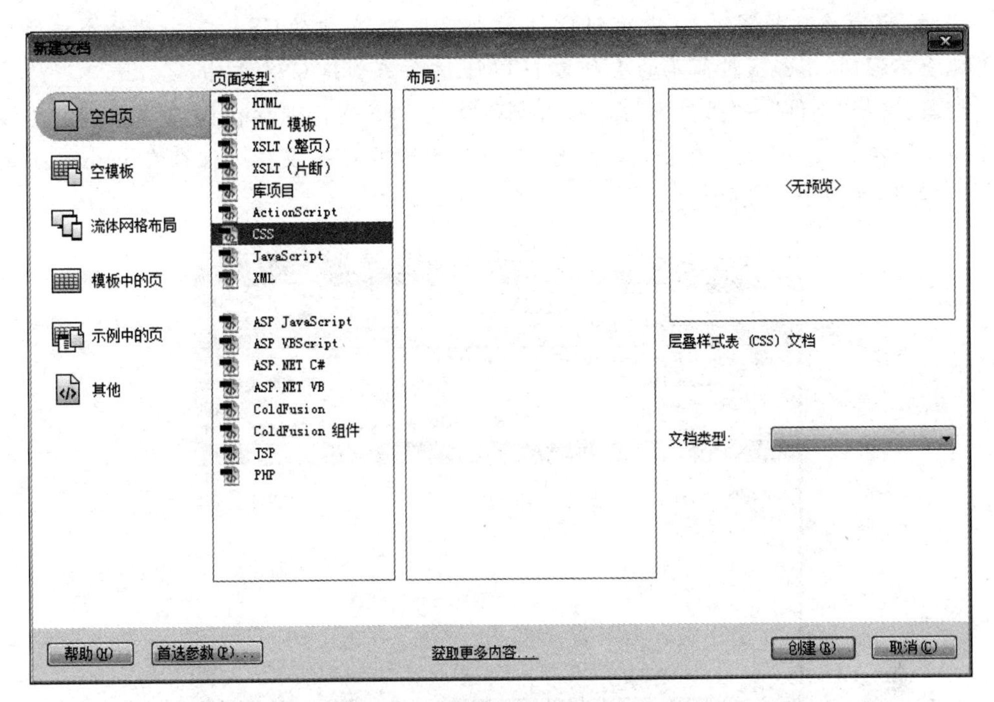

图 2.22 “新建文档”对话框(二)

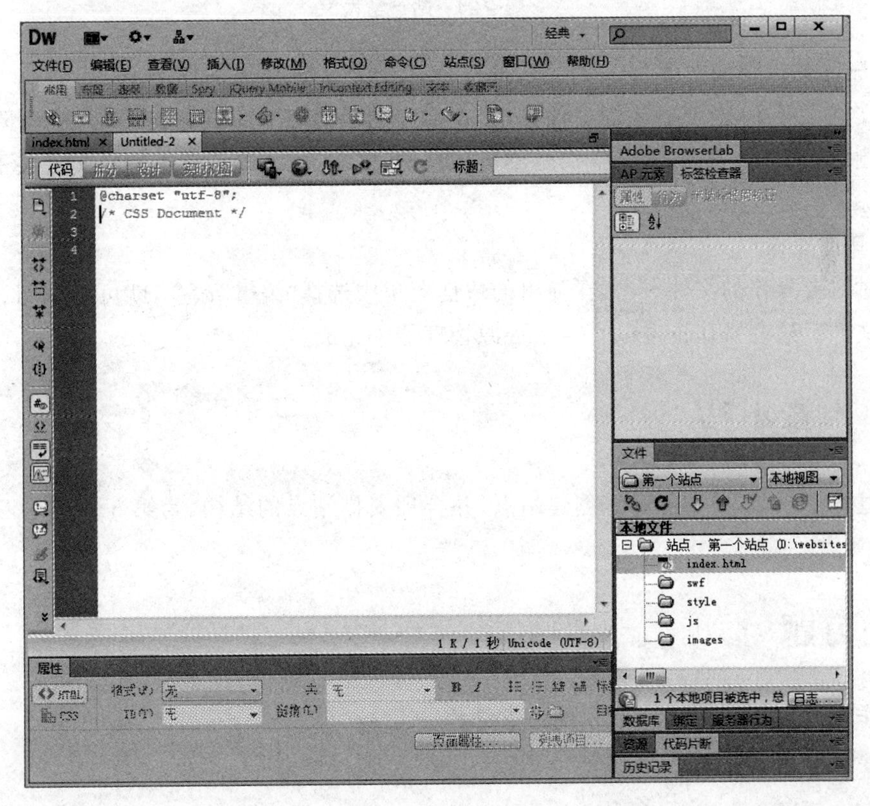

图 2.23 CSS 文件

说明：请注意比较图 2.19 中的 HTML 文件和图 2.23 中的 CSS 文件，这两个文件的内容是完全不同的，不能通过简单的重命名 HTML 文件来创建 CSS 文件。

接着，选择“文件”→“另存为”命令，将刚创建的 CSS 文件保存在当前站点指定文件夹 style 中，命名为 style1. css，单击“保存”按钮，此时创建的 CSS 文件才保存在 website1 站点中，站点结构如图 2.24 所示。

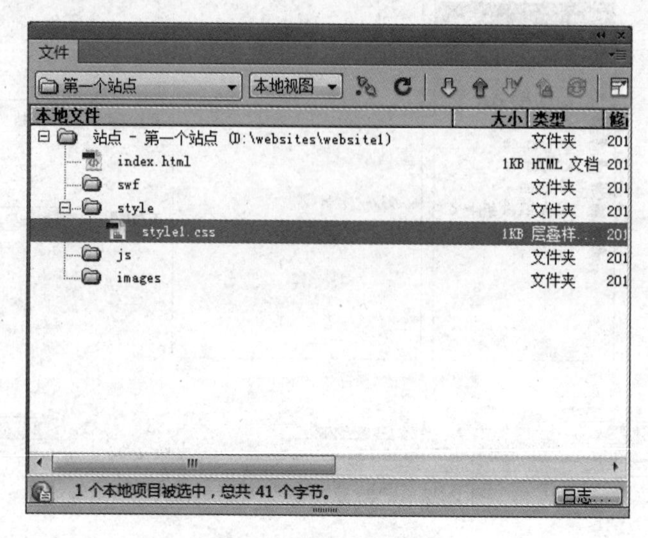

图 2.24　站点结构

3. 删除站点中的文件

在文件面板中，对要删除的文件右击，在弹出的快捷菜单中选择“编辑”→“删除”命令，就可以删除该文件。这种删除操作是不可逆反的，同时，资源管理器中站点文件夹下的文件也被删除了。

4. 其他操作

通过对要操作的文件右击，在弹出的快捷菜单中选择“编辑”命令，就可以复制、剪切、重命名该文件。这些操作也可以直接在资源管理器中完成。

2.3　本章小结

通过本章学习，要求能熟练创建站点，并合理安排站点的结构，为第 3 章的学习打下坚实基础。

2.4　习题

操作题：创建如图 2.25 所示的站点结构。

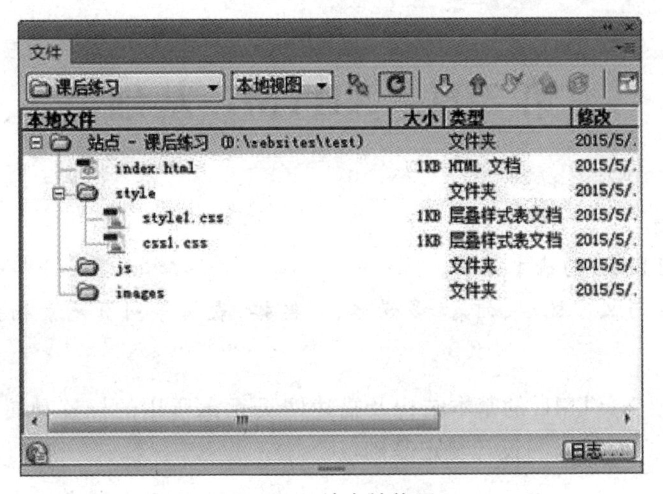
文件
课后练习
本地视图
本地文件
大小
类型
修改
站点 - 课后练习 (D:\websites\test)
文件夹
2015/5/.
index.html
1KB
HTML 文档
2015/5/.
style
文件夹
2015/5/.
style1.css
1KB
层叠样式表文档
2015/5/.
css1.css
1KB
层叠样式表文档
2015/5/.
js
文件夹
2015/5/.
images
文件夹
2015/5/.
日志...

图 2.25　站点结构图

第 3 章　XHTML 基础

本章学习目标

(1) 掌握 XHTML 的基本结构。

(2) 熟练掌握与文字处理、列表、多媒体、超链接、表格等网页元素相关的 XHTML 标签及标签属性。

本章主要介绍 XHTML 的基本结构及描述网页元素所用的标签和属性。通过学习标签和属性，为将来页面结构的设计奠定基础。

3.1　XHTML 的基本结构与语法

XHTML 的页面结构要比 HTML 的页面结构要求严谨，更容易让浏览器知道该怎么去解释网页。下面先来了解一下 XHTML 的基本结构。

3.1.1　XHTML 的基本结构

编写 XHTML 需要更严格的语法规则，XHTML 是更加严谨的 HTML。在实际中应遵循规则，形成一份规范的 XHTML 文件。

1. 基本结构

XHTML 的基本结构主要包括如下 3 部分。

(1) DOCTYPE——文档类型声明。

(2) head——文件头部。

(3) body——文件主体。

基本语法结构如下：

```
<!DOCTYPE…>
<html>
<head>
    <title>…</title>
</head>
<body>…</body>
</html>
```

2. 文档类型声明

XHTML 文档是从文档类型声明开始的，在 XHTML 1.0 中有如下 3 种文档类型定义声明可以选择。

(1) Transitional(过渡类型)。

(2) Strict(严格类型)。

(3) Frameset(框架类型)。

1）过渡类型

过渡类型是一种要求不很严格的 DTD，允许在页面中使用 HTML 4.01 的标识（符合 XHTML 语法标准）。过渡的 DTD 的写法如下：

```
<!DOCTYPE html PUBLIC "-//W3C//DTD XHTML 1.0 Transitional//EN"
  "http://www.w3.org/TR/xhtml1/DTD/xhtml1-transitional.dtd">
```

2）严格类型

严格类型是一种要求严格的 DTD，不允许使用任何表现层的标识和属性，如
等。严格的 DTD 的写法如下：

```
<!DOCTYPE html PUBLIC "-//W3C//DTD XHTML 1.0 Strict//EN"
  "http://www.w3.org/TR/xhtml1/DTD/xhtml1- strict.dtd">
```

3）框架类型

框架类型是一种专门针对框架页面所使用的 DTD，当页面中含有框架元素时，就要采用这种 DTD。框架 DTD 的写法如下：

```
<!DOCTYPE html PUBLIC "-//W3C//DTD XHTML 1.0 Frameset/EN"
  "http://www.w3.org/TR/xhtml1/DTD/xhtml1-frameset.dtd">
```

3. 语法规则

所有 XHTML 文档必须进行文件类型声明。在 XHTML 文档结构中必须存在<html>、<head>、<body>标记元素，而<title>标记元素必须位于<head>标记元素中。所以这 4 个标记元素是在 DTD 中定义了强制使用的 HTML 元素。

XHTML 文档中标记元素属性的编写规则如下。

（1）XHTML 文档必须拥有根元素。

（2）标签名和属性名必须用小写字母。

（3）属性名不能简写，属性值必须加引号。

（4）用 id 属性代替 name 属性。

（5）XHTML DTD 定义了强制使用的 HTML 元素。

（6）XHTML 元素必须被正确地嵌套。

（7）XHTML 元素必须被关闭。

【例 3.1】 XHTML 的基本结构示例。

```
<!DOCTYPE html PUBLIC "-//W3C//DTD XHTML 1.0 Transitional//EN"
"http://www.w3.org/TR/xhtml1/DTD/xhtml1-transitional.dtd">
<html xmlns="http://www.w3.org/1999/xhtml">
<head>
<meta http-equiv="Content-Type" content="text/html; charset=utf-8" />
<title>XHTML 基本结构</title>
</head>
<body>
<center>
<h3>学习 XHTML 基本语法</h3>
```

```
<br />
<hr />
<font>
这是一个演示 XHTML 文档结构的案例。
</font>
</center>
</body>
</html>
```

程序运行效果如图 3.1 所示。

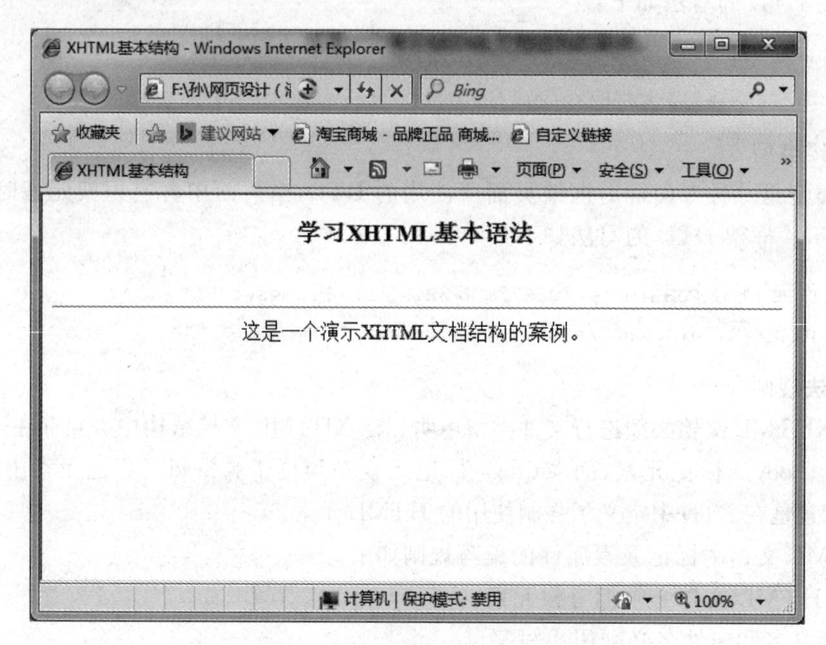

图 3.1　XHTML 的基本结构示例图

下面对网页结构中的标签做如下说明。

(1) 文档的声明部分。

<!DOCTYPE html PUBLIC "-//W3C//DTD XHTML 1.0 Transitional//EN" "http://www.w3.org/TR/xhtml1/DTD/xhtml1-transitional.dtd">声明了文档的类型为过渡类型,允许有 HTML 4.0 标签语法。文件类型声明并非 XHTML 文档自身的组成部分。它并不是 XHTML 元素,也没有关闭标签。

(2) 文档标签<html></html>。

<html></html>表示标签之间的内容是 HTML 文档,保存的页面文件类型为.html 或.htm,该类型文件会被 Web 浏览器打开。

在 XHTML 中,<html>标签内的 xmlns 属性是必需的。然而,即使当 XHTML 文档中没有这个属性时,w3.org 的验证工具也不会提示错误。这是因为,"xmlns=http://www.w3.org/1999/xhtml"是一个固定的值,即使你没有把它包含在代码中,这个值也会被添加到<html>标签中。

(3) 页面的头标签<head></head>。

头标签＜head＞和＜/head＞构成 XHTML 的开头部分，在浏览器窗口中，头部信息是不被显示在正文中的，在此标签中，可以插入其他标签，用以说明文件的标题和整个文件的一些公用属性。在此标签对之间，可以使用＜title＞＜/title＞、＜script＞＜/script＞、＜link /＞等标签。

(4) 页面的标题标签＜title＞＜/title＞。

标题标签＜title＞＜/title＞决定了显示在页面标题栏中的文字，一般是网页的“主题”。如在例 3.1 中，出现在标题栏的文字“XHTML 基本结构”。

(5) 主体标签＜body＞＜/body＞。

＜body＞＜/body＞标签是 XHTML 文档的主体，其中放置的是页面中所有的内容，如图片、文字、表格、表单、超链接等，在此标签之间可以包含＜p＞＜/p＞、＜h1＞＜/h1＞、＜br/＞、＜div＞＜/div＞等众多标签。它们所定义的内容将会在浏览器的窗口内显示出来。

＜body＞标签有自己的属性，设置＜body＞属性，可以控制整个页面的显示方式。可以通过 Dreamweaver 来进行页面属性的设置，如图 3.2 所示，在 Dreamweaver 中设置＜body＞的属性。在后面章节将会介绍通过 CSS 样式设置＜body＞的显示属性。

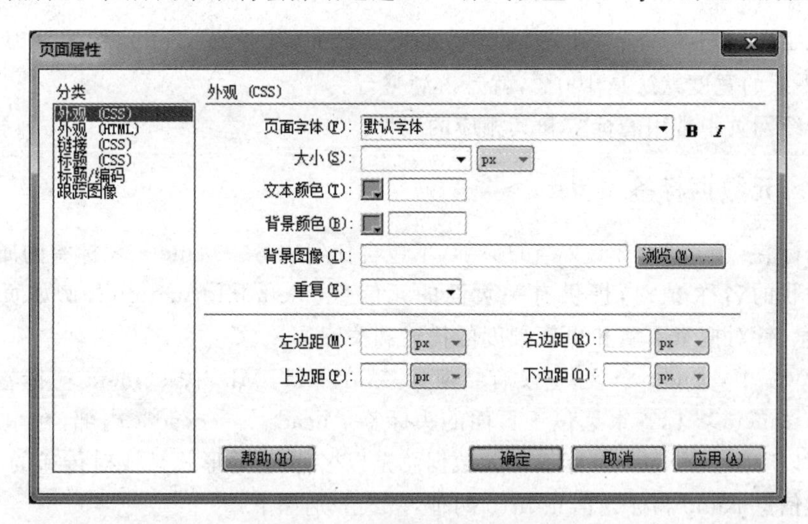

图 3.2 “页面属性”对话框

3.1.2 HTML 标签

在 HTML 页面中，带有＜＞符号的元素称为 HTML 标签，也称为 HTML 标记。如上面提到的＜html＞、＜body＞、＜head＞等都是 HTML 标签。所谓标签，就是放在＜＞标记符中表示某个功能的编码指令，也称为 HTML 标记或 HTML 元素。

标签分为单标签和双标签。

单标签是指用一个标记符号即可完整地描述某个功能的标签，基本语法如下：

```
<标签名 />
```

如例 3.1 中的水平线标签＜hr/＞，就是定义了一条水平线。

网页中大部分的标签是成对出现的，也就是双标签，如例 3.1 中的＜body＞、＜center＞、

<h3>等。双标签是指由开始和结束两个标记符组成的标签，其基本语法如下：

```
<标签名>内容</标签名>
```

<标签名>表示该标签的作用开始，也称为"开始标记"；</标签名>表示该标签作用的结束，也称为"结束标记"。在 XHTML 的语法要求中，双标签必须有开始标记和结束标记。

3.1.3　HTML 属性

HTML 标签都有自己相应的属性，通过设置标签的属性，可以修改内容的样式。其基本语法如下：

```
<标签名 属性 1="属性值"  属性 2="属性值"……>内容</标签名>或<标签名 属性 1="属性值"
属性 2="属性值"…/>
```

标签可以有多个属性，但必须写在开始标记中，位于标记名后面。属性不分先后顺序，标记名与属性、属性与属性之间均以空格分开。任何标签的属性都有默认值，省略该属性，则会取默认值。

如例 3.1 中，<h3>标签中的内容是加粗显示的，那就是<h3>标签的默认属性。<hr/>水平线的宽度默认是 100%，就是占满整行。

下面介绍网页中常用的标签和其相应的属性。

3.1.4　元数据标签<meta>

元数据标签<meta>位于文档的头部，不包含任何内容。<meta> 标签的属性定义了与文档相关联的名称-值对，提供有关页面的元信息(meta-information)，例如页面编码方式、作者信息、针对搜索引擎和更新频度的描述和关键词。

在 HTML 中，<meta> 标签没有结束标签，在 XHTML 中，<meta> 标签必须被正确地关闭。<meta> 标签永远位于页面的头标签<head></head>内部，在一个 HTML 头页面中可以有多个<meta>标签。元数据总是以名称-值的形式被成对传递的，属性主要有页面描述信息 name 和标题信息 http 两种，格式分别如下：

```
<meta name="属性值" content="名称"/>
```

其中 name 属性的取值有如下几种。

1）<meta name="generator" content="网站编辑工具名称"/>

在该语法中，name 为属性名称，这里设置为 generator，即设置为编辑软件的名称，在 content 中定义具体的编辑软件的名称。现在有很多软件可以制作网页，可以在源代码的头部页面的元数据标签中设置网页编辑工具的名称。

2）<meta name="keywords" content="关键字"/>

在该语法中，name 为属性名称，这里设置为 keywords，即设置网页关键字属性，在 content 中定义具体的关键字的内容。

3）<meta name="description" content="描述网页的主要内容及主题等"/>

在该语法中，name 为属性名称，这里设置为 description，也就是将元数据属性设置为页面描述，在 content 中定义具体的描述语言。

4）<meta name="author" content="作者名称"/>

在该语法中，name 为属性名称，这里设置为 author，即设置作者信息，在 content 中定义具体的作者信息。

5）<meta name="robots" content= "指令组合"/>

在该语法中，name 为属性名称，这里设置为 robots，是泛指所有的搜索引擎，也可以特指某个搜索引擎，例如 Googlebot、Baiduspider 等，在 content 中定义搜索引擎对页面的搜索方式。

content 取值及其对应的含义如表 3.1 所示。

表 3.1　content 取值及其对应的含义

content 取值	含　义
index,follow	当前页面允许被检索，页面中的链接也允许被检索
index,nofollow	当前页面允许被检索，页面中的链接不允许被检索
noindex,follow	当前页面不允许被检索，页面中的链接允许被检索
noindex,nofollow	当前页面不允许被检索，页面中的链接不允许被检索

表 3.1 中的第一种方式可以写成 all，第四种方式可以写成 none。

需要注意的是，不可把两个对立的反义词写到一起，例如：

```
<meta name="robots" content="index,noindex"/>
```

或者直接同时写上两句也是不可以的。

```
<meta name="robots" content="index,follow"/>
<meta name="robots" content="noindex,follow"/>
```

常见的 http 标题信息有：http-equiv="content-type"或"expire"或"refresh"或"cache-control"或"set-cookie"等，具体格式如下。

1）<meta http-equiv="content-type" content="text/html;charset=utf-8" />

在该语法中，http-equiv 用于传送 HTTP 通信协议的标头，也就是设置标头属性的名称，在 content 中才设置具体的属性值。在 charset 中设置网页的内码语系，即设置字符集的类型，charset 往往设置为 gb2312，即简体中文。英文是 ISO-8859-1 字符集，此外，还有 BIG5、utf-8 等字符集。

2）<meta http-equiv="refresh " content="10;URL=http://www.bzmc.edu.cn" />

在该语法中，refresh 表示网页的刷新，在 content 中设置刷新的时间和刷新后的地址，时间和链接地址之间用分号分隔，默认情况下跳转时间是以秒(s)为单位的。该代码中页面将在 10s 后自动跳转到滨州医学院首页。

3）<meta http-equiv="expires" content="Tue, 22 Aug 2017 14: 25: 27 GMT" />

在该语法中，expires 表示网页到期，在 content 中设置网页的到期时间，当时间超过 content 属性值的日期时，缓存里关于此网页的内容将过期而无法使用，必须到服务器上重新调用,需要注意的是时间必须使用 GMT 的时间格式。

4) <meta http-equiv="cache-control" content="no-cache" />

使用网页缓存可以加快网页的浏览速度,省去读取同一网页的时间。但如果网页的内容经常频繁更新,网页制作者希望用户能看到最新的网页内容,可通过该语句来禁用页面缓存。在该语法中,cache-control 用来设定缓存的属性,在 content 中设置禁止调用缓存的语句,每次打开此页面都需要重新读取最新页面。

5) <meta http-equiv="set-cookie" content="Wed, 15 Mar 2017 12:06:08 GMT"/>

在该语法中,如果网页过期,那么存盘的 cookie 将被删除,cookie 是由站点创建的将信息存储在计算机上的文件,content 值设定到期时间。该代码设定此网页的 cookie 到达 content 值代表的时间时,将被删除,需要注意的是时间也必须使用 GMT 格式。

3.2 文字处理

在 Word 文档中,通过软件中提供的工具实现文字、段落等的排版,在 HTML 页面中,需要运用标签来描述文字、段落等,并运用相关属性对文字、段落进行相应的修饰,以使页面更加整齐美观。本节就来介绍文字相关的标签及属性。

3.2.1 标题标签<hn>

一般文章都有标题、副标题、章、节等结构,XHTML 也提供了相应的标题标签<hn></hn>,用于设置网页中的标题文字,被设置的文字将以黑体或粗体的方式显示在网页中。其中 n 为标题的等级,总共提供 6 个等级的标题,n 越小,标题字号越大。

标题标签的格式:

```
<hn 属性="属性值">标题内容</hn>
```

说明:<hn>标签成对出现。

常用的属性:align 对齐属性,属性值有 left、center、right。

在网页中设置文本的对齐方式主要通过 align 属性进行设置,该属性主要在<p>、<h1>~<h6>标记元素中。

注意:*在 XHTML 1.0 中,如果文档类型声明为严格类型,则<p>、<h1>~<h6>标记元素的 align 属性不被支持。align 的取值为 left(左对齐,默认值)、center(居中对齐)、right(右对齐)。*

XHTML 的基本属性如表 3.2 所示。

表 3.2 XHTML 的基本属性

属 性	值	描 述
class	class_rule 或 style_rule	元素的类(class)
id	id_name	元素的某个特定 id
style	样式定义	内联样式定义
title	提示文本	显示于提示工具中的文本

【例 3.2】 标题标签的应用。

```
<!DOCTYPE html PUBLIC "-//W3C//DTD XHTML 1.0 Transitional//EN"
"http://www.w3.org/TR/xhtml1/DTD/xhtml1-transitional.dtd">
<html xmlns="http://www.w3.org/1999/xhtml">
<head>
<meta http-equiv="Content-Type" content="text/html; charset=utf-8" />
<title>标题标签 hn</title>
</head>
<body>
<h1 align="center">一级标题文字居中</h1>
<h2 align="left">二级标题文字,左对齐</h2>
<h3 align="right">三级标题文字,右对齐</h3>
<h4 align="justify">四级标题文字,两端对齐</h4>
<h5>五级标题文字,默认对齐属性</h5>
<h6>六级标题文字,默认对齐属性</h6>
</body>
</html>
```

程序运行效果如图 3.3 所示。

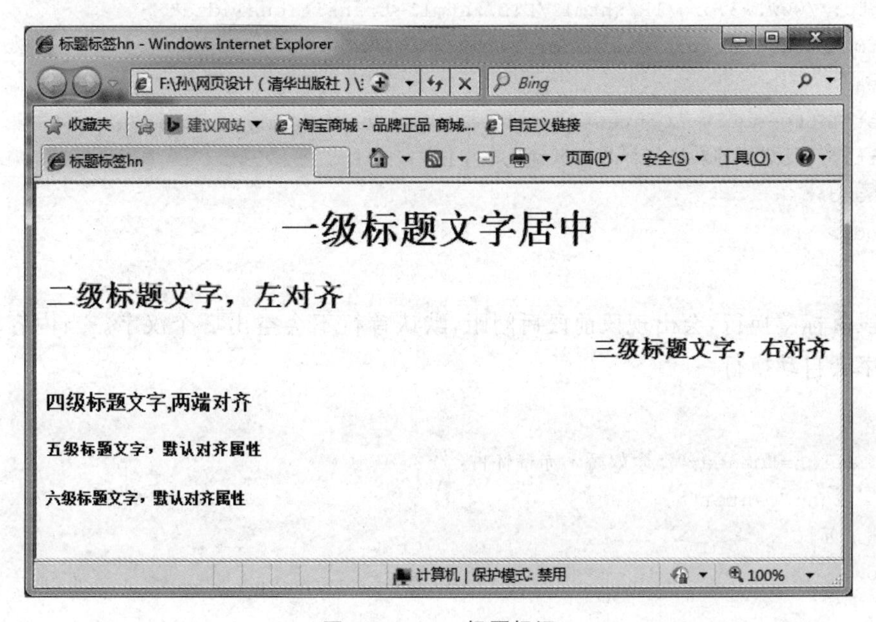

图 3.3 <hn> 标题标记

3.2.2 段落标签<p>

段落标签<p></p>是用来创建一个段落,在此标签对之间加入的文本将按照段落的格式显示在浏览器上。使用该标签后,每块文本段落之间都会空出一行。

段落标签的格式:

```
<p 属性="属性值">段落内容</p>
```

说明：<p>标签成对出现。

常用的属性：align 对齐方式，一般值有 left、center、right 3 种，分别设置段落文字的左、中、右对齐方式。

3.2.3 换行标签

是一个单标签，在 XHTML 中，该标签必须被关闭。换行标签没有属性，它主要的作用是分行。当希望内容重起一行，并且在行与上一行之间不空出一行间距，那就需要换行标签，而不是段落标签。

注意：

(1) <p>标签和
标签都能另起一行。

(2) <p>换行后与上一行产生一个距离，
换行后没有这一距离。

(3) 多个<p>标签连续使用时不能产生更多的空行，而多个
标签连续使用时可以产生多个空行。

【例 3.3】 换行标签与段落标签区别演示案例。

```
<!DOCTYPE html PUBLIC "-//W3C//DTD XHTML 1.0 Transitional//EN"
"http://www.w3.org/TR/xhtml1/DTD/xhtml1-transitional.dtd">
<html xmlns="http://www.w3.org/1999/xhtml">
<head>
<meta http-equiv="Content-Type" content="text/html; charset=utf-8" />
<title> 段落标签和换行标签的区别</title>
</head>
<body>
<!-
```

用段落标签换行，会出现段前段后间距，默认首行不会空出 2 个汉字。当内容较多时，段内文字会自动换行。

```
-->
<h3 align="center" >念奴娇·赤壁怀古</h3>
<p align="center">
作者：苏轼
</p>
<p>
大江东去，浪淘尽，千古风流人物。
故垒西边，人道是，三国周郎赤壁。
乱石穿空，惊涛拍岸，卷起千堆雪。
江山如画，一时多少豪杰。
遥想公瑾当年，小乔初嫁了，雄姿英发。
羽扇纶巾，谈笑间，樯橹灰飞烟灭。
故国神游，多情应笑我，早生华发。
人生如梦，一樽还酹江月。
```

```
</p>
<hr />
<!--用换行标签进行换行,没有段前段后间距。当文字较多时,也会自动换行。-->
念奴娇·赤壁怀古<br />
作者:苏轼<br />
大江东去,浪淘尽,千古风流人物。
故垒西边,人道是,三国周郎赤壁。
乱石穿空,惊涛拍岸,卷起千堆雪。
江山如画,一时多少豪杰。<br />
遥想公瑾当年,小乔初嫁了,雄姿英发。
羽扇纶巾,谈笑间,樯橹灰飞烟灭。
故国神游,多情应笑我,早生华发。
人生如梦,一樽还酹江月。<br />
</body>
</html>
```

程序运行效果如图 3.4 所示。

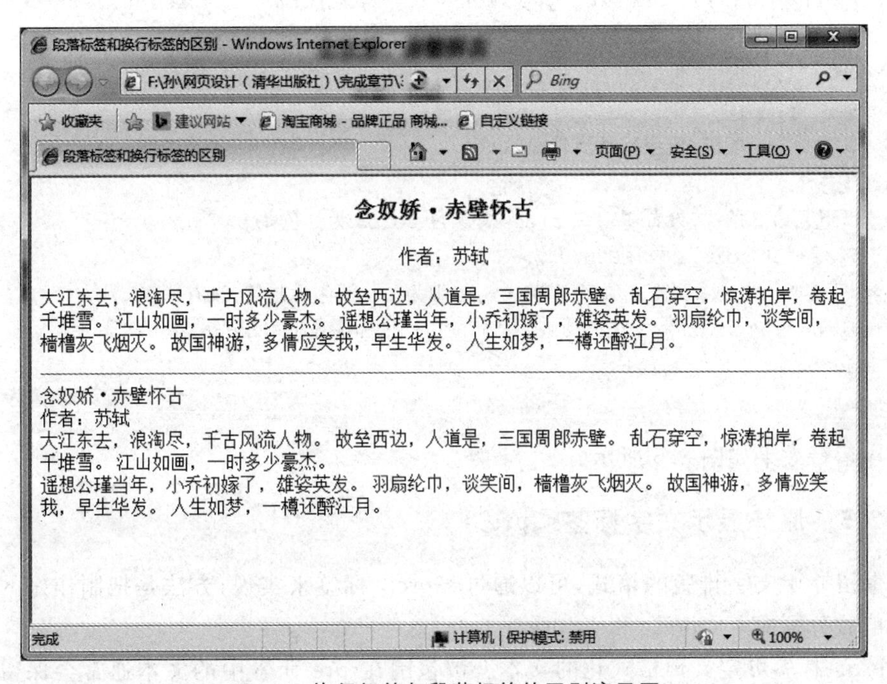

图 3.4　换行标签与段落标签的区别演示图

3.2.4　水平线标签<hr/>

<hr/>标签是单标签,该标签可以在屏幕上显示一条水平线,用于分割页面的不同部分,会使文档结构清晰,文字的编排更整齐。

通过设置<hr/>标签的属性,可以控制水平分割线的样式。<hr/>标签的属性如表 3.3 所示。

表 3.3　<hr/>标签的属性

属　性	参　数	功　能	默 认 值
size		设置水平线的粗细	2
width		设置水平线的宽度	100%
align	left、center、right	设置水平线的对齐方式	center
color		设置水平线的颜色	black
noshade		取消水平线的 3D 阴影	

【例 3.4】 水平线的应用。

```
<!DOCTYPE html PUBLIC "-//W3C//DTD XHTML 1.0 Transitional//EN"
"http://www.w3.org/TR/xhtml1/DTD/xhtml1-transitional.dtd">
<html xmlns="http://www.w3.org/1999/xhtml">
<head>
<meta http-equiv="Content-Type" content="text/html; charset=utf-8" />
<title>水平线的用法</title>
</head>
<body>
<p> 以下是第一条线,使用默认属性显示< /p>
<hr />
<p> 以下是第二条线,设置了粗细 size=5,颜色 color 为红色</p>
<hr size="5" color="# FF0000"/>
<p>以下是第三条线,设置显示宽度为 50%,粗细为 10,颜色为蓝色,没有阴影</p>
<hr size="10" width="50%" color="# 0000FF" noshade="noshade"/>
</body>
</html>
```

程序运行效果如图 3.5 所示。

3.2.5　原样显示文字标签<pre>

要保留原始文字排版的格式,可以通过<pre>标签来实现,方法是把制作好的文字排版内容前后分别加上<pre>和</pre>。

<pre>标签可定义预格式化的文本。被包围在 pre 元素中的文本通常会保留空格和换行符。而文本也会呈现为等宽字体。<pre> 标签的一个常见应用就是用来表示计算机的源代码。

可以导致段落断开的标签(例如标题、<p> 和<address> 标签)绝不能包含在<pre>所定义的块里。尽管有些浏览器会把段落结束标签解释为简单地换行,但是这种行为在所有浏览器上并不都是一样的。

<pre>标签中允许的文本可以包括物理样式和基于内容的样式变化,还有链接、图像和水平分隔线。当把其他标签(例如<a>标签)放到<pre>块中时,就像放在 HTML/XHTML 文档的其他部分中一样即可。

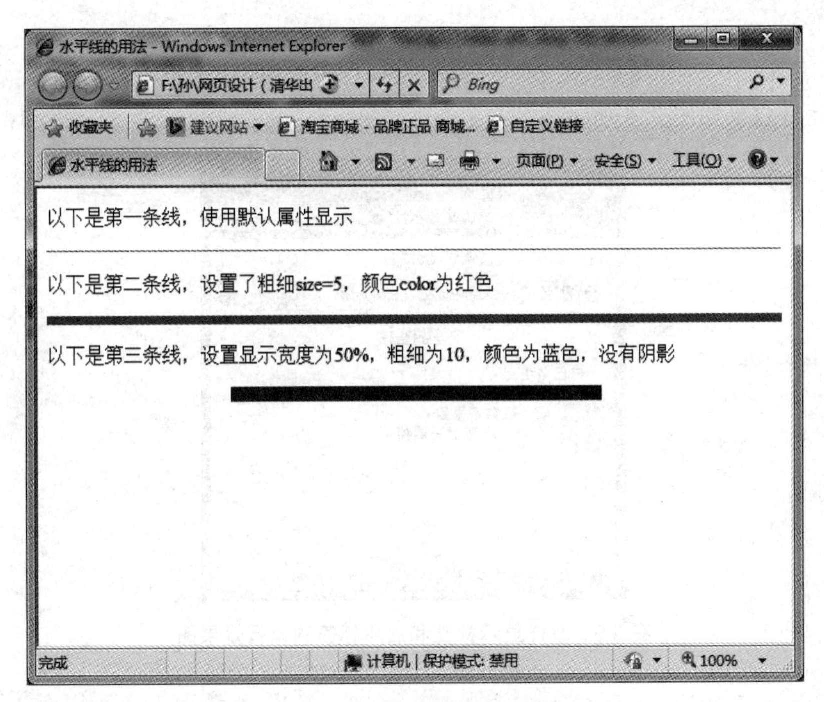

图 3.5　水平线应用效果图

3.2.6　居中对齐标签<center>

文本在页面中使用<center>标签进行居中显示，<center>标签是双标签，可以增加标准属性：id、class、title、style。下面通过案例来了解原样显示标签和居中标签的用法。

注意：在 XHTML 1.0 Strict DTD 中，center 标签不被支持。

【例 3.5】 标签<center>的应用。

```
<!DOCTYPE html PUBLIC "-//W3C//DTD XHTML 1.0 Transitional//EN"
"http://www.w3.org/TR/xhtml1/DTD/xhtml1-transitional.dtd">
<html xmlns="http://www.w3.org/1999/xhtml">
<head>
<meta http-equiv="Content-Type" content="text/html; charset=utf-8" />
<title>原样显示标签和居中标签</title>
</head>
<body>
<center>登鹳雀楼</center>
<pre>
  白日依山尽，
    黄河入海流。
         欲穷千里目，
              更上一层楼。
</pre>
```

```
</body>
</html>
```

程序运行效果如图 3.6 所示。

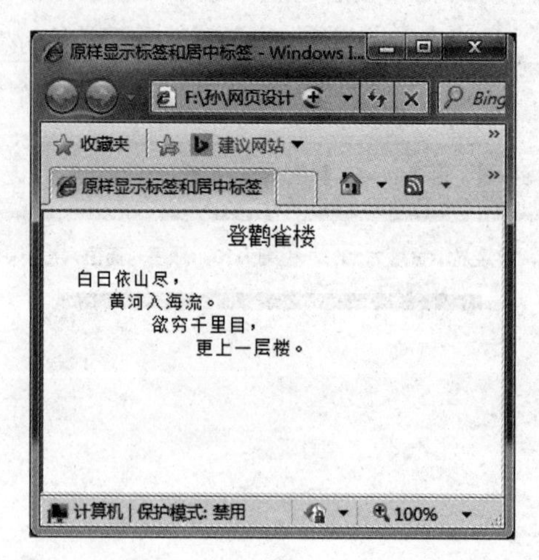

图 3.6 原样显示标签和居中标签的运行效果图

3.2.7 文字格式标签<font>

在 XHTML 中设置网页中的文字字体使用<font>标签。

注意：在 XHTML 1.0 Strict DTD 中，font 标签不被支持，在网页中尽量使用 CSS 来定义文本的字体、字号和颜色。

<font>标签的主要属性及实例如表 3.4 所示。

表 3.4 <font>标签的主要属性及实例

属性	作用	例子
size	设置字体大小	size="5"
face	设置字体名称	face="Times"
color	设置字体颜色	color="red"

3.2.8 字体格式化

在有些文字的显示中，常常会用一些特殊的字形或字体来强调、突出、区别以达到提示的效果。为了让文字富有变化，或者为了着意强调某一部分，HTML 提供了一些标签产生这些效果。这些标签可以分为物理类型和逻辑类型，下面分别来介绍这两种类型的标签。

1. 物理类型标签

这类标签用于设置文本在网页中显示时的格式，告诉浏览器应该以何种格式显示文字，常用的物理类型标签及其作用如表 3.5 所示。

表 3.5　常用的物理类型标签及其作用

标　　签	作　　用
<b>…</b>	标记中的文本字体加粗
<i>…</i>	标记中的文本倾斜
<tt>…</tt>	标记中的文本显示打字机字体，字体较宽
<u>…</u>	标记中的文本加下画线
<strike>…</strike>	标记中的文本加横贯文字的删除线
_…	标记中的文本以下标显示
[…]	标记中的文本以上标显示
<big>…</big>	标记中的文本以较大字体显示
<small>…</small>	标记中的文本以较小字体显示

【例 3.6】 字体中物理类型标签显示字体格式的运用。

```
<body>
    a<sub>2</sub>
        <br/>
            <b><u><i>format text</i></u></b>
        <br/>
    a<sup>2</sup>
</body>
```

程序运行效果如图 3.7 所示。

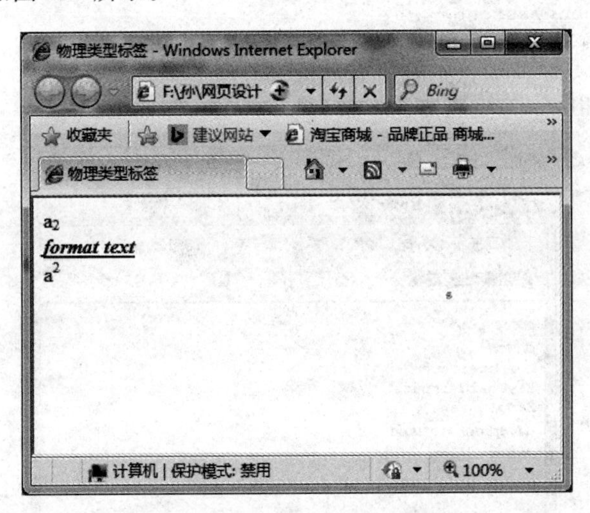

图 3.7　物理类型标签示例图

2. 逻辑类型标签

逻辑类型标签是定义了包含文本内容的属性，告诉浏览器该文本所具有的特性，由浏览器决定以何种格式显示这些文本。常见逻辑类型标签及其作用如表 3.6 所示。

表 3.6　逻辑类型标签及其作用

标　签	作　用
<em>…</em>	强调标记中的文本，一般显示斜体字
<strong>…</strong>	强调标记中的文本，一般显示粗体字
<code>…</code>	用于指出这是一组代码，一般是一种定宽的字体
<kbd>…</kbd>	定义键盘文本，一般显示较粗的定宽字体
<var>…</var>	用来表示变量，一般显示斜体字
<samp>…</samp>	定义样本文本，显示一段常用的文字，一般是一种定宽的字体
<dfn>…</dfn>	表示一个定义或说明，一般为斜体字
<cite>…</cite>	用于引证、举例，一般显示斜体字

【例 3.7】　逻辑类型标签使用案例。

```
<body>
    <dfn>ccccc</dfn><br/>
    <cite>ddddd</cite><br/>
    <code>Computer code</code><br/>
    <kbd>Keyboard input</kbd><br/>
    <samp>Sample text</samp><br/>
    <var>Computer variable</var><br/>
    <em>aaaaa</em><br/>
    <strong>bbbb</strong>
</body>
```

程序运行效果如图 3.8 所示。

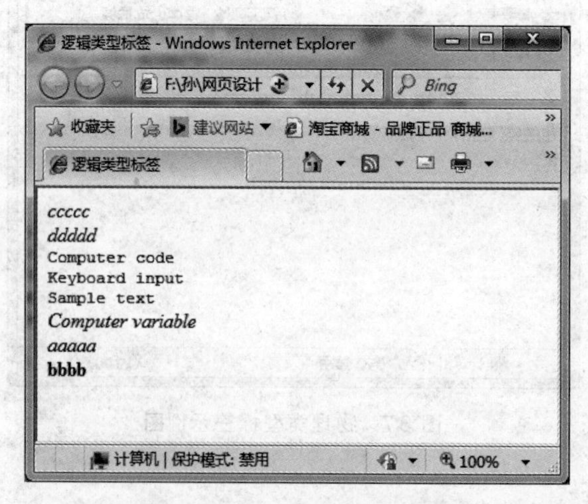

图 3.8　逻辑类型标签示例图

3.2.9 特殊符号的使用

在 XHTML 中定义了一些程序开发者不能直接从键盘输入的特殊字符，如©。或者有些特殊字符在键盘上可以找到，但在 XHTML 中有特殊的含义，如>、& 等。这样可以用特殊符号来表示，实现输入的特殊字符，避免信息的混淆。常见特殊字符代码如表 3.7 所示。

表 3.7 常见特殊字符代码

特殊字符	字符代码	数字代码	特殊字符	字符代码	数字代码
<	<	<	©	©	©
>	>	>	®	®	®
&	&	&	空格		
"	"	"			

在建立网页文件时，利用键盘上的空格键输入多个空格时，无论输入空格有多少个，显示时只有一个空格。如果需要多个空格，利用空格的特殊字符代码" "，实现要完成的效果。

【例 3.8】 特殊字符的表现方法。

```
<body>
    <p>      How are you ?</p>
    <p>    How     are     you  
 ?</p>
    <hr width="90%" size="4" align="center"/>
    <address>
        &copy;2015 版权所有 XHTML 学习
    </address>
</body>
```

程序运行效果如图 3.9 所示。

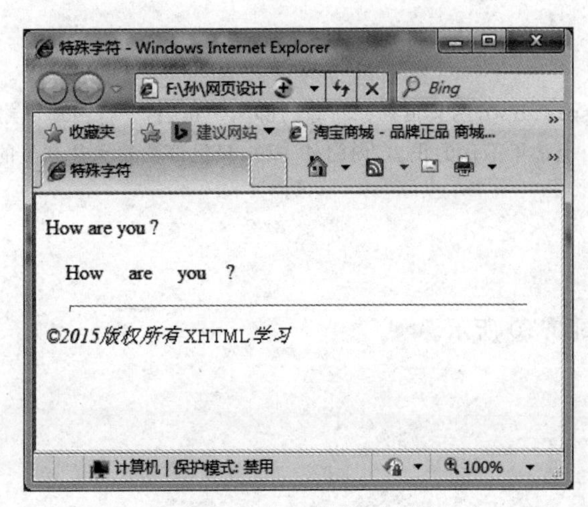

图 3.9 特殊字符的显示效果

3.2.10 注释标签

在 HTML 文档中可以加入相关的注释标签,便于查找和记忆有关的文件内容及标识,但是这些注释内容不会在浏览器中显示出来,这是因为凡是在注释标签内的文字都是隐性的。如果查看源代码,会看到这些注释。

注释标签的格式:

```
<!--注释的内容 -->
```

3.2.11 文字处理案例

【例 3.9】 综合运用相关标签和属性实现古诗排版。

```
<!DOCTYPE html PUBLIC "-//W3C//DTD XHTML 1.0 Transitional//EN"
"http://www.w3.org/TR/xhtml1/DTD/xhtml1-transitional.dtd">
<html xmlns="http://www.w3.org/1999/xhtml">
<head>
<meta http-equiv="Content-Type" content="text/html; charset=utf-8" />
<title>文字案例——古诗词</title>
</head>
<body>
<h3 align="center">绝句</h3>
<h4 align="center">【唐】杜甫</h4>
<p align="center">
两个黄鹂鸣翠柳,<br />
一行白鹭上青天。<br />
窗含西岭千秋雪,<br />
门泊东吴万里船。
</p>
<hr color="#0066FF" width="60%"/>
<p>【翻译】</p>
<p>
    两只黄鹂在新绿的柳丛中欢唱,一行白鹭飞翔在晴朗的蓝天上。从窗
户可以望见西面岷山上常年不化的积雪,向门外一瞥,只见停泊着通往东吴的万里航船。
</p>
</body>
</html>
```

程序运行效果如图 3.10 所示。

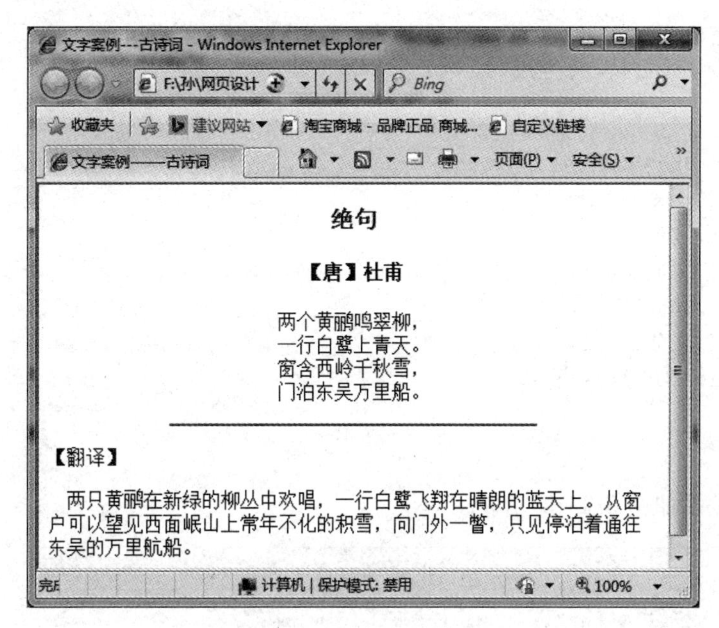

图 3.10 古诗排版的效果图

3.3 列表

在创建网页时，要清晰展现一些要点，使得网页内容整洁而有条理，就要能够合理且灵活地使用列表元素，让文件按照一定的规则和格式排序，方便浏览者阅读。

3.3.1 无序列表

无序列表是指列表内容可以按任意顺序排列。每一列表项前不是用连续编号，而是用一个特定符号来标记。通常是在每一列表项前加上一个小圆点儿(•)。

注意：在 XHTML 1.0 中，如果文档类型声明为严格类型，则<ul>标签的 type 属性不被支持。

1. 基本用法

无序列表的基本用法如下：

```
<ul type="值">
    <li>…</li>
    <li>…</li>
    <li>…</li>
    ⋮
</ul>
```

其中，<ul>标签的 type 属性决定了每一列表项前面的标记符号。常见的<ul>标签的 type 属性取值如表 3.8 所示。

表 3.8 <ul>标签的 type 属性取值

type	作　用
type="disc"	设置列表标记为 •(默认值)
type="circle "	设置列表标记为◦
type="square"	设置列表标记为▪

2. 实例代码

【例 3.10】 无序列表的应用。

```
<body>
    <p><strong>宋词鉴赏</strong></p>
    <ul type="circle">
        <li>宴山亭</li>
        <li>浣溪沙</li>
        <li>踏莎行</li>
        <li>天仙子</li>
        <li>御街行</li>
    </ul>
</body>
```

程序运行效果如图 3.11 所示。

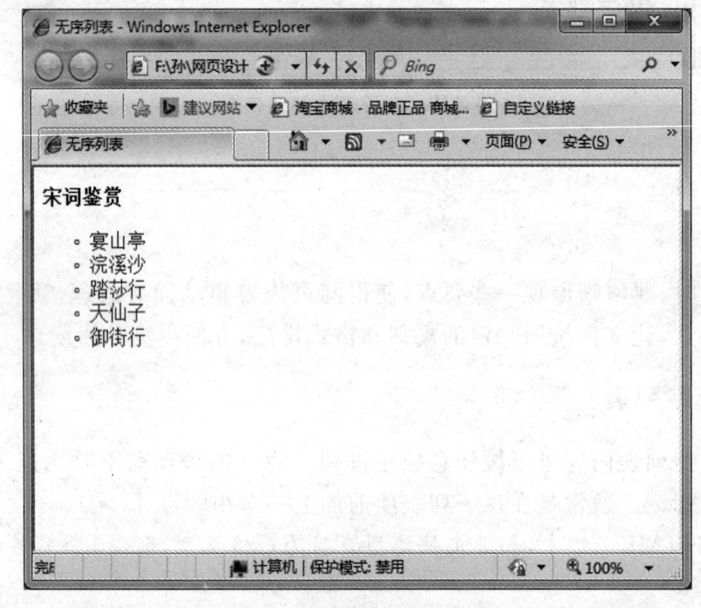

图 3.11　无序列表效果图

3.3.2　有序列表

有序列表用于对网页中的一些内容进行编号排列,以便读者可以清晰地了解每行的顺序。有序列表的实现方法与无序列表相似,只是用标签<ol>来代替无序列表中的<ul>。

注意:在 XHTML 1.0 中,如果文档类型声明为严格类型,则<ol>标签的 start 和 type 属性不被支持。

1. 基本用法

有序列表的基本用法如下:

```
<ol type="值" start="值">
    <li>…</li>
```

```
    <li>…</li>
    <li>…</li>
      ⋮
</ol>
```

其中，type 属性的默认取值为阿拉伯数字，start 属性的取值为数字，默认从 1 开始编号。<ol>元素的 type 属性的取值及作用如表 3.9 所示。

表 3.9　<ol>元素的 type 属性取值及作用

type	作　用	type	作　用
type="1"	设置列表编号为阿拉伯数字	type="a"	设置列表编号为小写英文字母
type="Ⅰ"	设置列表编号为大写罗马数字	type="A"	设置列表编号为大写英文字母
type="i"	设置列表编号为小写罗马数字		

2. 实例代码

【例 3.11】 实现介绍图书馆信息服务的页面，服务项目被排列成有序列表。

```
<body>
  <h2 align="center">唐诗鉴赏</h2>
    <center>
    <ol type="a" start="2">
        <li>送杜少府之任蜀州</li>
        <li>回乡偶书</li>
        <li>登鹳雀楼</li>
        <li>过故人庄</li>
        <li>望庐山瀑布</li>
    </ol>
  </center>
</body>
```

程序运行效果如图 3.12 所示。

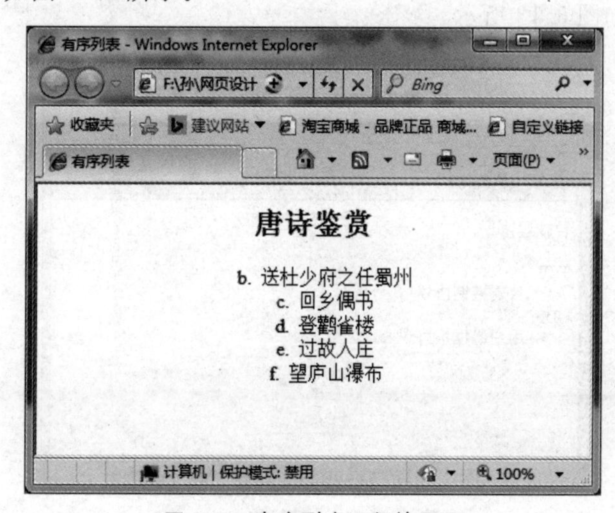

图 3.12　有序列表运行效果图

其中，每一个列表都应以标签<li>开始。如果不设置 type、start 属性，则默认排列的内容就会自动加上编号 1,2,3,…，该案例中，设置了编号类型为小写字母，并且从第二个字母 b 开始。如果插入或删除一个列表项，编号就会自动调整。

3.3.3 定义性列表

定义性列表可以用来给每一个列表项加上一段说明性文字，说明独立于列表项另起一行显示。具体实现过程是在<dl>标签中同时使用<dt>和<dd>标签，建立术语列表。术语列表中的列表项由两部分组成，即术语和它的说明。术语由<dt>标签指定，说明由<dd>标签指定。

1. 基本用法

定义性列表的基本语法如下：

```
<dl>
    <dt>列表第一项</dt><dd>第一项的定义和描述</dd>
    <dt>列表第二项</dt><dd>第二项的定义和描述</dd>
    <dt>列表第三项</dt><dd>第三项的定义和描述</dd>
    ⋮
</dl>
```

2. 实例代码

【例 3.12】 运用定义性列表描述传输层协议的相关知识。

```
<body>
    <p>传输层协议</p>
    <dl>
        <dt>TCP</dt><dd>传输控制协议</dd>
        <dt>UDP</dt><dd>用户数据报协议</dd>
    </dl>
</body>
```

程序运行效果如图 3.13 所示。

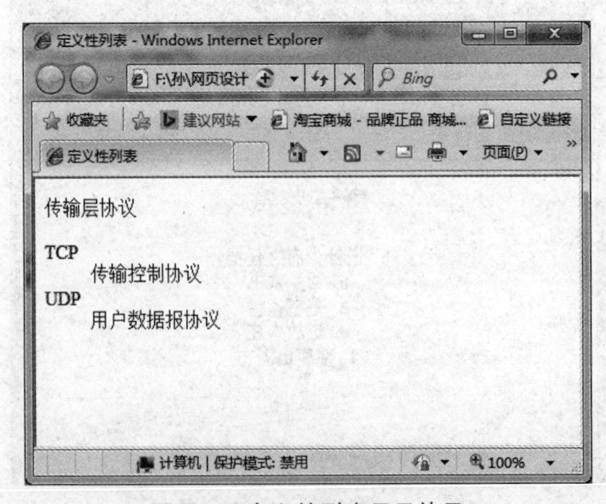

图 3.13 定义性列表显示效果

需要注意的是，列表中的内容不仅可以使用文本，还可以把链接作为列表项，制作出内容更为丰富的网页。在后面章节，通过CSS的学习，将会大量运用列表来组织网页内容。

3.4 多媒体

图文并茂并配上动人悦耳的音乐的网页，能够更加吸引浏览者对网站的访问。网页中可以显示JPEG、GIF、BMP等格式的图像，可以播放MP3、WMA、MID及AIF等格式的音频文件。但是，因为在实际中要考虑网络下载速度、存储空间、支持的动画效果及背景设置、播放声音软件时的使用设置等问题，所以要进行适当的设置和处理。

3.4.1 图像标签<img>

图像可以使HTML页面美观、生动且富有生机。浏览器可以显示的图像格式有JPEG、BMP、GIF。其中BMP文件存储空间大、传输慢，不建议使用；常用的是JPEG和GIF格式的图像，相比之下，JPEG图像支持数百万种颜色，即使在传输过程中丢失数据，也不会在质量上有明显不同，占用存储空间比GIF大；GIF的图像仅有256种色彩，虽然质量上没有JPEG图像高，但占用存储空间小，下载速度快，支持动画效果及背景色透明。所以使用哪种格式的图像美化页面，可视情况而定。

要将一幅图像插入到网页上显示，可通过在XHTML中使用<img>标签来实现。基本语法如下：

```
<img src="图像所在路径/图像名"  属性="属性值"/>
```

说明：图像的src属性是必需的属性，描述图像的所在位置，图像还有其他属性，可以根据需要选择。默认显示原始图片大小，指定宽度和高度并不改变图片文件的原始尺寸。<img>标签的主要属性及作用如表3.10所示。

表3.10 <img>标签的主要属性及作用

属　性	作　用	属　性	作　用
src	设置显示图像的出处	align	设置图像的对齐方式
alt	设置图像的替代文本	border	设置图像的边框
height	设置图像的高度	hspace	设置图像与文字或图片左右的间距，单位为像素
width	设置图像的宽度	vspace	设置图像与文字或图片上下的间距，单位为像素

通常浏览器不会在图像和其周围的文字之间留出很多空间。除非创建一个透明的图像边框来扩大这些间距，否则图像与其周围文字之间默认两个像素的距离，对于大多数设计者来说是太近了。如果把图像放在超链接中，特殊颜色的边框会把你费尽心思留出的所有间距都占据了，而且还会使人们注意到文字与图像是多么接近。hspace和vspace属性可以给图像一个自由呼吸的空间，指定图像与文字或图像之间距离的像素数。

注意：在XHTML 1.0中，<img>标签的align、border、hspace和vspace属性不被支

持。通常通过 CSS 样式进行边框、对齐方式等属性的设置。可用属性如下：

```
<img src="URL" alt="提示文字" width="值" height="值" />
```

【例 3.13】 图像标签的应用案例。

```
<!DOCTYPE html PUBLIC "-//W3C//DTD XHTML 1.0 Transitional//EN"
"http://www.w3.org/TR/xhtml1/DTD/xhtml1-transitional.dtd">
<html xmlns="http://www.w3.org/1999/xhtml">
<head>
<meta http-equiv="Content-Type" content="text/html; charset=utf-8" />
<title>网页中插入图片</title>
</head>
<body>
<h2 align="center">烟台简介</h2>
<center><img src="yt2.jpg" width="220" height="142" /></center>
<p>
<font size="4" face="楷体">    烟台位于山东半岛东部,濒临渤海中部,与韩国、日本隔海相望,总面积 1.37 万平方千米,总人口 641 万。海岸线长达 909 千米,年平均气温在 12℃左右,是一座美丽的海滨城市。烟台是中国北方著名的海滨旅游城市,景色秀丽,气候宜人。烟台绵长弯曲的海岸线上,散布着许多旖旎的海岛、漂亮的港湾和金沙碧浪的海滩。一年四季林木葱茏,明媚如画。春天,满山苍翠,花香袭人;夏日,郁郁葱葱,一片生机;秋季,果林红叶,五彩纷呈;到隆冬时节,银装素裹,玲珑剔透。这里有新鲜可口的海鲜,还盛产苹果、大樱桃、梨和葡萄,欢迎您来尽情品尝!</font>
    </p>
    <p>滨州医学院位于美丽的海滨城市烟台,是白衣天使的摇篮。每年的 4 月中下旬,校园里仁心湖畔的牡丹吸引了众多摄影爱好者驻足拍照。</p>
    <img src="images/peony2.jpg" width="200" height="233" alt="玫红牡丹"  hspace="10" vspace="10"/><img src="images/peony6.jpg" width="200" height="233" alt="桃红牡丹" hspace="10" vspace="10"/><img src="images/peony4.jpg" width="200" height="233" alt="婷婷牡丹" hspace="10" vspace="10"/><img src="images/peony3.jpg" width="200" height="233" alt="美丽牡丹" hspace="10" vspace="10" />
    </body></html>
```

程序运行效果如图 3.14 所示。

图文混排时,图像与文字的对齐方式,其 align 属性取值及作用如表 3.11 所示。

表 3.11 <img>标记的 align 属性取值及作用

align 属性取值	描　述
top	图像顶部和同行的最高部分对齐(可能是文本顶部,也可能是图像顶部)
middle	图像中部和同行的中部对齐(通常是文本行的基准线,并不是实际行的中部)
bottom	图像底部和同行文本的底部对齐
left	使图像和左边界对齐(文本环绕图像)
right	使图像和右边界对齐(文本环绕图像)

续表

align 属性取值	描　述
absmiddle	图像中部和同行中最大项的中部绝对对齐
absbottom	图像底部和同行中最低项的底部对齐
baseline	图像底部和文本的基线对齐
texttop	图像顶部和同行中最高的文本的顶部对齐

图 3.14　图像标签案例显示效果

3.4.2　声音和视频文件的使用

网页中常用的音频格式比较多，常用的有 MP3、WAV 、MID 及 AIF 等格式。每种声音文件格式都有自己的优缺点，所以在设计时要充分考虑实际播放要求和效果来选用音频格式。

1. 音频文件的类型

1）MID 格式文件

一般情况下，MID 文件只作为网页的背景音乐。在播放 MID 文件时，很多浏览器不需要专门的插件，一个较小的文件可以储存大量数字音乐指令，提供长时间的声音剪辑。

2）WAV 格式文件

在互联网上，WAV 格式是最流行的格式之一，几乎所有流行的浏览器都支持该格式。它声音品质较高，录制较为方便，但它需要的存储空间较大，播放时需要缓冲，限制了网页上声音剪辑的长度。

3）MP3 格式文件

目前，MP3 也是较为流行的音频格式，它具有压缩比例高和音响品质高的优点，然而 MP3 声音文件较大，在网页中传输一首歌曲可能需要等待较长时间。播放 MP3 文件时，需下载并安装一个辅助应用程序或插件，例如 Windows Media Player 或 RealPlayer，多数音乐网站上都采用 MP3 文件格式。

4）AIF 格式文件

Apple 公司开发的 AIF 格式文件，与 WAV 格式文件相似，有非常好的声音品质，很多浏览器不用插件也支持 AIF 文件的播放。用户也可以通过麦克风等输入设备录制自己的 AIF 文件。不过该格式文件占用空间较大，限制了在 Web 页上使用声音剪辑的长度。

5）RealAudio 格式文件

该格式支持低带宽下的音频流，有着非常高的压缩比，可以在较短的时间内完成完整歌曲文件的下载。该类文件可以从一个普通的 Web 服务器上"流式"播放，对于浏览者来说，音乐缓冲时间短，可以在文件还没有完全下载之前便开始欣赏音乐。但这类文件音质不如 MP3 文件，访问者必须下载并安装 RealPlayer 应用程序或辅助插件才能播放这类文件。

2. 视频文件的类型

网页中常用的视频文件格式如 FLV、F4V、MP4、3GP、AVI、WMV 等，还有其他文件格式，不过这几个是目前最常见的。下面简单介绍不同视频格式的区别。

1）FLV 格式文件

FLV 是 Flash Video 的简称，FLV 流媒体格式是一种新的视频格式。由于它形成的文件极小、加载速度极快，使得网络观看视频文件成为可能，它的出现有效地解决了视频文件导入 Flash 后，使导出的 SWF 文件体积庞大，不能在网络上很好地使用等缺点。

2）F4V 格式文件

作为一种更小、更清晰、更利于在网络传播的格式，F4V 已经逐渐取代了传统的 FLV，也已经被大多数主流播放器兼容播放，而不需要通过转换等复杂的方式。F4V 是 Adobe 公司为了迎接高清时代而推出的支持 H264 的 F4V 流媒体格式。它和 FLV 的主要区别在于，FLV 格式采用的是 H263 编码，而 F4V 则支持 H264 编码的高清晰视频，码率最高可达 50Mbps。也就是说，F4V 和 FLV 在同等体积的前提下，能够实现更高的分辨率，并支持更高比特率，就是人们所说的更清晰、更流畅。另外，很多主流媒体网站上下载的 F4V 文件后缀却为 FLV，这是 F4V 格式的另一个特点，属于正常现象，观看时可明显感觉到这种实为 F4V 的 FLV 有更高的清晰度和流畅度。

3）MPEG 格式文件

这类格式可是影像阵营中的一个大家族，也是人们平时所见到的最普遍的一种视频格式。从它衍生出来的格式尤其多，包括以 mpg、mpe、mpa、m15、m1v、mp2 等为后缀名的视频文件都是出自这一家族。MPEG 格式包括 MPEG 视频、MPEG 音频和 MPEG 系统（视频、音频同步）3 个部分，MP3（MPEG-3）音频文件就是 MPEG 音频的一个典型应用；视频方面则包括 MPEG-1、MPEG-2 和 MPEG-4。其中 MPEG-4 在视频方面应用最多，对于不同的对象可采用不同的编码算法，从而进一步提高压缩效率；能在低码率下获得较好的效果；可以方便地集成自然音视频对象和合成音视频对象。

4）AVI 格式

音频视频交错（Audio Video Interleaved，AVI）是由微软公司发表的视频格式，在视频领域可以说是最悠久的格式之一。AVI 格式调用方便、图像质量好，压缩标准可任意选择，是应用最广泛、应用时间最长的格式之一。

5）WMV 格式

一种独立于编码方式的在 Internet 上实时传播多媒体的技术标准，微软公司希望用其取代 QuickTime 之类的技术标准以及 WAV、AVI 之类的文件扩展名。WMV 的主要优点在于：可扩充的媒体类型、本地或网络回放、可伸缩的媒体类型、流的优先级化、多语言支持、扩展性等。

6）RMVB 格式

RMVB 是一种视频文件格式，RMVB 中的 VB 指 VBR（Variable Bit Rate，可改变之比特率），较上一代 RM 格式画面清晰了很多，原因是降低了静态画面下的比特率，可以用 RealPlayer、暴风影音、QQ 影音等播放软件来播放。

7）3GP 格式

3GP 是一种 3G 流媒体的视频编码格式，主要是为了配合 3G 网络的高传输速度而开发的，也是目前手机中最常见的一种视频格式。

简单地说，该格式是"第三代合作伙伴项目"（3GPP）制定的一种多媒体标准，使用户能使用手机享受高质量的视频、音频等多媒体内容。其核心由包括高级音频编码（AAC）、自适应多速率（AMR）、MPEG-4 和 H263 视频编码解码器等组成，目前大部分支持视频拍摄的手机都支持 3GPP 格式的视频播放。其特点是网络带宽占用较少，但画质较差。

3. 播放音频和视频标签

当音频被包含在网页中，或作为网页的一部分，它就被称为内联音频。通过使用<bgsound> 标签或<img> 标签，可向网页添加内联音频。通常是在用户希望听到声音的地方包含内联音频，用户看不到播放界面，只听到声音。若想让用户看到播放界面，由用户决定是否播放，那么可以通过<embed>和<object>标签实现。

1）使用<bgsound>

该标签用于在网页中添加背景音乐，当页面被加载时，背景音乐开始自动播放，而在页面中不显示播放界面。但只有基于 IE 内核的浏览器才能支持该标签，应慎重使用。使用格式如下：

```
<bgsound src="文件路径" />
```

例如：

```
<body>
<h2>Music In The Background</h2>
<bgsound src="/media/beatles.mid"/>
</body>
```

2）使用<img>

该标签的作用是在网页中嵌入音频或视频。只有基于 IE 内核的浏览器才能支持该标签，应慎重使用。使用格式如下：

```
<img dynsrc="文件路径" />
```

例如：

```
<body>
<h2>Horse As An Image</h2>
```

```
<img dynsrc="/media/horse.wav"/>
</body>
```

3）使用<embed>

该标签的作用是在网页中插入音频或视频。基本上所有的浏览器都支持该标签，它不仅可以播放音乐，还可以播放视频。使用格式如下：

```
<embed src="文件路径\文件名" width=value height=value hidden=value autostart=
value loop=value ../>
```

<embed>标签的主要属性及描述如表3.12所示。

表3.12 <embed>标签的主要属性及描述

属 性	描 述
src	设定文件的路径
autostart	设定是否要媒体文件传送完成就自动播放，true表示自动播放，false表示不播放，默认为自动播放
loop	设定播放重复次数，true表示无限次播放，false表示播放一次就停止，正数n表示播放n次，例如loop=10，表示播放10次
startime	设定开始播放的时间，格式如start="00:30"即start="分:秒"，表示30s后开始播放，未定义则从文件头开始播放
volume	设定音量大小，范围为1～100，默认使用系统的音量
width	设定控制面板的宽度
height	设定控制面板的高度
hidden	是否隐藏控制面板，true表示隐藏，默认不隐藏
controls	设定控制面板的样式，取值console表示一般正常面板，是默认值；取值smallconsole表示较小的面板；取值playbutton表示只显示播放按钮；取值pausebutton表示只显示暂停按钮；取值stopbutton表示只显示停止按钮；取值volumelever表示只显示音量调节按钮

【例3.14】 运用embed标签播放音频和视频。

```
<!DOCTYPE html PUBLIC "-//W3C//DTD XHTML 1.0 Transitional//EN"
"http://www.w3.org/TR/xhtml1/DTD/xhtml1-transitional.dtd">
<html xmlns="http://www.w3.org/1999/xhtml">
<head>
<meta http-equiv="Content-Type" content="text/html; charset=utf-8" />
<title>播放音频</title>
</head>
<body>
<h2>运用embed标签播放音频和视频</h2>
<embed src="media/Do-Re-Mi.mp3" height="300" width="400">
</embed>
</body>
</html>
```

程序运行效果如图3.15所示。

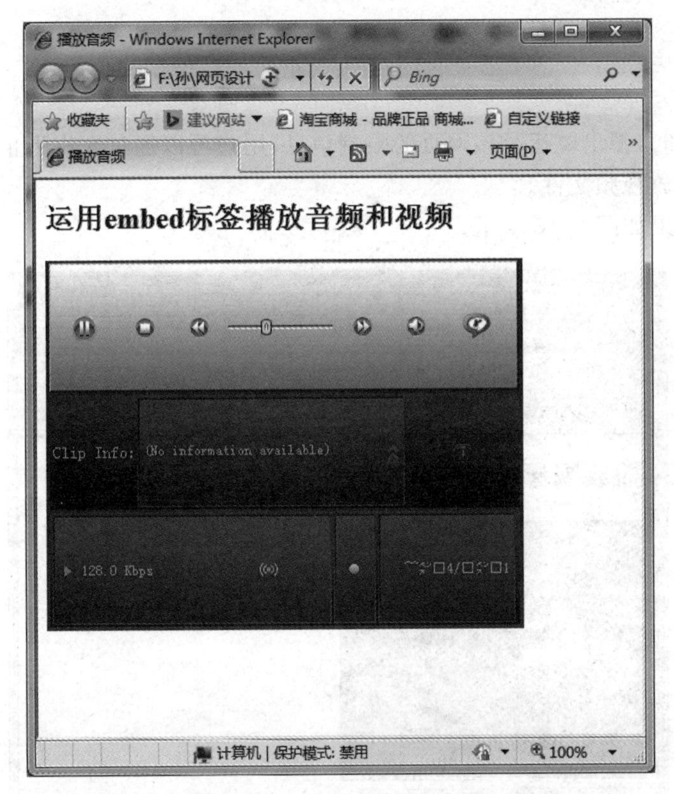

图 3.15　运用 embed 标签播放音频和视频显示效果

4）使用<object>标签

通过<object>标签可以向 XHTML 页面添加音频、视频、Java Applet、ActiveX、PDF、Flash 等媒体标签。<param>标签与<object>标签搭配使用，<param>标签定义<object>标签运行时的设置，在 XHTML 中，<param>必须被正确关闭。

<object>标签的基本用法如下：

```
<object classid="指定浏览器中包含对象 ID" id="唯一标识" width="对象宽度" height=
"对象高度">
    <param name="参数名称 " value="参数值"/>
    <param name="参数名称 " value="参数值"/>
    ⋮
</object>
```

【例 3.15】 在网页中嵌入一个 WMV 格式的视频文件，打开页面就可以播放视频。

```
<html>
<body>
<h2>Playing The Object</h2>
<object height="50%" width="50%" classid="clsid: 22D6F312-B0F6-11D0-94AB-
0080C74C7E95">
<param name="AutoStart" value="1" />
<param name="FileName" value="media/liar.wmv" />
```

```
</object>
</body>
</html>
```

打开该网页时，弹出要运行该网页的限制信息，用户可以通过允许阻止内容的命令来展现页面内容以播放视频文件。

程序运行效果如图 3.16 所示。

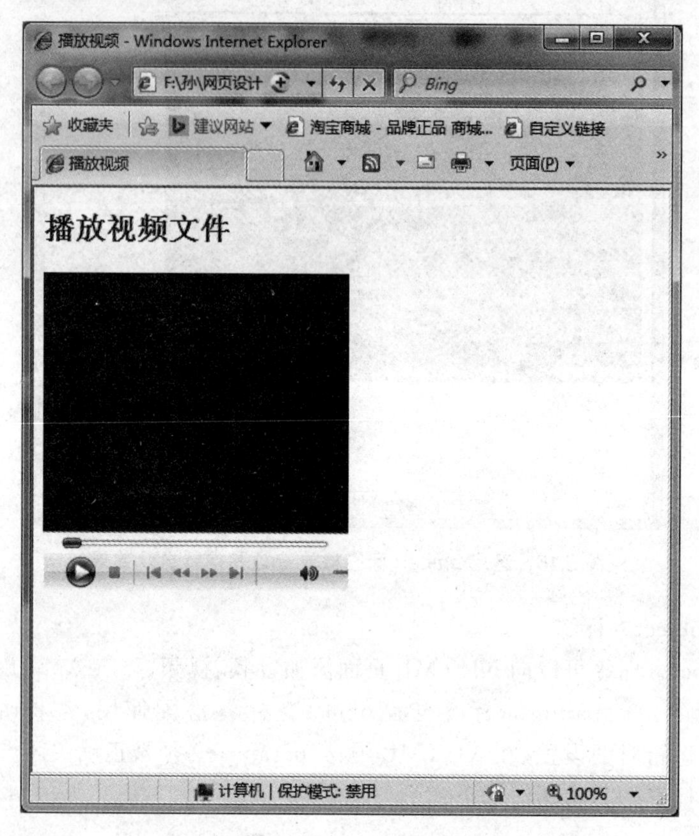

图 3.16　在网页中嵌入一个视频文件显示效果

5) 使用超链接

在网页中建立一个指向某个媒体文件的超链接，这样，在网页发布之后，只要单击该超链接，播放器就会开始播放声音或视频文件。大多数浏览器都会使用一些播放器来播放声音或视频文件。

<a>元素的基本语法如下：

```
<a href="要链接的声音或视频文件">
    建立超链接的文字
</a>
```

具体实例代码如下：

```
<a href="High.mid">
    单击此处来播放 High 歌
```

```
</a>
```

上面的代码片段中设置了一个指向 MID 文件的超链接。如果单击该超链接,浏览器将启动助手程序(如 Windows Media Player)来播放该 MID 文件。

3.4.3 滚动对象标签<marquee>

在网页设计中,动态效果的插入,会使网页更生动灵活,丰富多彩。<marquee>标签可以实现设置的元素在网页中移动的效果。使用格式如下:

```
<marquee 属性="属性值":>滚动对象</marquee>
```

该标签有很多属性,用来定义元素的各种滚动方式,<marquee>标签的主要属性及描述如表 3.13 所示。

表 3.13 <marquee>标签的主要属性及描述

属　性	描　述
align	指定对齐方式为 top、middle、bottom
scroll	单向运动
slide	如幻灯片一格一格的,效果是文字或图片一触碰到边缘就停止
alternate	左右往返运动
bgcolor	设定文字滚动范围的背景颜色
loop	设定文字的滚动次数,其值可以是正整数或 infinite(无限次),默认为无限次
height	设定字幕的高度
width	设定字幕的宽度
scrolldelay	文字每一次滚动的停顿时间,单位是毫秒,时间越短,滚动越快
scrollamount	指定每次移动的速度,数值越大速度越快
hspace	默认情况下,滚动对象周围的文字及背景与页面紧密连接,此属性指定字幕左右空白区域的大小,单位为像素
vspace	默认情况下,滚动对象周围的文字及背景与页面紧密连接,此属性指定字幕上下空白区域的大小,单位为像素
direction	设定文字的滚动方向,取值为 left、right、up、down,默认向左滚动
behavior	指定滚动方式,scroll 表示滚动播出,slide 表示滚动到一方后停止,alternate 表示滚动到一方后向相反方向滚动

【例 3.16】 <marquee>标签的应用案例。

```
<!DOCTYPE html PUBLIC "-//W3C//DTD XHTML 1.0 Transitional//EN"
"http://www.w3.org/TR/xhtml1/DTD/xhtml1-transitional.dtd">
<html xmlns="http://www.w3.org/1999/xhtml">
<head>
<meta http-equiv="Content-Type" content="text/html; charset=utf-8" />
<title>滚动标签<marquee>的运用</title>
```

```
</head>
<body>
<p>文字的滚动</p>
<marquee bgcolor="#999999" direction="right" behavior="scroll" width="500">
滚动文字将向右滚动,滚动区域背景色为灰色,滚动方式为 scroll,滚动的宽度为 500px
</marquee>
<p>以下是将列表的内容进行滚动</p>
<h2>新闻</h2>
<marquee direction="up" width="300" height="200" onmouseover="stop()" onmouseout=
"start()" scrolldelay="200">
<ul>
<li>习近平接受九国新任驻华大使递交国书</li>
<li>图解天下:公务员铁饭碗说扔就扔?有数据有真相</li>
<li>一季度中国 GDP 增速达 7%,居民人均可支配收入 6087 元</li>
<li>下月起全国法院将有案必立,任何人不得阻挠</li>
</ul>
</marquee>
<p>以下是进行图片的滚动</p>
<marquee>
<img src="images/1.jpg" /><img src="images/2.jpg" /><img src="images/3.jpg" />
</marquee>
<marquee  direction="up"  bgcolor="#fff666">
热烈欢迎 2017 十一长假的到来!
</marquee>
<marquee  direction="up"  bgcolor="#fff666" hspace="50" vspace="40">
热烈欢迎 2017 十一长假的到来!</marquee>
</body>
</html>
```

程序运行效果如图 3.17 所示。

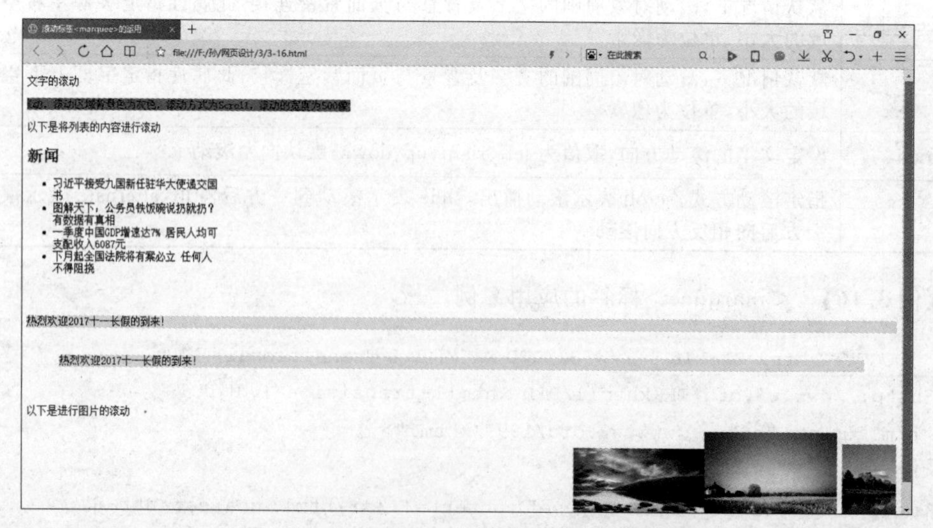

图 3.17 <marquee> 标签实现滚动的效果图

3.5 超链接

在网页中超链接的应用最为广泛，功能最为强大，它能将网页上大量的文字、图片、多媒体材料组织在一起，相互链接。超链接通过锚点的设置完成页面跳转。超链接主要分为文本超链接和图像超链接。

3.5.1 超链接的建立

超链接(hyperlink)简称链接(link)，是指将文档中的文本或图像与另一个文档、文档的一部分或者图像链接在一起，在浏览器中单击这样的链接就可以转到目的网页。建立超链接时通常使用<a>和</a>元素。

1. 基本用法

<a>和</a>的基本语法如下：

```
<a href="URL" >显示的文字或图片</a>
```

2. 主要属性

超链接的主要属性及其功能说明如表 3.14 所示。

表 3.14 超链接的主要属性及其功能说明

属　性	取　值	功能说明
coords	坐标位置	设置链接的坐标，不同形状的坐标表示不同
href	URL	设置要链接的目的 URL
name	选择区域名	设置锚的名称
shape	default、rect、circle、poly	设置链接的形状区域，default 表示整张图片，rect 表示矩形，circle 表示圆形，poly 表示多边形
target	_blank、_parent、_self、_top、framename	设置打开目的 URL 的位置

图片设置热点区域 coords 属性的取值及其功能说明如表 3.15 所示。

表 3.15 图片设置形状热点区域 coords 属性的取值及其功能说明

形　状	coords 属性的取值	功能说明
rect	(x1,y1,x2,y2)	(x1,y1)是矩形左上角的坐标，(x2,y2)是矩形右下角的坐标
circle	(x,y,radius)	(x,y)是圆心的坐标，radius 是圆的半径
poly	(x1,y1,x2,y2,x3,y3,…)	有多少组(x,y)坐标就有几个角，也就是说，多边形每一个角的坐标都要在 coords 中

coords 里面的坐标是按照图片大小来的，不是按照浏览器窗口大小来的，所以，图片的左上角的坐标是(0,0)，右下角的坐标是(图片的长，图片的宽)。一般情况下确定你想要的区域的坐标，单靠眼睛看是不可能看出来的，需要借助截屏工具来确定区域的坐标。可以打开截屏工具，从图片的左上角开始拉到你想要的那个点，显示的长和宽就是这个点的坐标。

需要注意的是，<a>元素中最重要的属性是 href，它指定要链接的目标。超链接的 target 属性的取值和含义如表 3.16 所示。

表 3.16　超链接的 target 属性的取值和含义

属　性	取　值	功能说明
target	_blank	单击超链接，在一个新窗口中打开网页
	_parent	单击超链接，在当前窗口的上一层窗口中打开网页
	_self	单击超链接，在同一个窗口中打开网页，为默认值
	_top	单击超链接，脱离当前窗口框架，在最上层打开网页
	framename	单击超链接，在指定子窗口中打开网页

3. 锚的定义与设置

锚链接是指页面内的链接，一般用于本页面的跳转，例如页面太长，超出屏幕的高度，查看某一内容需要拖动右侧的滚动条，很不方便，这时候就可以使用锚链接。通过使用 name 属性创建一个文档内部的书签，实现在一个页面内的跳转。需要注意的是，建立到锚的超链接和锚标记之间保持足够的网页空间才能看出效果。可以使用下面的格式来实现锚的定义与设置。

1）创建锚

```
<a name="锚的名称" >建立锚点的文字</a>
```

2）链接至锚

```
<a href="#锚的名称" >建立链接的文字</a>
```

也可以实现不同页面内锚点的跳转：

```
<a href="跳转页面# 锚的名称">建立链接的文字</a>
```

3.5.2　超链接的运用

1. 创建文本和图像超链接

在网页上可以为文字或图像建立超链接，跳转到当前网站的一个页面。例如，单击页面上的"点击进入新浪网"超链接，可以在当前窗口打开新浪网站首页；若单击图片，可以打开一个新的窗口，链接到页面 3-13. html。

【例 3.17】　建立超链接案例。

```
<!DOCTYPE html PUBLIC "-//W3C//DTD XHTML 1.0 Transitional//EN"
"http://www.w3.org/TR/xhtml1/DTD/xhtml1-transitional.dtd">
<html xmlns="http://www.w3.org/1999/xhtml">
<head>
<meta http-equiv="Content-Type" content="text/html; charset=utf-8" />
<title>文字和图片超链接</title>
</head>
```

```
<body>
    <p><a href="http://www.sina.com/">点击进入新浪网</a></p>
    <p>单击下面图片,将超链接到 3-13 网页</p>
    <a href="3-13.html" target="_blank"><img src="images/yantai.jpg" height=
    "372" width="268"/>
    </a>
</body>
</html>
```

程序运行效果如图 3.18 所示。

图 3.18　建立超链接显示效果图

设置图像热区链接是指在一张图片中的某一特定位置定义一个或多个热点,可进行超链接。基本语法如下:

```
<img src=""  alt=""  width=""  height=" "  border =" "  usemap="#Map1"/>
<map name="Map1" id="Map1">
        <area shape=" "  coords=" "    href=" "  alt=""/>
</map>
```

其中,<map>标记是成对出现的,<area/>标记嵌套于<map>开始标记与结束标记之中,其 shape 属性的取值可以为矩形、圆形、任意多边形,根据其形状的不同,coords 属性的取值也不同。要注意的是<img/>标签中的 usemap 属性与<map>标记的 name 属性、id 属性相关联,用来创建图像与映射之间的关系。因为不一定引用哪一个(取决于浏览器),所以应同时向<map>标签添加 id 和 name 属性。

为图 3.18 中的右下角图片中的大球形状设置多边形热点区域链接,修改例 3.17 的代码,设置图像热区链接代码如下。

【例 3.18】 设置图像热区链接案例。

```
<!DOCTYPE html PUBLIC "-//W3C//DTD XHTML 1.0 Transitional//EN"
"http://www.w3.org/TR/xhtml1/DTD/xhtml1-transitional.dtd">
<html xmlns="http://www.w3.org/1999/xhtml">
<head>
<meta http-equiv="Content-Type" content="text/html; charset=utf-8" />
<title>文字和图片超链接</title>
</head>
<body>
    <p><a href="http://www.sina.com/">点击进入新浪网</a></p>
    <p>单击下面图片右下角的大球区域将超链接到 3-182 网页</p>
    <a href="3-13.html" target="_blank"><img src="images/yantai.jpg" " width=
"268"  height="372" border="0" usemap="#Map"/>
<map name="Map" id="Map">
    <area shape="poly" coords="209,350,209,334,215,319,238,316,245,321,251,332,
254,346,254,358,224,359" href="3-182.html" />
</map>
</a>
</body>
</html>
```

当单击图片热点区域时，想要去掉<map>标记里<area/>区域的边框出现的虚线框，只需要在要去掉边框的<area/>标记中加入 onfocus="blur(this)"代码即可。

```
<map name="Map" id="Map">
<area onfocus="blur(this)" shape="poly" coords="209,350,209,334,215,319,238,
316,245,321,251,332,254,346,254,358,224,359" href="3-182.html" />
</map>
```

程序运行效果如图 3.19 所示。

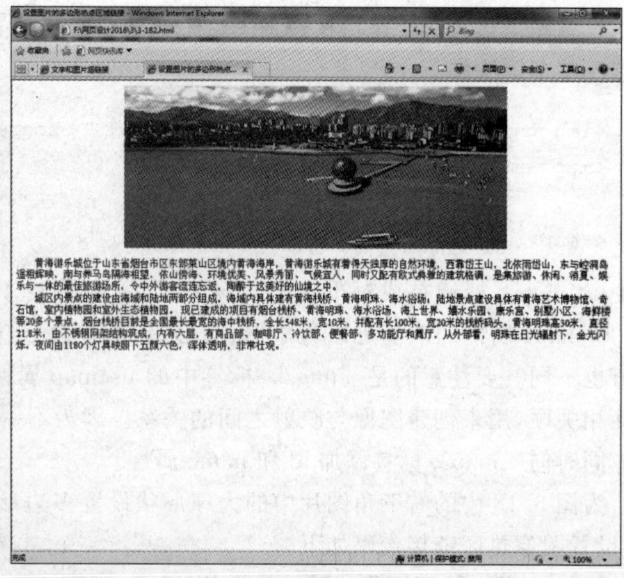

图 3.19 设置图像多边形热区显示效果图

对于设置了超链接的文字，其单击前和单击后的颜色在不同的浏览器中会有所不同。在 IE 浏览器中，超链接的颜色遵循下面的规则。

(1) 未被访问的超链接带有下画线，是蓝色的。

(2) 已被访问的超链接带有下画线，是紫色的。

(3) 活动超链接带有下画线，是红色的。

2. 更改超链接文字的颜色

在网页中要改变超链接文字的颜色，可以通过<body>元素中的相关属性进行设置。<body>中改变超链接文字颜色的属性及其描述如表 3.17 所示。

表 3.17 <body>中改变超链接文字颜色的属性及其描述

属　　性	描　　述
text	设置页面中所有文本的颜色
link	设置页面中未访问的超链接文字颜色
vlink	设置已访问的超链接文字颜色
alink	设置正被单击的超链接文字(即活动超链接)的颜色

【例 3.19】 超链接颜色的设置演示。

```
<!DOCTYPE html PUBLIC "-//W3C//DTD XHTML 1.0 Transitional//EN"
"http://www.w3.org/TR/xhtml1/DTD/xhtml1-transitional.dtd">
<html xmlns="http://www.w3.org/1999/xhtml">
<head>
<meta http-equiv="Content-Type" content="text/html; charset=utf-8" />
<title>修改超链接颜色</title>
</head>
<body bgcolor="gray" text="yellow" link="green" vlink="pink" alink="blue">
    <p>没有超链接的文本颜色为黄色</p>
    <p><a href="#">存在超链接设置颜色为绿色</a></p>
    <p><a href="#">访问过的超链接设为粉色</a></p>
    <p><a href="#">活动的超链接颜色为蓝色</a></p>
</body>
</html>
```

程序运行效果如图 3.20 所示。

3. 利用锚创建超链接

在一个较大的页面中，可以利用锚建立页面内链接，并可以根据需求在指定位置打开超链接。

【例 3.20】 在长文档中运用锚实现位置的快速跳转。

```
<body>
<center><a href="#c1" target="_self">玫瑰花</a><br/></center>
<center><a href="#c2" target="_self">百合</a><br/></center>
<center><a href="#c3" target="_self">牡丹</a><br/></center>
```

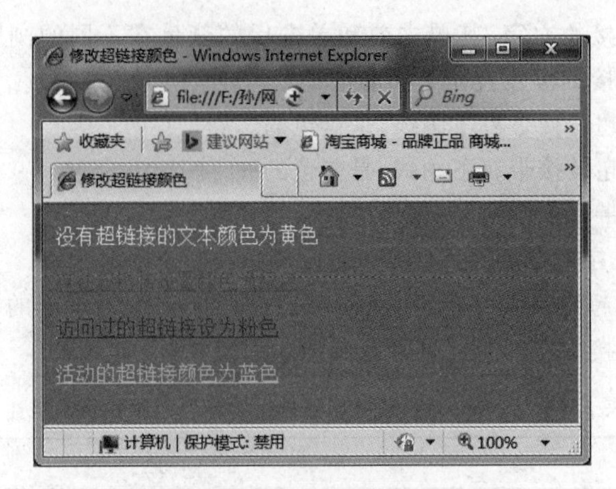

图 3.20 设置链接文字颜色效果图

```
<center><a href="#c4" target="_self">栀子花</a><br/></center>
<center><a href="#c5" target="_self">梅花</a><br/></center>
<center><a href="#c6" target="_self">菊花</a><br/></center>
<center><a href="#c7" target="_self">荷花</a><br/></center>
<center><a href="#c8" target="_self">兰花</a><br/></center>
<h2 align="center"><a name="c1">玫瑰花</a></h2>
```

玫瑰:原产地中国。属蔷薇目,蔷薇科落叶灌木,枝杆多针刺,奇数羽状复叶,小叶 5~9 片,椭圆形,有边刺。花瓣倒卵形,重瓣至半重瓣,花有紫红色、白色,果期 8~9 月,扁球形。枝条较为柔弱软垂且多密刺,每年花期只有一次,因此较少用于育种,近来其主要被重视的特性为抗病性与耐寒性。玫瑰作为经济作物时,其花朵主要用于食品及提炼香精玫瑰油,玫瑰油应用于化妆品、食品、精细化工等工业。</a>

```
<center><img src="images/rose.jpg" width="500" height="300"/></center>
<h2 align="center"><a name="c2">百合</a></h2>
```

多年生草本,株高 70~ 150 厘米。鳞茎球形,淡白色,先端常开放如莲座状,由多数肉质肥厚、卵匙形的鳞片聚合而成。根分为肉质根和纤维状根两类。肉质根称为“下盘根”,多达几十条,分布在 45~50 厘米深的土层中,吸收水分能力强,隔年不枯死。纤维状根称为“上盘根”“不定根”,发生较迟,在地上茎抽生 15 天左右、苗高 10 厘米以上时开始发生。形状纤细,数目多达 180 条,分布在土壤表层,有固定和支持地上茎的作用,亦有吸收养分的作用。每年与茎干同时枯死。有鳞茎和地上茎之分。茎直立,圆柱形,常有紫色斑点,无毛,绿色。有的品种(如卷丹、沙紫百合)在地上茎的腋叶间能产生“珠芽”;有的在茎入土部分,茎节上可长出“籽球”。珠芽和籽球均可用来繁殖。叶片总数可多于 100 张,互生,无柄,披针形至椭圆状披针形,全缘,叶脉弧形。有些品种的叶片直接插在土中,少数还会形成小鳞茎,并发育成新个体。花大、多白色、漏斗形,单生于茎顶。蒴果长卵圆形,具钝棱。种子多数,卵形,扁平。6 月上旬现蕾,7 月上旬始花,7 月中旬盛花,7 月下旬终花,果期 7~10 月。

```
<center><img src="images/lily.jpg" width="500" height="300"/></center>
<h2 align="center"><a name="c3">牡丹</a></h2>
```

牡丹在世界十大名花中可以算作是最世俗的一个,世界十大名花中其他的花总会被中国文人赋以各式各样的崇高品格,而牡丹则是富贵的象征。按常理说富贵应该是这群清高自傲的文人所不屑的,然而这世俗的花在文人们眼里偏偏又是“唯有牡丹真国色,花开时节动京城”。由此只能说或许是牡丹之美太过浓艳热烈,生生折服了文人们吧。

```
<center><img src="images/peony.jpg" width="500" height="300"/></center>
```

<h2 align="center"><a name="c4">栀子花</a></h2>

栀子花,又名栀子、黄栀子,龙胆目茜草科。属茜草科,为常绿灌木,枝叶繁茂,叶色四季常绿,花芳香,为重要的庭院观赏植物。单叶对生或三叶轮生,叶片倒卵形,革质,翠绿有光泽。浆果卵形,黄色或橙色。除观赏外,其花、果实、叶和根可入药,有泻火除烦,清热利尿,凉血解毒之功效。花可做茶之香料,果实可消炎祛热。是优良的芳香花卉。栀子花喜光照充足且通风良好的环境,但忌强光曝晒。宜用疏松肥沃、排水良好的酸性土壤种植。可用扦插、压条、分株或播种繁殖。主要分布在贵州、四川、江苏、浙江、安徽、江西、广东、云南、福建、台湾、湖南、湖北等地。喜温湿,向阳,较耐寒,耐半阴,怕积水,要求疏松、肥沃和酸性的沙壤土,易发生叶子发黄的黄化病,原产于中国。通常说的栀子花指观赏用重瓣的变种大花栀子。革质呈长椭圆形,有光泽。花腋生,有短梗,肉质。果实卵状至长椭圆状,有 5~9 条翅状直棱,1 室,种子很多,嵌生于肉质胎座上。5~7 月开花,花、叶、果皆美,花芳香四溢。根、叶、果实均可入药,有泻火除烦,清热利尿,凉血解毒之功效。它的果实可以用来作画画的涂料。

<center><img src="images/zhizi.jpg" width="500" height="300"/>
</center>

<h2 align="center"><a name="c5">梅花</a></h2>

梅花:小乔木,稀灌木,高 4~10 米;树皮浅灰色或带绿色,平滑;小枝绿色,光滑无毛。叶片卵形或椭圆形,叶边常具小锐锯齿,灰绿色。花单生或有时 2 朵同生于 1 芽内,直径 2~2.5 厘米,香味浓,先于叶开放;花萼通常红褐色,但有些品种的花萼为绿色或绿紫色;花瓣倒卵形,白色至粉红色。果实近球形,直径 2~3 厘米,黄色或绿白色,被柔毛,味酸;果肉与核粘贴;核椭圆形,两侧微扁。花期冬春季,果期 5~6 月。梅原产中国南方,已有三千多年的栽培历史,无论作观赏或果树均有许多品种。许多类型不但露地栽培供观赏,还可以栽为盆花,制作梅桩。鲜花可提取香精,花、叶、根和种仁均可入药。果实可食、盐渍或干制,或熏制成乌梅入药,有止咳、止泻、生津、止渴之效。梅又能抗根线虫危害,可作核果类果树的砧木。梅花是中国十大名花之首,与兰花、竹子、菊花一起列为四君子,与松、竹并称为"岁寒三友"。在中国传统文化中,梅以它的高洁、坚强、谦虚的品格,给人以立志奋发的激励。在严寒中,梅开百花之先,独天下而春。

<center><img src="images/meihua.jpg" width="500" height="300"/></center>

<h2 align="center"><a name="c6">菊花</a></h2>

菊花:在植物分类学中是菊科、菊属的多年生宿根草本植物。按栽培形式分为多头菊、独本菊、大立菊、悬崖菊、艺菊、案头菊等栽培类型;有按花瓣的外观形态分为园抱、退抱、反抱、乱抱、露心抱、飞午抱等栽培类型。不同类型里的菊花又命名各种各样的品种名称。菊花是中国十大名花之三,花中四君子(梅兰竹菊)之一,也是世界四大切花(菊花、月季、康乃馨、唐菖蒲)之一,产量居首。因菊花具有清寒傲雪的品格,才有陶渊明的"采菊东篱下,悠然见南山"的名句。中国人有重阳节赏菊和饮菊花酒的习俗。孟浩然《过故人庄》:"待到重阳日,还来就菊花。"在古神话传说中菊花还被赋予了吉祥、长寿的含义。菊花是经长期人工选择培育的名贵观赏花卉,公元八世纪前后,作为观赏的菊花由中国传至日本。17 世纪末叶荷兰商人将中国菊花引入欧洲,18 世纪传入法国,19 世纪中期引入北美。此后中国菊花遍及全球。

<center><img src="images/mum.jpg" width="500" height="300"/></center>

<h2 align="center"><a name="c7">荷花</a></h2>

荷花:属毛茛目睡莲科,是莲属二种植物的通称。又名莲花、水芙蓉等。是莲属多年生水生草本花卉。地下茎长而肥厚,有长节,叶盾圆形。花期 6 至 9 月,单生于花梗顶端,花瓣多数,嵌生在花托穴内,有红、粉红、白、紫等色,或有彩纹、镶边。坚果椭圆形,种子卵形。荷花种类很多,分观赏和食用两大类。原产亚洲热带和温带地区,中国早在周朝就有栽培记载。荷花全身皆宝,藕和莲子能食用,莲子、根茎、藕节、荷叶、花及种子的胚芽等都可入药。其出淤泥而不染之品格恒为世人称颂。"接天莲叶无穷碧,映日荷花别样红"就是对荷花之美的真实写照。荷花"中通外直,不蔓不枝,出淤泥而不染,濯清涟而不妖"的高尚品格,历来为古往今来诗人墨客歌咏绘画的题材之一。1985 年 5 月

```
荷花被评为中国十大名花之一。荷花是印度和越南的国花。
    <center><img src="images/lotus.jpg" width="500" height="300"/></center>
    <h2 align="center"><a name="c8">兰花</a></h2>
    兰花:附生或地生草本,叶数枚至多枚,通常生于假鳞茎基部或下部节上,二列,带状或罕有倒披针形至狭椭圆形,基部一般有宽阔的鞘并围抱假鳞茎,有关节。总状花序具数花或多花,颜色有白、纯白、白绿、黄绿、淡黄、淡黄褐、黄、红、青、紫。中国传统名花中的兰花仅指分布在中国兰属植物中的若干种地生兰,如春兰、惠兰、建兰、墨兰和寒兰等,即通常所指的“中国兰”。这一类兰花与花大色艳的热带兰花大不相同,没有醒目的艳态,没有硕大的花、叶,却具有质朴文静、淡雅高洁的气质,很符合东方人的审美标准。在中国有一千余年的栽培历史。中国人历来把兰花看作是高洁典雅的象征,并与“梅、竹、菊”并列,合称“四君子”。通常以“兰章”喻诗文之美,以“兰交”喻友谊之真。也有借兰来表达纯洁的爱情,“气如兰兮长不改,心若兰兮终不移”、“寻得幽兰报知己,一枝聊赠梦潇湘”。1985年5月兰花被评为中国十大名花之四。
    <center><img src="images/orchid.jpg" width="500" height="300"/></center>
    </body>
```

程序运行效果如图 3.21 和图 3.22 所示。

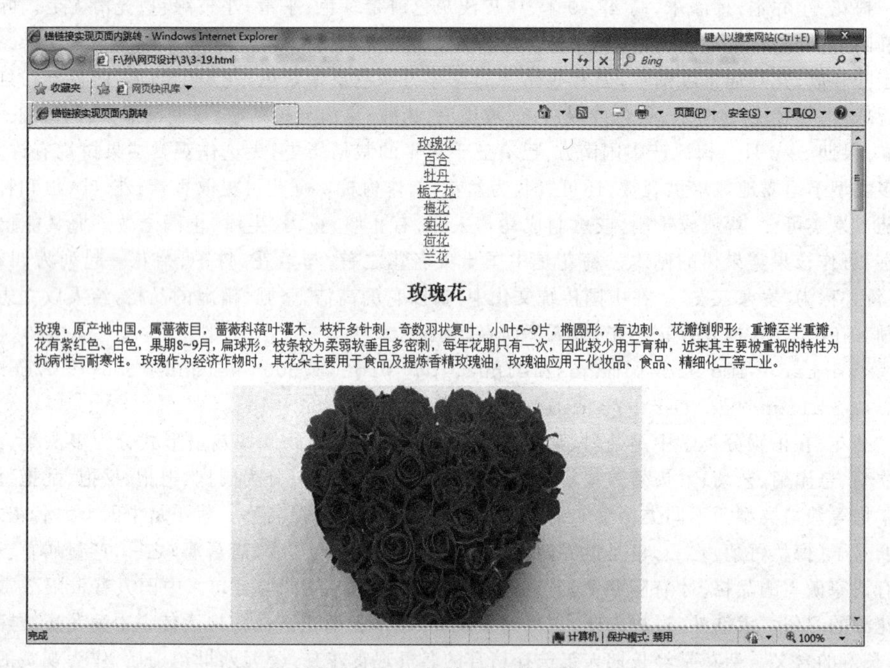

图 3.21　为各种花卉创建锚

4. 创建电子邮件链接

在浏览网页时,当用户单击某些文字时可能会启动本地机器上的邮件服务系统(如 Outlook),可以使用该服务来发送电子邮件。其实现的基本格式如下:

```
<a href="mailto: E_mail 地址?cc=抄送 E_mail 地址 &bcc=暗送 E_mail 地址 &subject=主题内容 &body=正文内容">描述文字</a>
```

mailto 标签的参数及其描述如表 3.18 所示。

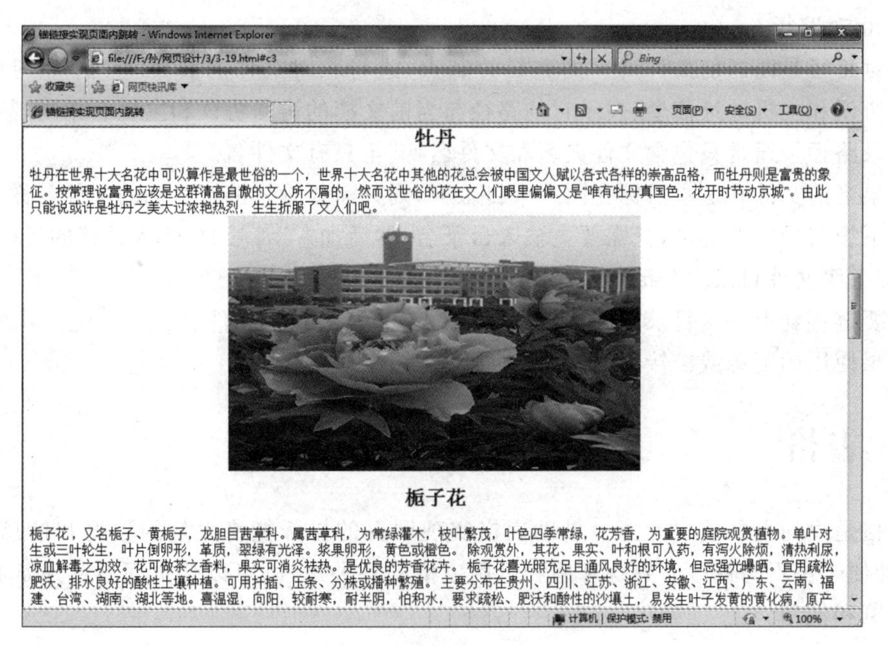

图 3.22　跳转到锚指定位置

表 3.18　mailto 标签的参数及其描述

参　数	描　述	参　数	描　述
cc	抄送收件人	subject	电子邮件主题
bcc	暗送收件人	body	电子邮件内容

如下面的代码创建了电子邮件链接：

```
<a href="mailto: someone@ microsoft.com?cc=someoneelse@ microsoft.com&bcc=andsomeoneelse2@microsoft.com&subject=Learning Test &body=You are successful!">发送邮件!</a>
```

3.5.3　绝对路径与相对路径

1. 绝对路径

绝对路径是主页上的文件或目录在硬盘上的真正路径。使用绝对路径定位链接目标文件比较清晰，但是有两个缺点：一是需要输入的路径比较长；二是如果该文件被移动了，就需要重新设置所有的相关链接，这样不适合网站的移植。如果链接的目标文件是在本网站内，就不建议使用绝对路径。

绝对路径包含了标识 Internet 上的文件所需的所有信息。文件的链接是相对原文档而定的，包括完整的协议名称、主机名称、文件夹名称和文件名称。其格式如下：

通信协议：//服务器地址：通信端口/文件位置/文件名

例如，http://www. sohu. com/myweb/index. html 表示采用 HTTP 协议从名为 www. sohu. com 的服务器上的目录 myweb 中获得 index. html 页面。

2. 相对路径

相对路径是以当前文件所在的路径为起点，进行相对文件的查找。一个相对的 URL 不包括协议和主机地址信息，表示它的路径与当前文档的访问协议和主机名相同，甚至有相同的目录路径。通常只包含文件夹名和文件名，甚至只有文件名。

如果当前文件和链接目标在同一个目录下，则只需要输入链接目标的文件名称；如果要链接到下级目录中的文件，只需要先输入目录名，然后加"/"符号，再输入链接的目标文件名即可，如下级文件目录为 images/yt.jpg。

若要链接到上一级目录中的文件，则先输入"../"，再输入文件名。

如果使用的资源或链接在网站内，则推荐使用相对路径。

3.6 表格

表格是页面上的重要元素。借助表格实现网页的排版能将大量的数据和信息集中起来，更加便于编辑与修改。熟练掌握和运用表格的各种属性，可以让页面看起来赏心悦目，便于浏览和使用。

3.6.1 表格的结构

在 XHTML 中通过表格标签<table></table>、<tr></tr>、<th></th>、<td></td>，在网页中绘制基本的表格。较为复杂的表格可能还包括<caption>、<col>、<colgroup>、<thead>、<tfoot>、<tbody>等标签。

(1) 表格以<table></table>标签定义，一个表格中可以有一个或多个<tr>、<td>、<th>等标签。

(2) <tr></tr>标签用于定义表格中的一行数据，如果要定义多行数据，就重复使用<tr></tr>标签。

(3) <td></td>标签用于建立单元格，每一行中可以包括一个或多个单元格。

(4) <th></th>标签用于定义表头单元格信息，里面的内容是粗体显示的。一个表格中也可以不使用表头单元格。

1. 基本用法

表格中各标签的基本用法如下：

```
<table>
    <tr>
        <th>表头单元格列标题 1</th>
        <th>表头单元格列标题 2</th>
        ⋮
    </tr>
    <tr>
        <td>第 1 列第 1 行中单元格的值</td>
        <td>第 2 列第 1 行中单元格的值</td>
        ⋮
    </tr>
```

```
  ⋮
</table>
```

2. 主要属性

1)<table>标签

<table>标签的主要属性及其取值和功能说明如表 3.19 所示。

表 3.19 <table>标签的主要属性及其取值和功能说明

属　性	取　值	功能说明
align	left、center、right	设置表格对齐方式
bgcolor	rgb、# xxxxxx	设置表格的背景颜色
border	pixels	设置表格边框的宽度
bordercolor	rgb、# xxxxxx	设置表格边框的颜色
cellpadding	pixels、%	设置单元边沿与内容间的空白距离
cellspacing	pixels、%	设置单元格之间的空白距离
frame	void、above、below、hsides、lhs、rhs、vsides、box、border	设置外侧边框可以显示的部分
rules	none、groups、rows、cols、all	设置内侧边框可以显示的部分
summary	text	设置表格内容的摘要
width	pixels、%	设置表格的宽度

相关说明如下。

(1) 在 XHTML 1.0 的文档类型定义中，如果将其设置为严格类型(Strict 类型)，则<table>标签的 align 和 bgcolor 属性是不被支持的。

(2) border 属性为每个单元格设置边框，当 border 属性的值发生改变时，表格周围边框的尺寸发生变化，而表格内部的边框则是 1px 宽。设置 border="0"，可以显示没有边框的表格。

(3) summary 属性不会对普通浏览器产生任何视觉变化。

(4) 从实际应用的角度出发，最好使用 CSS 来添加表格样式、颜色、显示效果。

2) <tr>标签

<tr>标签的主要属性及其取值和功能说明如表 3.20 所示。

表 3.20 <tr>标签的主要属性及其取值和功能说明

属　性	取　值	功能说明
align	left、center、right	设置表格中行内容的水平对齐方式
bgcolor	rgb、# xxxxxx	设置表格行的背景颜色
valign	top、middle、bottom、baseline	设置表格中行内容的垂直对齐方式

相关说明如下。

(1) 在 XHTML 1.0 的文档类型定义中，如果将其设置为严格类型(Strict 类型)，则

<tr>标签的 bgcolor 属性是不被支持的。

(2) 通常,在设置一行内容居中时是指内容的水平和垂直居中,要设置<tr>标签的 align 和 valign 属性为 center。

3) <th>、<td>标签

在网页的表格中单元格有表头单元格和标准单元格两种类型,其中<th>标签定义表头单元格,<td>标签定义标准单元格。两个标签的主要属性相同,如表 3.21 所示。

表 3.21 <th>、<td>标签的主要属性及其取值和功能说明

属性	取值	功能说明
align	left、center、right	设置单元格内容水平对齐方式
bgcolor	rgb、#xxxxxx	设置单元格的背景颜色
valign	top、middle、bottom、baseline	设置单元格内容垂直对齐方式
colspan	number	设置单元格所占的列数
rowspan	number	设置单元格所占的行数
height	pixels、%	设置单元格的高度
width	pixels、%	设置单元格的宽度
nowrap	nowrap	设置单元格中内容是否换行

相关说明如下。

(1) 在 XHTML 1.0 的文档类型定义中,如果将其设置为严格类型(Strict 类型),则<td>标签的 bgcolor、height、width、nowrap 属性是不被支持的。

(2) 设置单元格内容占多行或多列时,要设置 colspan 或 rowspan 属性。

【例 3.21】 使用表格制作课程表。

```
<!DOCTYPE html PUBLIC "-//W3C//DTD XHTML 1.0 Transitional//EN"
"http://www.w3.org/TR/xhtml1/DTD/xhtml1-transitional.dtd">
<html xmlns="http://www.w3.org/1999/xhtml">
<head>
<meta http-equiv="Content-Type" content="text/html; charset=utf-8" />
<title>表格的运用</title>
</head>
<body>
<table align="center" width="560" cellpadding="5">
        <!--表格第一行-->
    <tr bgcolor="#CCCCCC">
        <td colspan="7" align="center">课程表</td><!--合并 7 个水平方向单元
        格-->
    </tr>
    <!--表格第二行-->
    <tr bgcolor="#666699">
```

```
            <th >时间</th>
            <th >节次</th>
            <th >星期一</th>
            <th >星期二</th>
            <th >星期三</th>
            <th >星期四</th>
            <th >星期五</th>
        </tr>
         <!--表格第三行-->
        <tr bgcolor="#bfbfff">
            <td rowspan="2">上午</td>      <!--合并垂直方向两个单元格-->
            <td>第 1~2 节</td>
            <td>网页制作</td>
            <td>C 语言</td>
            <td>数据结构</td>
            <td>C 语言</td>
            <td>网页制作</td>
        </tr>
        <tr bgcolor="#bfbfff">
            <td>第 3~4 节</td>
            <td>网页制作</td>
            <td>高等数学</td>
            <td>数据结构</td>
            <td>大学英语</td>
            <td>高等数学</td>
        </tr>
        <tr bgcolor="#fafabe">
            <td>下午</td>
            <td>第 5~6 节</td>
            <td>大学英语</td>
            <td>自习</td>
            <td>自习</td>
            <td>软件测试</td>
            <td>自习</td>
        </tr>
</table></body></html>
```

程序运行效果如图 3.23 所示。

3.6.2 表格的分组

1. 表格的行分组

在 XHTML 页面的表格中可以将表格按行进行分组，整个表格分为 3 组，它们分别是表头、表格主体、表尾。这些标记都成对出现，用于整体规划表格的行列属性，可对表格的一行或多行单元格属性统一修改，从而省去了逐一修改单元格的麻烦。<tbody>标签是表格主体(正文)，该标签仅得到所有主流浏览器的部分支持，用于组合 HTML 表格的主体

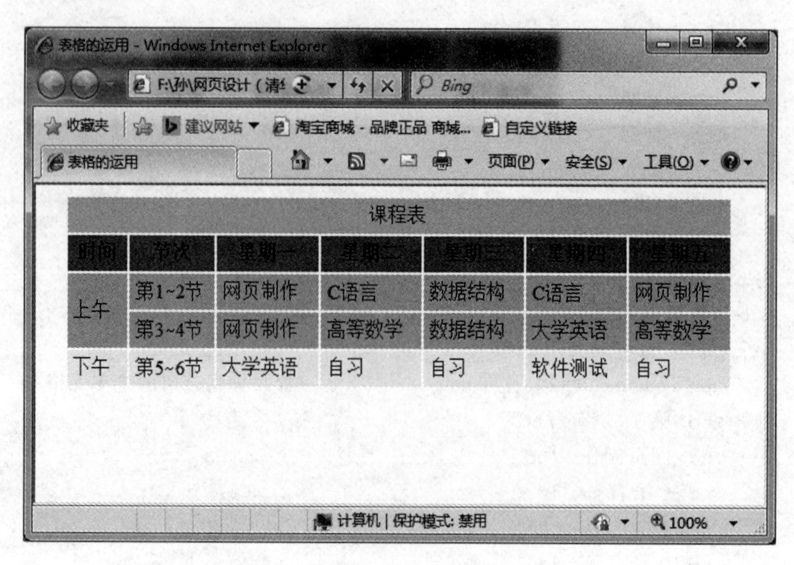

图 3.23　使用表格制作课程表效果图

内容。

<thead>元素用于对 HTML 表格中的表头内容进行分组，而<tfoot>元素用于对 HTML 表格中的表注(页脚)内容进行分组。表格的行分组通过<thead>、<tbody>、<tfoot>标记元素来实现，必须使用每一个元素，缺一不可，而且它们必须在<table>标记元素内使用。它们的出现顺序依次为<thead>、<tfoot>和<tbody>，这样浏览器就可以在收到所有数据前呈现页脚了。当用户创建某个表格时，用户也许希望拥有一个标题行，一些带有数据的行，以及位于底部的一个总计行。这种按行进行分组使浏览器有能力支持独立于表格标题和页脚的表格正文滚动。当长的表格被打印时，表格的表头和页脚可被打印在包含表格数据的每张页面上。

<thead>、<tbody> 以及 <tfoot> 很少被使用，这是因为糟糕的浏览器支持。

(1) <thead>标签用于定义表格中的表头内容。

(2) <tbody>标签用于定义表格主体的内容。

(3) <tfoot>标签用于定义表格的表尾内容。

在每个分组中可以应用不同的 CSS 样式，使整个表格清楚地分出表格的标题行、总计行和数据行。使用行分组能使浏览器支持独立于表格标题和总计行的表格正文数据滚动。

1) 基本用法

表格的行分组中各标签的基本用法如下：

```
<table>
    <thead>
        <tr>
            <th>标题 1</th>
            <th>标题 2</th>
            ⋮
        </tr>
    </thead>
```

```
   <tfoot>
       <tr>
          <td>数据单元格 1</td>
          <td>数据单元格 2</td>
           ⋮
       </tr>
       ⋮
 </tfoot>
    <tbody>
       <tr>
          <td>数据单元格 1</td>
          <td>数据单元格 2</td>
           ⋮
       </tr>
       ⋮
    </tbody>
 </table>
```

2）主要属性

<thead>、<tbody>、<tfoot>标签的主要属性及其取值和功能说明如表 3.22 所示。

表 3.22 <thead>、<tbody>、<tfoot>标签的主要属性及其取值和功能说明

属　性	取　值	功能说明
align	right、left、center	设置标签中内容的水平对齐方式
valign	top、middle、bottom、baseline	设置标签中内容的垂直对齐方式
style	style_definition	设置标签的行内样式
bgcolov	RGB、#******	设置背景颜色

注意：使用 CSS 定义好样式后，可以通过 style 属性给每个分组添加样式。

【例 3.22】 使用按行分组标记元素制作表格。

```
<!DOCTYPE html PUBLIC "-//W3C//DTD XHTML 1.0 Transitional//EN"
"http://www.w3.org/TR/xhtml1/DTD/xhtml1-transitional.dtd">
<html xmlns="http://www.w3.org/1999/xhtml">
<head>
<meta http-equiv="Content-Type" content="text/html; charset=utf-8" />
<title>使用按行分组标记制作表格</title>
</head>
<body>
<table width="149" height="215" border="1" bordercolor="#000000">
  <thead>
    <tr>
      <th width="58">月份</th>
```

```
      <th width="75">消费</th>
    </tr>
  </thead>
 <tfoot>
    <tr>
      <td background="images/bk.jpg">总计</td>
      <td background=" images /bk.jpg">9100￥</td>
    </tr>
  </tfoot>
  <tbody  bgcolor="#99FFCC" align="right" valign="middle">
    <tr>
      <td>一月</td>
      <td>2200￥</td>
    </tr>
    <tr>
      <td>二月</td>
      <td>1800￥</td>
    </tr>
  <tr>
      <td>三月</td>
      <td>2600￥</td>
    </tr>
    <tr>
      <td>四月</td>
      <td>2500￥</td>
    </tr>
  </tbody>
</table>
</body>
</html>
```

程序运行效果如图 3.24 所示。

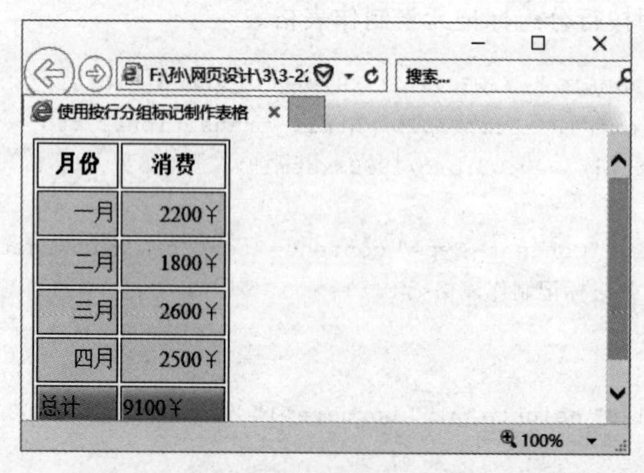

图 3.24　使用按行分组标记制作表格效果图

2. 表格的列分组

在 XHTML 页面的表格中也可以按列进行分组，使用<colgroup>标记元素用于对表格中的列进行组合，以便格式化不同列组。<colgroup>标记元素在<table>标记元素中使用。所有主流浏览器都支持<colgroup>标签。Firefox、Chrome 和 Safari 仅支持<colgroup>元素的 span 和 width 属性。如需对全部列应用样式，<colgroup> 标签很有用，这样就不需要对各个单元和各行重复应用样式了。

注意：只能在<table>元素之内，在任何一个<caption>元素之后，在任何一个<thead>、<tbody>、<tfoot>、<tr>元素之前使用<colgroup>标签。

1）基本用法

<colgroup>标签的基本用法如下：

```
<table>
    <colgroup span="列数" style="样式"></colgroup>
    ⋮
    <tr>
        <td>单元格 1</td>
        <td>单元格 2</td>
        ⋮
    </tr>
    ⋮
</table>
```

【例 3.23】 使用<colgroup>标记元素制作表格。

```
<!DOCTYPE html PUBLIC "-//W3C//DTD XHTML 1.0 Transitional//EN"
"http://www.w3.org/TR/xhtml1/DTD/xhtml1-transitional.dtd">
<html xmlns="http://www.w3.org/1999/xhtml">
<head>
<meta http-equiv="Content-Type" content="text/html; charset=utf-8" />
<title>使用<colgroup>标记元素制作表格</title>
</head>

<body>
<table width="449" height="96" border="1">
  <colgroup span="3" valign="top"></colgroup>
  <colgroup span="1" valign="bottom"></colgroup>
  <tr>
    <td>1 垂直居上</td>
    <td>2 垂直居上</td>
    <td>3 垂直居上</td>
    <td>4 垂直居下</td>
  </tr>
</table>
</body>
</html>
```

运行效果如图 3.25 所示。

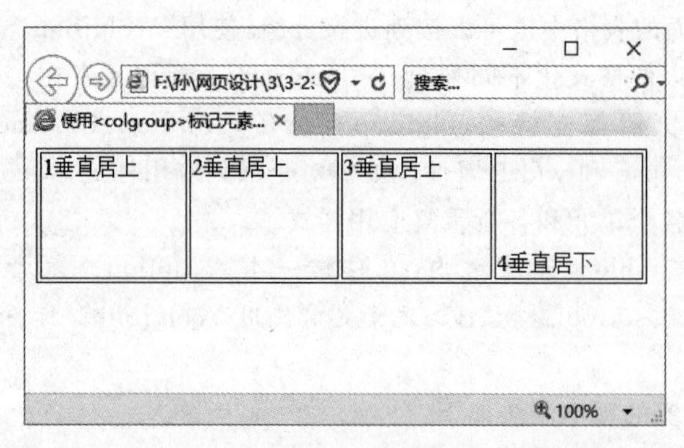

图 3.25　使用<colgroup> 标记制作表格效果图

2）主要属性

<colgroup>标签的主要属性及其取值和功能说明如表 3.23 所示。

表 3.23　<colgroup>标签的主要属性及其取值和功能说明

属　　性	取　　值	功能说明
align	right、left、center	设置列组中内容的水平对齐方式
valign	top、middle、bottom、baseline	设置列组中内容的垂直对齐方式
span	number	设置列组包括的列数
width	pixels、%	设置列组的宽度
style	style_definition	设置列组的行内样式

3. 表格的列属性

要为表格中的一个或多个列定义属性值可以使用<col>标记元素，该标记元素为空元素，它只包含属性，为指定列设定属性。<col>标签为表格中一个或多个列定义属性值，其作用是细化<colgroup>，因为即使在一个组中，列与列之间也可能会出现一些差别，这时就得用到<col>标签了。只能在<table>或<colgroup>元素中使用<col>标签，所有主流浏览器都支持<col>标签。在 HTML 中，<col>没有结束标签。在 XHTML 中，<col>标签必须被正确的关闭。如果您希望在<colgroup>内部为每个列规定不同的属性值时，请使用此元素。如果没有<col>元素，列会从<colgroup>那里继承所有的属性值。

注意：<col>元素是仅包含属性的空元素。如需创建列，您就必须在<tr>元素内部规定<td>元素。

1）基本用法

<col>标签的基本用法如下：

```
<table>
    <colgroup>
        <col></col>
        <col></col>
```

```
        ⋮
    </colgroup>
    <tr>
        <td>单元格 1</td>
        <td>单元格 2</td>
        ⋮
    </tr>
    ⋮
</table>
```

2）主要属性

<col>标签的主要属性及其取值和功能说明如表 3.24 所示。

表 3.24 <col>标签的主要属性及其取值和功能说明

属　　性	取　　值	功 能 说 明
align	right、left、center	设置列中内容的水平对齐方式
valign	top、middle、bottom、baseline	设置列中内容的垂直对齐方式
span	number	设置所占列数
width	pixels、%	设置列的宽度
style	style_definition	设置列的行内样式

注意：在<colgroup>标签指定的列组中可以使用<col>标签指定不同列的属性值，默认<col>标签属性设定的列会自动继承<colgroup>标签里的属性。

【例 3.24】 使用<colgroup>和<col>标记元素制作表格。

```
<!DOCTYPE html PUBLIC "-//W3C//DTD XHTML 1.0 Transitional//EN"
"http://www.w3.org/TR/xhtml1/DTD/xhtml1-transitional.dtd">
<html xmlns="http://www.w3.org/1999/xhtml">
<head>
<meta http-equiv="Content-Type" content="text/html; charset=utf-8" />
<title>使用<colgroup>和<col>标记元素制作表格</title>
</head>
<body>
<table width="221" height="110" border="1">
<colgroup>
    <col span="2" style="background-color:red"></col>
    <col style="background-color:yellow"></col>
  </colgroup>
  <tr>
    <th>姓名</th>
    <th>性别</th>
    <th>学位</th>
  </tr>
```

```
  <tr>
    <td>小曹</td>
    <td>女</td>
    <td>博士</td>
  </tr>
  <tr>
    <td>小孙</td>
    <td>女</td>
    <td>硕士</td>
  </tr>
</table>
</body>
</html>
```

程序运行效果如图 3.26 所示。

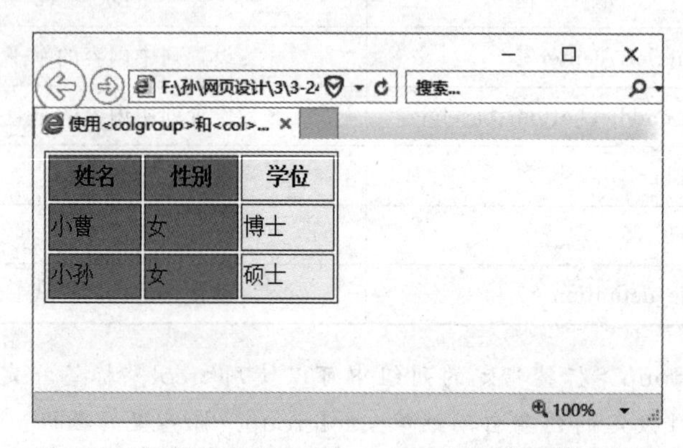

图 3.26 使用<colgroup> 和<col> 标记制作表格效果图

3.6.3 表格的嵌套

表格嵌套就是根据插入元素的需要，在一个表格的某个单元格里再插入一个若干行和列的表格。对嵌套表格，可以像对任何其他表格一样进行格式设置，但是其宽度受它所在单元格的宽度的限制。利用表格的嵌套，一方面可以编辑出复杂而精美的表格效果，另一方面可根据布局需要来实现精确的编排。不过，需要注意的是，嵌套层次越多，网页的载入速度就会越慢。

嵌套格式如下：

```
<table>
  <tr>
    <td>
        <table>
            <tr>
                <td>…</td>
            </tr>
            ⋮
```

```
        </table>
      </td>
  ⋮
    </tr>
  ⋮
</table>
```

3.6.4 运用表格制作简单页面

表格嵌套是实现网页布局的主要手段，通过在表格单元格中嵌套表格将这个页面进行分割，放置不同单元格内容。下面用表格嵌套来实现一个简单页面。

【例 3.25】 运用嵌套表格实现简单页面。

```
<!DOCTYPE html PUBLIC "-//W3C//DTD XHTML 1.0 Transitional//EN"
"http://www.w3.org/TR/xhtml1/DTD/xhtml1-transitional.dtd">
<html xmlns="http://www.w3.org/1999/xhtml">
<head>
<meta http-equiv="Content-Type" content="text/html; charset=utf-8" />
<title>表格的运用</title>
</head>
  <body>
       <table border="3" width="75%" height= "95%" bordercolor="#336699" align
  = "center" cellpadding="10">
           <tr>
              <td align="center"><h2>XML 系列</h2></td>
           </tr>
           <tr>
              <td align="center">
              <table border="1" width="100%" bordercolor="red">
                 <tr>
                     <th align="center">XML</th>
                     <th align="center">XSL</th>
                     <th align="center">XML Schema</th>
                     <th align="center">DOM</th>
                     <th align="center">SOAP</th>
                     <th align="center">WAP</th>
                     <th align="center">Web Services</th>
                 </tr>
              </table>
              </td>
           </tr>
           <tr>
              <td align="left">
               <p><img src="images\a.jpg" align="right" width="100" height="150"/>
               </p>
```

```
            <br />
            <p>    当 XML(可扩展标记语言)于 1998 年 2 月被引入
软件工业界时,给整个行业带来了一场风暴。有史以来第一次,这个世界拥有了一种用来结构化文档
和数据的通用适应性强的格式,它不仅可以用于 Web,而且可以被用于任何地方。<br /></p>
            <p align="right">    ——Designing With Web
Standards Second Edition, Jeffrey Zeldman</p>
          </td>
        </tr>
      </table>
  </body>
</html>
```

程序分析：该程序中第一个<table>标签中包括 3 行,在第二行的单元格中放置了<table>标签,即实现了表格嵌套;在第二个表格中只有一行多列数据。两个表格设置不同颜色的边框,可以清晰地看出表格的边界。

程序运行效果如图 3.27 所示。

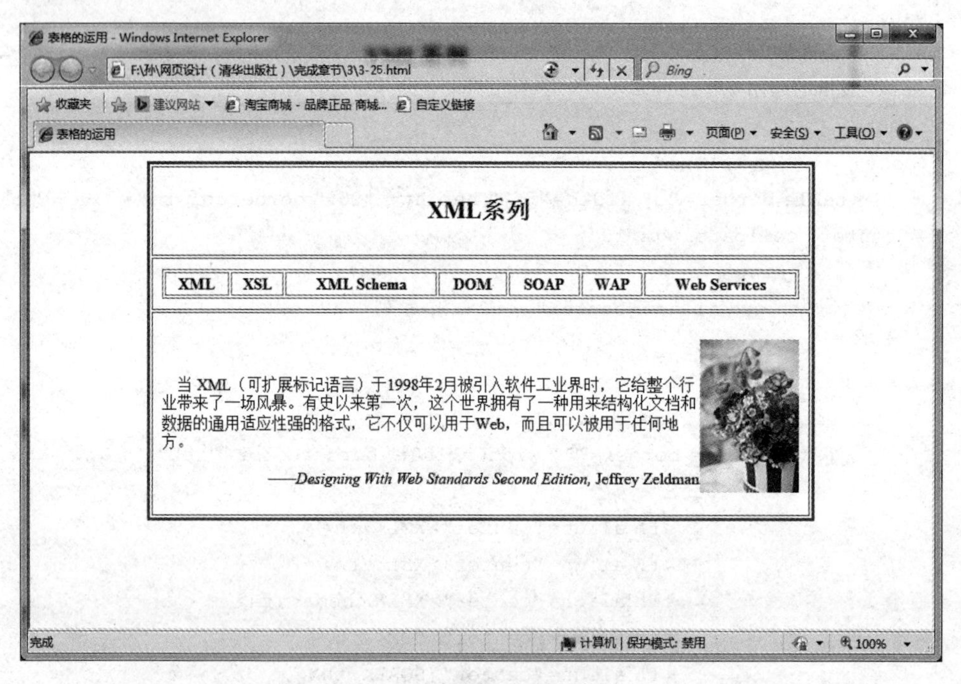

图 3.27　嵌套表格显示效果

3.7　本章小结

本章主要介绍了描述文字、图片、列表、多媒体、超链接、表格等网页元素所需要的标签及标签相关属性,通过本章的学习,可以运用相关标签来描述网页内容,实现网页内容的组织。这是网页制作的基础和前提,通过后续章节的学习,可以为网页元素进行美化和定位,实现丰富的网页效果。

3.8 习题

3.8.1 填空题

1. XHTML 的基本结构主要包括 3 部分：________、________和________。

2. XHTML 文档是从文档类型声明开始的，在 XHTML 1.0 中有 3 种文档类型定义声明可以选择，即________、________和________。

3. 在网页中显示特殊字符，如果要输入<，应使用________。

4. 在<font>标记符中，可以使用________属性指定文字颜色，可以使用________属性指定文字大小(字号)。

5. XHTML 的元素必须被正确地________，不能出现________，而 HTML 则可以彼此交叉嵌套。

6. XHTML 的元素必须被关闭，非空标签必须使用________，而 HTML 中可以有单独标记。

7. XHTML 的标签名和属性对大小写敏感，XHTML 元素必须________，而 HTML 标记不区分大小写。

8. 所有的 XHTML 元素都必须被嵌套于________根元素中。

9. 在<img>标记符中使用 align 属性，可以控制图像在页面中的________，在<img>标记符中使用 valign 属性可以控制图像与周围内容的________。

10. 定义无序列表运用的标签是________。

11. 表格标签中，________表示行，________表示单元格，________表示标题单元格。

12. 表格的宽度可以用百分比和________两种单位来设置。

13. 在网页中设定表格边框的厚度的属性是________，设定表格单元格之间宽度的属性是________，设定表格内容与单元格间距离的属性是________。

14. 单元格垂直合并所用的属性是________；单元格横向合并所用的属性是________。

3.8.2 练习题

1. 请对"This text is bold"文本进行文本格式化。要求：字体为隶书，大小为 30px，对齐方式设置为左对齐，字体颜色设置为红色。

2. 春，是一年四季之首，万物生长的季节。植物萌芽生长，动物交尾繁殖，农夫下地播种。古代把"历史"叫作"春秋"，那是因为庄稼春生秋熟，"春生"相当于历史之因，"秋熟"相当于历史之果，春来秋去的循环就是时间，而事件的因果循环就是历史。春季开始是在立春(2 月 2～5 日)，春季结束在立夏(5 月 5～7 日)。在欧美，春季从中国的春分开始，到夏至结束。在爱尔兰，2 月、3 月和 4 月被定为春季，在南半球，一般 9 月、10 月和 11 月被定为春季。另有朱自清的散文《春》和巴金的小说《春》以及其他一些文学艺术作品。

请将这段文字按以下要求进行排版：本段的对齐方式为居中对齐，字体为仿宋，大小为 30px，字体颜色设置为黑色，添加绿色背景，并配以与春天相关的音乐。

第4章　表单和框架

本章学习目标

(1) 能够熟练使用表单收集各种用户的反馈信息。

(2) 能够熟练使用框架技术实现网页的布局。

本章主要介绍表单和框架两大内容。表单是 HTML 的一个重要组成部分。随着 Web 技术的迅速发展，用户已不仅仅满足于浏览网页上的内容，还要能和 Web 服务器进行交互，提交自己的信息，并得到服务器的反馈信息。通过 XHTML 表单元素，服务器可以收集用户的信息，传递给服务器程序；服务器程序对用户信息进行处理，从而达到网站与用户互动的效果。框架可以实现网站的布局。利用框架技术，将一个窗口分割成多个小窗口区域，在每个小窗口区域中，可以放置不同的网页，以实现布局的目的。

4.1　表单

表单的主要功能是收集信息，具体说就是收集浏览者的信息，应用于调查、订购、搜索等功能。表单一般由两部分组成：一是描述表单元素的 HTML 源代码；二是客户端的脚本，或者服务器端用来处理用户所填信息的程序。在这里主要介绍第一部分，如何描述表单元素。

4.1.1　表单容器标签<form>

<form>标签用于为用户创建 XHTML 表单。表单是包含表单元素的一个区域，表单中可以包含<input>标签、<menu>标签、<textarea>标签、<fieldset>标签、<label>标签等表单元素，通常在页面上表单是不可见的，但可以看到表单中的表单元素。美观完整的表单，可以在网页上提供一个友好的图形用户界面，全面采集和获取用户输入的数据。表单是网页上的一个特定区域，用来收集客户端提供的相关信息，使网页具有交互功能。

1. 基本用法

<form>标签的基本语法如下：

```
<form id="表单名称" action="表单处理程序的 URL" method="get|post">
    表单元素
</form>
```

注意：

(1) <form></form>用于创建基本表单，设置<form>属性可以使浏览器知道如何处理表单数据。

(2) <form>标签对内定义包括的表单元素，创建输入控件。

2. 主要属性

<form>标签的主要属性及其取值和功能说明如表 4.1 所示。

表 4.1 <form>标签的主要属性及其取值和功能说明

属　性	取　值	功 能 说 明
id/name	name	设置表单的 id/名称
action	URL	设置表单提交时，接收处理表单数据的文件
method	get、post	设置表单的提交方式
enctype	MIME_type	设置表单发送到服务器之前对数据进行编码的类型
accept	MIME_type	设置表单提交的文件内容的类型
accept-charset	charset	设置表单提交的文件字符集的类型
target	_blank、_parent、_self、_top、framename	设置打开表单提交跳转页面 URL 的位置

相关说明如下。

(1) 在 XHTML 1.0 的文档类型定义中，如果将其设置为严格类型(Strict 类型)，则<form>标签的 target、name 属性是不被支持的。

(2) action 属性的作用就是当在浏览器端得到用户反馈信息后，指出在服务器端处理该表单的程序位置，一旦用户提交输入信息后，服务器便启动该程序，完成与用户的交互。

(3) method 属性的作用是指定表单的发送方式，它的取值为 get 或 post，其默认值为 get。用户在选择时，应考虑两者的不同之处。

form 中的 get 和 post 方法，在数据传输过程中分别对应了 HTTP 协议中的 GET 和 POST 方法。两者主要区别如下。

(1) get 是用来从服务器上获得数据，而 post 是用来向服务器上传递数据。

(2) get 将表单中的数据按照 variable=value 的形式，添加到 action 所指向的 URL 后面，并且两者使用"?"连接，而各个变量之间使用 & 连接；Post 是将表单中的数据放在 form 的数据体中，按照变量和值相对应的方式，传递到 action 所指向的 URL。

(3) get 是不安全的，因为在传输过程，数据被放在请求的 URL 中，而如今现有的很多服务器、代理服务器或者用户代理都会将请求 URL 记录到日志文件中，然后放在某个地方，这样就可能会有一些隐私的信息被第三方看到。另外，用户也可以在浏览器上直接看到提交的数据，一些系统内部消息将会一同显示在用户面前。post 的所有操作对用户来说都是不可见的。

(4) get 传输的数据量小，这主要是因为受 URL 长度限制；而 post 可以传输大量的数据，所以在上传文件只能使用 post。

(5) get 限制 form 表单的数据集的值必须为 ASCII 字符；而 post 支持整个 ISO10646 字符集。

(6) get 是 form 的默认方法。

使用 post 传输的数据，可以通过设置编码的方式正确转化中文；而 get 传输的数据却没有变化。在以后的程序中，一定要注意这一点。

3. 表单元素

在表单中可以放置表单元素，常用的表单元素及其说明如表 4.2 所示。

表 4.2　常用的表单元素及其说明

表单元素	说　明	表单元素	说　明
<input>	输入域	<select></select>	下拉列表选择框
<textarea></textarea>	多行文本输入框	<optgroup></optgroup>	选项组
<label></label>	标注	<option></option>	下拉列表选项
<fieldset></fieldset>	定义表单元素的分组区域	<button></button>	按钮
<legend></legend>	分组区域标题		

下面对上述标签分别做相应介绍。

4.1.2　输入域标签<input>

<input>标签是非成对的，它嵌套在表单标签中使用，用来定义一个输入项。

1. 主要属性

<input>标签的主要属性及其取值和功能说明如表 4.3 所示。

表 4.3　<input>标签的主要属性及其取值和功能说明

属　性	取　值	功能说明
type	type	设置输入项的类型
name	text	设置输入项变量名
size	number	设置输入项的长度，取值为正整数
value	text	设置输入项中预设的文本内容
maxlength	number	设置输入项允许输入的最大字符数，取值为正整数
checked	checked	设置输入项首次加载时被选中状态
disabled	disabled	设置输入项加载时禁用状态，前台显示为灰色
readonly	readonly	设置输入项为只读状态

2. type 属性

<input>标签的 type 属性及其说明如表 4.4 所示。

表 4.4　<input>标签的 type 属性及其说明

type 属性	说　明	type 属性	说　明
text	单行文本输入框	image	图像域
password	密码输入框	file	文件选择
radio	单选按钮	submit	提交按钮
checkbox	复选框	reset	重置按钮
hidden	隐藏元素	button	自定义按钮

3. 类型实例

1）单行文本、密码输入框

单行文本就是在浏览器页面显示一个文本框供用户输入信息，且为只能输入一行文字的输入框，获得输入信息的格式为字符串；而密码输入框与单行文本输入框的区别在于，密码输入框不显示所输入的内容，用 * 来代替每个密码字符，确保信息的安全性。

【例 4.1】 实现用户登录。

```
<body>
<form name="login" action="" method="post" >
<p>用户名:<input type="text" name="username"/></p>
<p>密    码:<input type="password" name="password"/></p>
</form>
</body>
```

程序运行效果如图 4.1 所示。

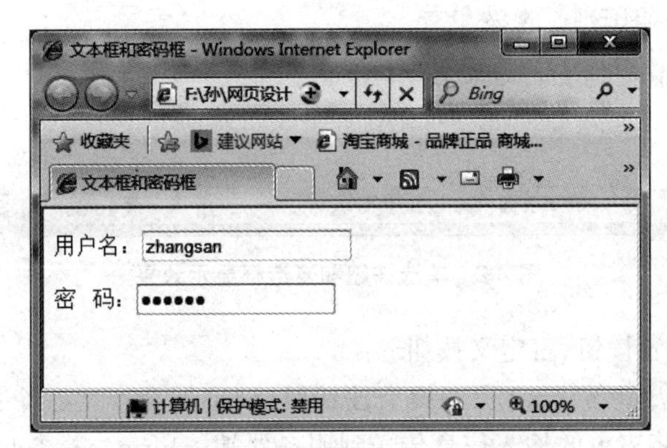

图 4.1 单行文本、密码输入框显示效果

2）单选按钮和复选框

当输入项为单选按钮时，用户只能选中表单所有单选项中的一项作为输入信息，一组单选项中所有 name 属性取值相同，但 value 属性取值不同。

当输入项为复选框时，用户可以选中表单中一个或多个复选项作为输入信息，在一组复选项中，各个复选项的 name 属性取值可以不同，也可以相同，但为了便于后台处理程序的处理，一般 name 的取值是相同的。value 属性取值不同。

无论单选按钮还是复选框，当用户选中该选项提交给服务器时，服务器将获得 value 属性的参数值，checked 属性用来指定选项初始被选中状态。

【例 4.2】 在表单中选择性别和爱好。

```
<body>
<form name="login" action="" method="post" >
<p>您的性别:
<input type="radio" name="sex" value="male" checked="checked"/>男
<input type="radio" name="sex" value="female"/>女</p>
<p>请选择爱好:
<input type="checkbox" name="interest" value="book"checked="checked"/>看书
```

```
<input type="checkbox" name="interest" value="tourism"checked="checked"/>旅游
<input type="checkbox" name="interest" value="sport"checked="checked"/>运动
<input type="checkbox" name="interest" value="internet"/>上网
<input type="checkbox" name="interest" value="shopping"/>购物
</p>
</form>
</body>
```

程序运行效果如图 4.2 所示。

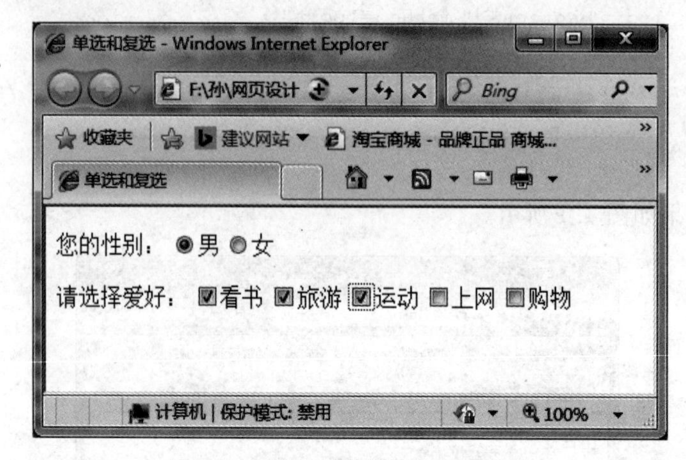

图 4.2　单选按钮和复选框显示效果

3）提交按钮、重置按钮、自定义按钮

当输入项类型 type=submit 设为提交按钮时，浏览器会产生一个提交按钮，用户单击该按钮时，浏览器会将表单的输入信息传送到服务器端<form>标签中 action 属性所指定的页面接收。

当输入项类型 type=reset 设为重置按钮时，该按钮能清除表单中所有信息并恢复到初始设定状态。

当输入项类型 type=button 设为自定义按钮时，则可以设定按钮上的标题，但单击没有任何动作发生，一般常用于设定单击后执行 JavaScript 程序。

【例 4.3】 在表单中增加按钮。

```
<head>
    <meta http-equiv="Content-Type" content="text/html; charset=utf-8" />
<title>包含按钮的表单</title>
<script type="text/javascript">
        function dis()
        {
            alert("Hello World!");
        }
</script>
</head>
<body>
```

```
<form name="login" action="" method="post" >
<p>用户名:<input type="text" name="username"/></p>
<p>密    码:<input type="password" name="password"/></p>
<p>您的性别:
<input type="radio" name="sex" value="male" checked="checked"/>男
<input type="radio" name="sex" value="female"/>女</p>
<p>请选择爱好:
<input type="checkbox" name="interest" value="book"/>看书
<input type="checkbox" name="interest" value="tourism"/>旅游
<input type="checkbox" name="interest" value="sport"/>运动
<input type="checkbox" name="interest" value="internet"/>上网
<input type="checkbox" name="interest" value="shopping"/>购物
</p>
<p>
<input type="submit" name="submit" value="提交" />    <input type=
"reset" name="reset" value="取消" />
<input type="button" value="Click me" name="button" onclick="dis()"/>
</p>
</form>
</body>
```

程序运行效果如图 4.3 所示。

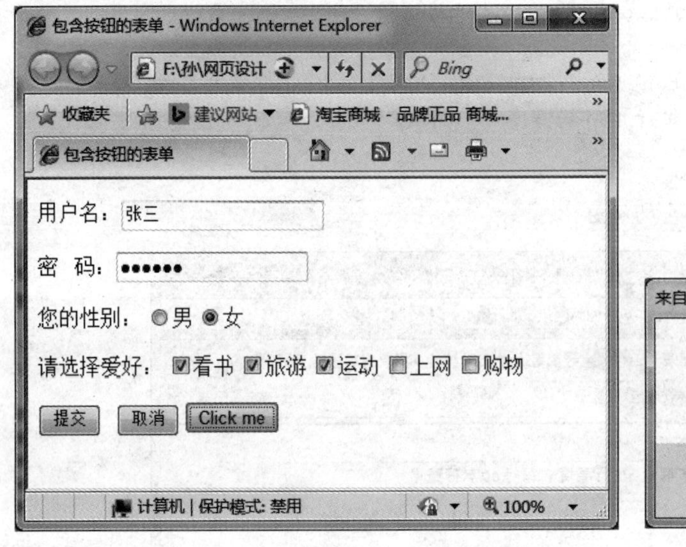

图 4.3　各类按钮显示效果

4）图像域

当输入项类型 type=image 设为图像时，可以在表单中添加图像，也可以设置为图像按钮。图像按钮以加载的图像作为按钮显示在页面中，图像的加载是通过 src 属性来设置的，单击图像形式的提交按钮浏览器会将表单的输入信息传送给服务器。例如，在表单中选择图像，通过图像按钮提交。

5）隐藏元素

在表单提交时有些值不需要显示出来，而只需要隐藏在页面里。这时可以将输入项类型 type 设置为 hidden，通常这类数据将被作为辅助数据随表单提交，在服务器端可以被处理。例如：

```
<input type="hidden" name="area" value="China"/>
```

6）文件选择

将输入项类型 type 设为 file，即文件选择类型，会弹出文件打开对话框，选择本地计算机里的一个文件可以将其提交到服务器。例如：

```
<input type="file" name="photo" accept="image/gif,image/jpeg"/>
```

4.1.3 多行文本输入框<textarea>

在表单中可以使用<textarea>标签定义多行文本输入框，<textarea>和</textarea>标签之间的内容可以设定显示在文本输入框中的初始信息；cols 和 rows 属性分别代表多行文本输入框的列数和行数，当输入的文本超过该数目时，自动出现下拉滚动条以满足更多行输入；disabled 属性可用来设置多行文本框是否可用；readonly 属性可用来设置多行文本框中的内容是否只读。

【例 4.4】 使用<textarea>标签实现多行文本区域。

```
<form name="login" action="" method="post" >
请留言:<br />
<textarea name="content" rows="8" cols="40">
该文本框设定 8 行高度,每行 40 字符宽度
</textarea></form>
```

程序运行效果如图 4.4 所示。

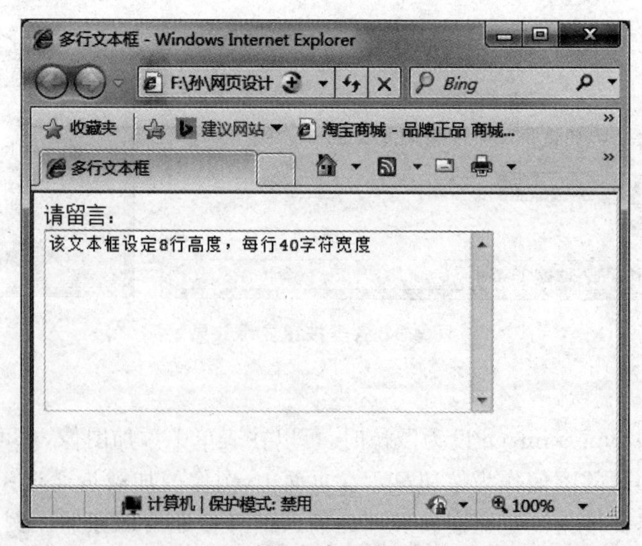

图 4.4　多行文本区域显示效果

4.1.4 下拉列表框<select>

在表单中使用<select></select>标签定义下拉列表框，用<option></option>标签定义下拉列表框中的一个选项，位于<select></select>内，<select>标签必须与<option>标签结合使用。使用<optgroup>标签将相关下拉列表选项组合在一起，对选项分组。

1. <select>标签的主要属性

<select>标签的主要属性及其取值和功能说明如表 4.5 所示。

表 4.5 <select>标签的主要属性及其取值和功能说明

属　性	取　值	功能说明
name	text	设置下拉列表框名
size	number	设置下拉列表框可见选项的数目
disabled	disabled	设置下拉列表框加载时禁用状态
multiple	multiple	设置下拉列表框是否可多选

2. <option>标签的主要属性

<option>标签的主要属性及其取值和功能说明如表 4.6 所示。

表 4.6 <option>标签的主要属性及其取值和功能说明

属　性	取　值	功能说明
label	text	设置下拉列表框选项的标签
selected	number	设置下拉列表框选项是否为选中状态
disabled	disabled	设置下拉列表框选项首次加载时被禁用
value	text	设置下拉列表框选项中向服务器传递的值

3. <optgroup>标签的主要属性

<optgroup>标签的主要属性及其取值和功能说明如表 4.7 所示。

表 4.7 <optgroup>标签的主要属性及其取值和功能说明

属　性	取　值	功能说明
label	text	设置下拉列表框选项组的标签
disabled	disabled	设置下拉列表框选项组被禁用

【例 4.5】 下拉菜单的定义。

<select>标签中，如果 size＝1，则下拉列表框可见选项为一项。size 的默认值为 1。这种形式的下拉列表也称为下拉菜单。例如在网页中选择出生地的程序代码如下：

```
<form>
    <p>请选择您的出生地:</p>
    <select name="area">
        <option value="">请选择</option>
```

```
        <option value="bj">北京</option>
        <option value="sh">上海</option>
        <option value="yt">烟台</option>
        <option value="dl">大连</option>
        <option value="other">其他</option>
    </select>
</form>
```

程序运行效果如图 4.5 所示。

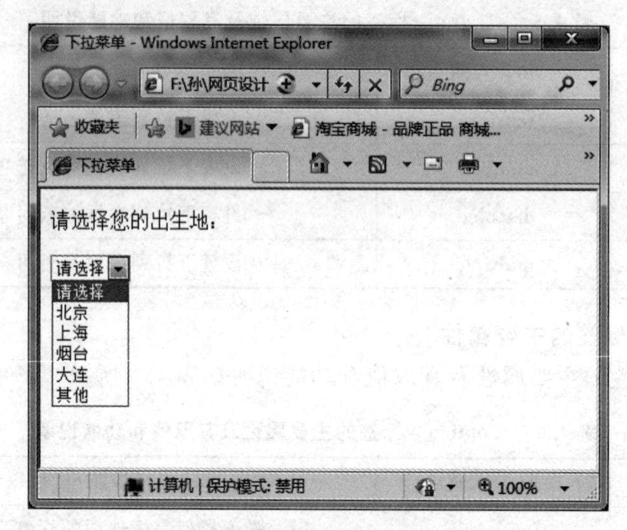

图 4.5　下拉菜单示例图

<select>标签中,如果 size 的值大于 1,则下拉列表框可见选项为多项。对下拉列表选项分组,并可以多选。多选时,可以按住 Ctrl 键,同时单击选择项多选,或者按住 Shift 键连续多选。在网页中同时选中多款喜爱的汽车的程序实现代码如下:

【例 4.6】 运用下拉列表选择多项内容。

```
<form>
    <p>请选择您喜爱的汽车:</p>
    <select multiple="multiple" size="5">
        <optgroup label="中国">
            <option value="hongqi">红旗</option>
            <option value="zhonghua">中华</option>
        </optgroup>
        <optgroup label="瑞典">
            <option value="volvo">沃尔沃</option>
            <option value="saab">萨博</option>
        </optgroup>
        <optgroup label="德国">
            <option value="mercedes">奔驰</option>
            <option value="audi">奥迪</option>
        </optgroup>
```

```
    </select>
</form>
```

程序运行效果如图 4.6 所示。

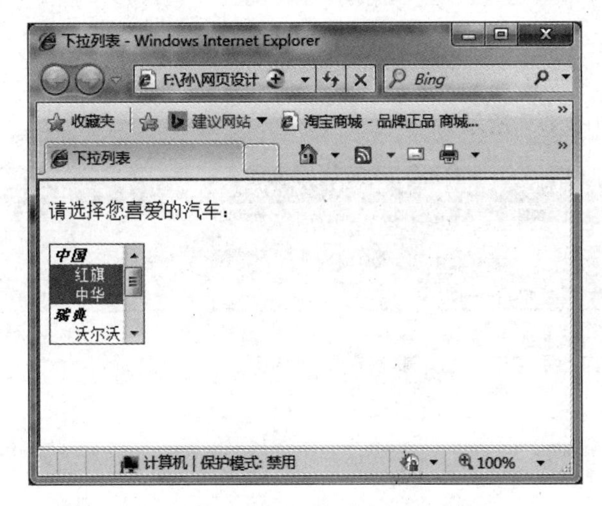

图 4.6　多选分组下拉列表框显示效果

4.1.5　标注标签<label>

<label>的作用是向控件定义标注。该标签和特定的<input>标签绑定,为其定义标签,显示文本信息。同时,如果在<label>标签内单击文本,浏览器就会自动将焦点转到和该标签相关的表单元素上。通过<label>标签的 for 属性与相关表单元素的 id 属性来实现绑定。

例如:

```
<form>
    <input type="radio" name="sex" id="male" />
    <label for="male">Male</label>
    <br>
    <input type="radio" name="sex" id="female" />
    <label for="female">Female</label>
</form>
```

4.1.6　分组标签<fieldset>

使用<fieldset>标签可将表单内的相关元素分组,当一组表单元素放到<fieldset>标签内时,浏览器会给它们加上特殊的边界来显示它们,或者创建一个子表单来处理这些元素。<legend>标签为表单元素分组定义标题。

【例 4.7】　运用分组标签界定信息类型。

```
<form>
    <fieldset>
        <legend>个人爱好</legend>
        <input type="checkbox" name="ah" value="sw"/>上网
```

```
        <input type="checkbox" name="ah" value="ds" checked="checked"/>读书
        <input type="checkbox" name="ah" value="ty"/>体育
        <input type="checkbox" name="ah" value="yy"/>音乐
        <input type="checkbox" name="ah" value="hh"/>绘画
    </fieldset>
</form>
```

程序运行效果如图 4.7 所示。

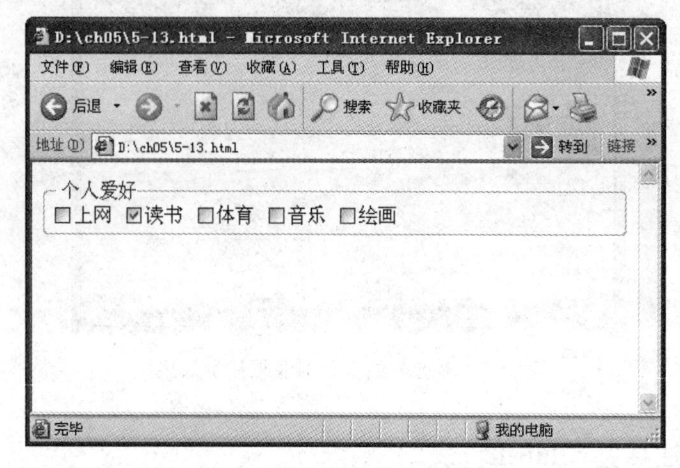

图 4.7　分组标签的显示效果

4.1.7　按钮标签<button>

<button> 控件与<input type="button"> 相比，提供了更为强大的功能和更丰富的内容。<button> 与</button> 标签之间的所有内容都是按钮的内容，其中包括任何可接受的正文内容，例如文本或多媒体内容。例如，可以在按钮中包括一个图像和相关的文本，用它们在按钮中创建一个吸引人的标记图像。

<button>标签的主要属性及其取值和功能说明如表 4.8 所示。

表 4.8　<button>标签的主要属性及取值和功能说明

属性	取　　值	功能说明	属性	取　　值	功能说明
name	text	设置按钮的名称	disabled	disabled	设置按钮被禁用
type	button、submit、reset	设置按钮的类型	value	text	设置按钮的初始值

4.1.8　制作注册表单

通过前面表单标签的学习，可以运用相应的标签来实现任何表单的设计。

【例 4.8】　制作注册表单。

```
<!DOCTYPE html PUBLIC "-//W3C//DTD XHTML 1.0 Transitional//EN"
"http://www.w3.org/TR/xhtml1/DTD/xhtml1-transitional.dtd">
<html xmlns="http://www.w3.org/1999/xhtml">
```

```
<head>
<meta http-equiv="Content-Type" content="text/html; charset=utf-8" />
<title>注册页面</title>
</head>
<body>
   <form action="" method="post" enctype="multipart/form-data" name="form" id
="form">
            <p align="center">注册班级会员</p>
            <p><label for="nickname">昵     称:</label>
               <input type="text" id="nickname" size="15"/>
               <font color="red"> * </font>
            </p>
            <p>
               <label for="pw1">登录密码</label>
               <input type="password" id="pw1" size="15"/>
               <font color="red"> * </font>
            </p>
            <p><label for="pw2">确认密码</label>
               <input type="password" id="pw2" size="15"/>
               <font color="red"> * </font>
            </p>
            <p>性别
              <input type="radio" name="sex" id="sex1" value="male" checked=
            "checked" />
              <label for="sex1">男</label>
              <input type="radio" name="sex" id="sex2" value="female" />
              <label for="sex2">女</label>
            </p>
            <p>籍贯:
               <select name="area">
                   <option value="">请选择</option>
                   <option value="yantai">烟台</option>
                   <option value="jinan">济南</option>
                   <option value="qingdao">青岛</option>
                   <option value="weifang">潍坊</option>
                   <option value="zibo">淄博</option>
                   <option value="jining">济宁</option>
                   <option value="liaocheng">聊城</option>
                   <option value="binzhou">滨州</option>
                   <option value="zaozhuang">枣庄</option>
                   <option value="rizhao">日照</option>
                   <option value="weihai">威海</option>
                   <option value="qufu">曲阜</option>
                   <option value="taian">泰安</option>
                   <option value="heze">菏泽</option>
```

```
        <option value="linyi">临沂</option>
    </select>
</p>
<p>班级:
    <select name="class">
        <option value="">请选择所在班级</option>
        <option value="bj">13级软件一班</option>
        <option value="sh">13级软件二班</option>
        <option value="yt">13级软件外包班</option>
        <option value="dl">13级应用一班</option>
        <option value="other">其他</option>
    </select>
    <font color="red"> * </font>
</p>
<p>爱好:
    <input type="checkbox" name="hobby" value="book"/>看书
    <input type="checkbox" name="hobby" value="inter"/>上网
    <input type="checkbox" name="hobby" value="game"/>游戏
    <input type="checkbox" name="hobby" value="sports"/>运动
    <input type="checkbox" name="hobby" value="swin"/>游泳
    <input type="checkbox" name="hobby" value="trav"/>旅游
    <input type="checkbox" name="hobby" value="shopping"/>购物
</p>
<p>选择头像:
    <input type="radio" name="header" value="pic1"/>
        <img src="images/1.jpg" width="50" height="50"/>
    <input type="radio" name="header" value="pic2"/>
        <img src="images/2.jpg" width="50" height="50"/>
    <input type="radio" name="header" value="pic3"/>
        <img src="images/3.jpg" width="50" height="50"/>
    <input type="radio" name="header" value="pic4"/>
        <img src="images/4.jpg" width="50" height="50"/>
    <input type="radio" name="header" value="pic5"/>
     <img src="images/5.jpg" width="50" height="50"/>
</p>
<p>
  <label for="jianli">上传简历</label>
  <input type="file" name="jianli" id="jianli" />
</p>
<p>
  <label for="email">填写邮箱</label>
    <input type="text" name="email" id="email"/>
    <font color="red"> * </font>
</p>
<p>个人简介:</p>
```

```
            <p>
                <textarea name="content" rows="5" cols="55">
                    请在此输入个人简介
                </textarea>
            </p>
            <p>说明:
                <font color="red"> * </font>号为必填项
            </p>
            <p align="center">
                <input type="submit" name="submit" value="注册"/>
                <input type="reset" name="reset" value="取消"/>
            </p>
</form>
</body>
</html>
```

程序运行效果如图 4.8 所示。

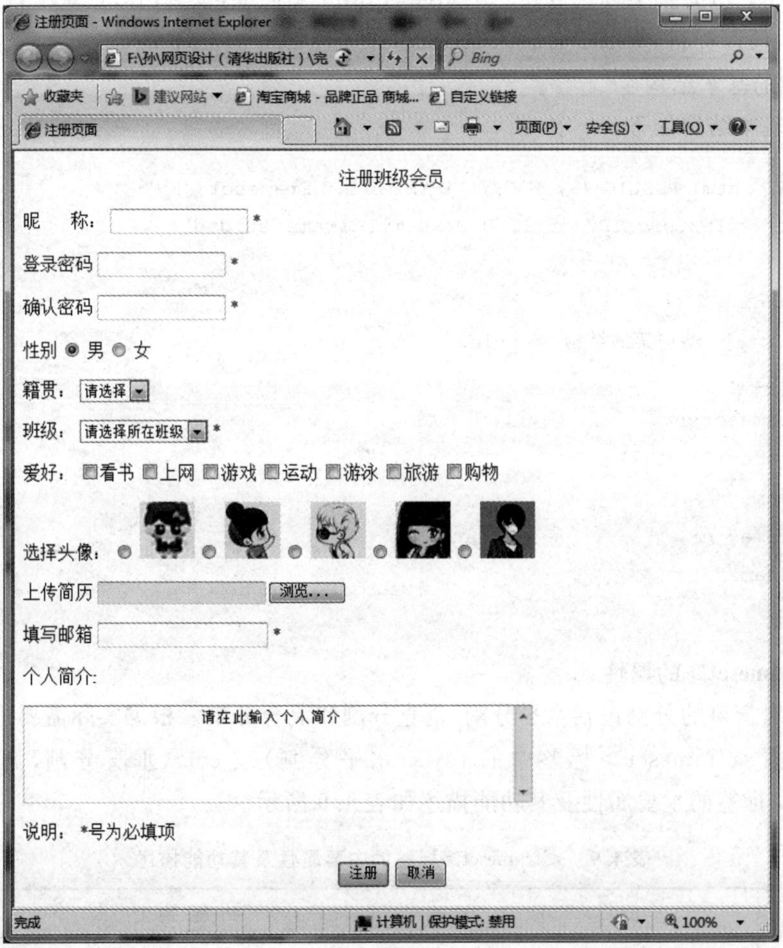

图 4.8　注册表单显示效果

4.2 框架

用户浏览网页时，经常会遇到可以同时浏览多个不同页面的情况，这是如何实现的呢？利用框架技术，可以将一个窗口分割成多个小窗口区域，在每个小窗口区域中，可以放置不同的网页，以实现该目标。

4.2.1 框架的结构

框架的基本结构主要分为框架集和框架两部分。它是利用<frameset>标签与<frame>标签来定义的，其中<frameset>标签用于定义框架集，即定义大窗口；<frame>标签用于定义框架，即定义窗口中的小窗口。在 XHTML 包含框架的页面中，应将 DOCTYPE 设置为"Frameset DTD"。不能将<frameset></frameset>标签与<body></body>标签一起使用，而是用<frameset>标签来代替<body>标签，在<frameset>标签中嵌套<frame>标签，用来指定小窗口的显示内容，在 XHTML 中，<frame>标签必须被正确地关闭。所有框架标记放在一个总起的 html 文档中，该文档只记录了该框架如何划分，不会显示任何资料，所以不必放入<body>标记。

1. 框架的基本结构

框架的基本结构如下：

```
<!DOCTYPE html PUBLIC "-//W3C//DTD XHTML 1.0 Frameset//EN"
"http://www.w3.org/TR/xhtml1/DTD/xhtml1-frameset.dtd">
<html>
    <head>
        <title>框架的结构</title>
    </head>
    <frameset…>
    <frame…/>
    <frame…/>
    <frame…/>
    </frameset>
</html>
```

2. <frameset>的属性

常见的对窗口的分割包括水平分割、垂直分割和混合分割。根据实际需要进行分割时，可以通过设置<frameset>标签中的 rows(水平分割)或 cols(垂直分割)属性来分割。<frameset>标签的主要属性及其功能描述如表 4.9 所示。

表 4.9 <frameset>标签的主要属性及其功能描述

属　性	值	功能描述
cols	pixels、%、*	定义框架集中列的数目和大小，取值为像素时，框架窗口大小固定；取值为百分比和 * 时，框架窗口随浏览器的伸缩而改变

续表

属　　性	值	功 能 描 述
rows	pixels、%、*	定义框架集中行的数目和大小，取值为像素时，框架窗口大小固定；取值为百分比和 * 时，框架窗口随浏览器的伸缩而改变
frameborder	yes、no、0、1	设置是否显示分隔边界
framespacing	pixels	设置分割线的宽度（粗细）
bordercolor	RGB、#××××××	设置框架分割线的颜色
border	pixels	设置边框粗细，默认是 5 像素

cols 属性可用于定义一个垂直分割的窗口框架，基本语法如下：

```
<frameset cols="宽度 1,宽度 2,…, * ">
```

上面的语句表示设置各小窗口的宽度，第一个小窗口的宽度为 1，第二个小窗口的宽度为 2，依此类推，而最后一个 * 代表最后一个小窗口的宽度，值为其他子窗口分配后剩余的宽度。设置宽度数值的方式有如下两种。

(1) 采用整数设置，单位为像素，如<frameset cols="100,200, * ">。

(2) 采用百分比设置，如<frameset cols="20%,50%, * ">。

rows 属性可定义一个水平分割的窗口框架，基本语法如下：

```
<frameset rows="高度 1,高度 2,…, * ">
```

其中，rows 属性的值代表各子窗口的高度，设置高度数值的方式与设置 cols 属性的方式相同。

3. <frame>的主要属性

在各小窗口中设置相应页面，进行初始化可以通过设置 src 属性来链接相应的文件，并对子窗口进行设置。<frame>标签的主要属性及其功能描述如表 4.10 所示。

表 4.10　<frame>标签的主要属性及其功能描述

属　　性	值	功 能 描 述
frameborder	0,1,no,yes	取值为 1 或 yes 时，表示显示框架周围的边框；取值为 0 或 no 时，表示不显示框架周围的边框
name	name	设置框架的名称
noresize	noresize	设置框架的大小（无法调整）
scrolling	yes、no、auto	设置是否在框架中显示滚动条，yes 表示无论页面内容多少，始终有滚动条；no 表示无论页面内容多少，始终没有滚动条；auto 表示当页面内容无法完全显示在框架内时，将自动出现滚动条
src	URL	设置在框架中显示的文档的 URL
marginwidth	pixels	设置窗口显示内容与窗口左右边距
marginheight	pixels	设置窗口显示内容与窗口上下边距

4. <noframes>标签

在那些不支持框架的浏览器中使用<noframes>标签就可显示设置的相应文本。

<noframes>标签位于<frameset>标签内部，要显示的提示文本则在<body></body>标签对中。基本格式如下：

```
<frameset…>
    <frame…/>
    <frame…/>
    ⋮
    <noframes>
    <body>显示的提示信息</body>
    </noframes>
</frameset>
```

4.2.2 框架的应用设置

1. 设置垂直框架

使用框架可将浏览器窗口垂直分割为两个小窗口，假设左边窗口为 left.html，右边窗口为 right.html。注意可以使用<noframes>标签处理不支持框架的浏览器。

实现代码如下：

```
<!DOCTYPE html PUBLIC "-//W3C//DTD XHTML 1.0 Frameset/EN"
"http://www.w3.org/TR/xhtml1/DTD/xhtml1-frameset.dtd">
<html><head><title>框架集页面</title></head>
    <frameset cols="50%,50%," bordercolor="#d05500" framespacing="5">
    <frame src="left.html"/>
    <frame src="right.html"/>
<!--对不支持框架的浏览器将会运行如下代码 -->
  <noframes>
        <body>
            <p>对不起,您的浏览器不支持框架!</p>
        </body>
    </noframes>
    </frameset>
</html>
```

2. 设置混合框架

假设要对页面先进行上下分割，再对下面的页面进行左右分割。上面部分页面为 top.html，左边部分页面为 left.html，右边部分页面为 main.html。实现方法是通过在框架标签内嵌套框架标签。需要注意的是，设置上下分割线后页面宽度不可调整，即上半部分是固定的。

【例 4.9】 邮箱界面设计。

```
<!DOCTYPE html PUBLIC "-//W3C//DTD XHTML 1.0 Frameset//EN"
"http://www.w3.org/TR/xhtml1/DTD/xhtml1-frameset.dtd">
<html><head><title>框架集页面</title></head>
    <frameset rows="10%,90%" >
        <frame src="top.html" noresize="noresize"/>
```

```
        <frameset cols="20%,80%" bordercolor="#d05500" framespacing="5" >
            <frame src="left.html" name="left"marginwidth="60" marginheight="80"/>
                                                             //设定左边栏的名称为 left
            <frame src="main.html" name="main"/>
        </frameset>
        <noframes>
            <body>
                <p>对不起,您的浏览器不支持框架!</p>
            </body>
        </noframes>
    </frameset>
</html>
```

程序运行效果如图 4.9 所示。

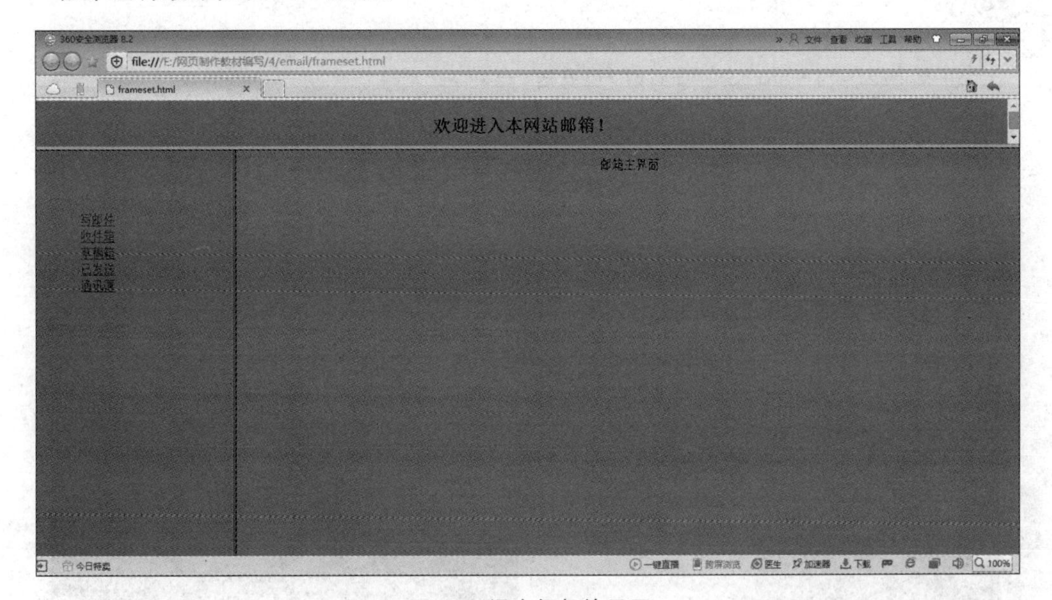

图 4.9　混合框架效果图

3. 设置导航框架

框架常用于固定栏目导航,如例 4.9 中,左边窗口显示邮箱目录,右边将对应显示所选取的栏目项内容,该如何实现呢?要解决这个问题,需要用到 target 属性。在建立导航框架时,要灵活运用<frame>标签的 name 属性和<a>标签的 target 属性。<frame>标签的 name 属性用来指定窗口的名称,<a>标签的 target 属性用来指定被链接内容被放置的窗口。当定义子窗口名后,可通过超链接指定网页显示的子窗口。

【例 4.10】 实现例 4.9 中"写邮件""收邮件""草稿箱"的链接。

left.html 页面中的代码如下:

```
<!DOCTYPE html PUBLIC "-//W3C//DTD XHTML 1.0 Transitional//EN"
"http://www.w3.org/TR/xhtml1/DTD/xhtml1-transitional.dtd">
<html xmlns="http://www.w3.org/1999/xhtml">
<head>
```

```
<meta http-equiv="Content-Type" content="text/html; charset=utf-8" />
<title>左边导航栏</title>
</head>
<body bgcolor="#999933">
<table align="center" width="100%">
<tr>
<td><a href="write.html" target="main">写邮件</a></td>  //在右边栏窗口中打开页面
</tr>
<tr>
<td><a href="receive.html" target="main">收件箱</a></td>  //在右边栏窗口中打开页面
</tr>
<tr>
<td><a href="drafts.html" target="main">草稿箱</a></td>//在右边栏窗口中打开页面
</tr>
<tr>
<td><a href="#" target="main">已发送</a></td>
</tr>
<tr>
<td><a href="#" target="main">通讯簿</a></td>
</tr>
</table></body></html>
```

程序运行效果如图 4.10 所示。

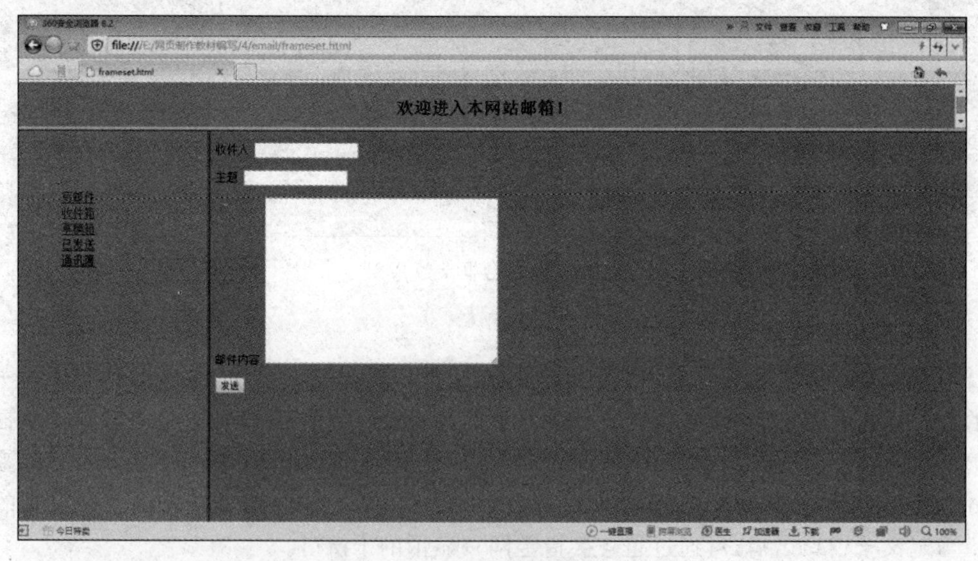

图 4.10　单击写邮件链接的结果

4. 设置框架锚点跳转

将框架的应用与锚的设置相结合，在一个混合框架的页面左侧的框架中设置一个链接列表，链接内容是右侧框架中的文档内容，导航框架指向文档内容不同的节区，即在右侧文档中设置锚点，左侧的链接跳转到不同锚点，完成页面内容的变换浏览。

【例 4.11】 运用锚实现框架内的跳转。

(1) index.html 的代码。

```
<!DOCTYPE html PUBLIC "-//W3C//DTD XHTML 1.0 Frameset//EN"
"http://www.w3.org/TR/xhtml1/DTD/xhtml1-frameset.dtd">
<html><head><title>框架集页面</title></head>
   <frameset rows="15%, 85%" >
      <frame src="top.html" noresize="noresize"/>
      <frameset cols="180, * ">
         <frame src="left.html" name="left"/>
         <frame src="right.html" name="showframe">
      </frameset>
      <noframes>
         <body>
            <p>对不起,您的浏览器不支持框架!</p>
         </body>
      </noframes>
   </frameset>
</html>
```

(2) top.html 的代码。

```
<html><head>< title>上方页面</title> </head>
   <body>
      <p align="center">
         <img src="laozi. jpg" width="60" height="60">
         <font size="16" >老子的智慧</font>
      </p>
   </body>
</html>
```

(3) left.html 的代码。

```
<html><head><title>左侧页面</title></head>
<body>
      <h3><a href="right.html#C1" target="showframe">管理智慧</a></h3>
      <h3><a href=" right.html#C2" target="showframe">做事智慧</a></h3>
      <h3><a href=" right.html#C3" target="showframe">做人智慧</a></h3>
      <h3><a href=" right.html#C4" target="showframe">处世智慧</a></h3>
<body>
</html>
```

(4) right.html 的代码。

```
<html><head><title>右侧页面</title></head>
   <body>
      <h1><a name="C1">管理智慧</a></h1>
      <p>无为而无不为</p>
```

```
        <p>不进寸而退尺</p>
        <p>常善救人,故无弃人</p>
        <h1><a name="C2">做事智慧</a></h1>
        <p>道可道,非常道</p>
        <p>天下大事,必作于细</p>
        <p>千里之行,始于足下</p>
        <p>合抱之木,生于毫末</p>
        <h1><a name="C3">做人智慧</a></h1>
        <p>处其厚,不居其薄</p>
        <p>大智若愚,大巧若拙</p>
        <p>曲则全,枉则直</p>
        <h1><a name="C4">处世智慧</a></h1>
        <p>无之以为用</p>
        <p>弱之胜强,柔之胜刚</p>
        <p>不居功,功自言</p>
    </body>
</html>
```

单击“做事智慧”,运行效果如图 4.11 所示。

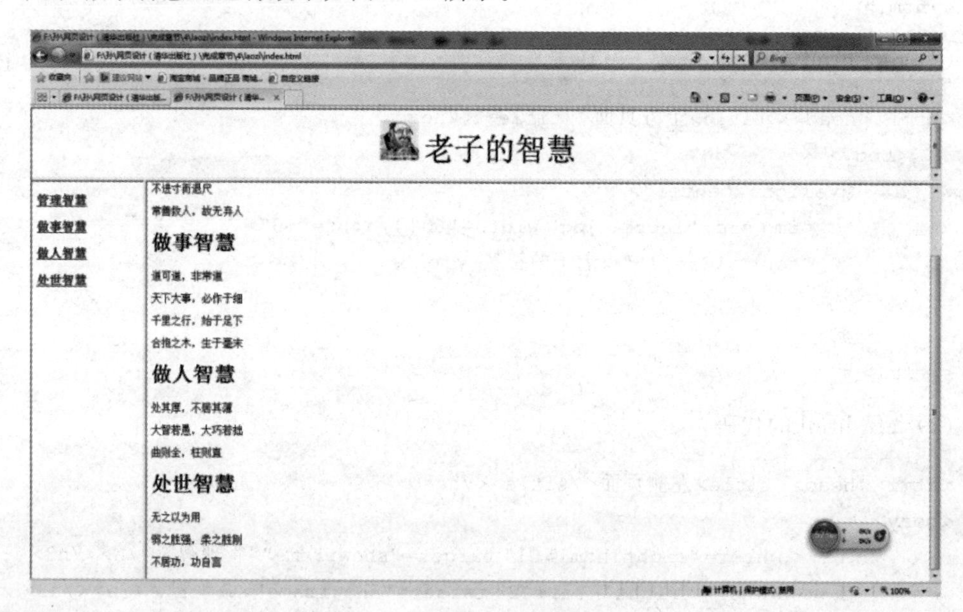

图 4.11　在框架中跳转的效果

5. 设置内联框架

将一个页面直接嵌入到另一个页面中显示,这种技术称为浮动窗口。可以通过<iframe>标签来实现该效果,该标记又称为浮动帧标记,它的最大特征是将标记所引用的文件直接嵌入到当前文件中,与当前文件内容相互融合,成为一个整体,被形象地比喻为“画中画”。该标记在 XHTML 1.0 文档类型定义严格类型中属性不被支持,仅在过渡类型和框架类型中可以使用。<iframe>标签的主要属性及其功能描述如表 4.11 所示。

表 4.11 <iframe>标签的主要属性及其功能描述

属　性	值	功能描述
align	left、right、top、middle、bottom	设置内联框架的对齐方式
frameborder	1、0	设置是否显示框架周围的边框，为了使画中画与邻近的内容相融合，通常将其设置为 0
height	pixels、%	设置<iframe>的高度
marginheight	pixels	设置<iframe>的顶部和底部的边距
marginwidth	pixels	设置<iframe>的左侧和右侧的边距
name	frame_name	设置<iframe>的名称
scrolling	yes、no、auto	设置是否在<iframe>中显示滚动条
src	URL	设置在<iframe>中显示内容的 URL
width	pixels、%	设置<iframe>的宽度

包含<iframe>标签的窗口称为父窗体，浮动帧称为子窗体，在<iframe>标签的 src 属性中可以设置文件的路径，该文件既可以是 HTML 文件，也可以是文本、图像、ASP 文件等；frameborder 属性用来设置区域边框的宽度，为了使"画中画"与邻近的内容相融合，常将其设置为 0。

【例 4.12】 在内联框架中显示图片的设计。

```
<!DOCTYPE html PUBLIC "-//W3C//DTD XHTML 1.0 Transitional//EN"
"http://www.w3.org/TR/xhtml1/DTD/xhtml1-transitional.dtd">
<html>
    <head>
        <title>【烟台简介】</title>
    </head>
    <body bgcolor="FFBBF1">
        <h2 align="center">烟台简介</h2>
             
        <font size="4" >烟台位于山东半岛东部，濒临渤海中部，总面积 1.37 万平方千米，总人口 641 万。海岸线长达 909 千米，年平均气温在 12℃左右，是一座美丽的海滨城市。烟台是中国北方著名的海滨旅游城市，景色秀丽，气候宜人，是理想的旅游、疗养、避暑、度假胜地。</font>
        <iframe src="image\yt2.jpg" width="250" height="150" scrolling="auto"
align="right"></iframe>
    </body>
</html>
```

程序运行效果如图 4.12 所示。

【例 4.13】 内联框架中显示 HTML 页面设计。

```
<!DOCTYPE html PUBLIC "-//W3C//DTD XHTML 1.0 Transitional//EN"
"http://www.w3.org/TR/xhtml1/DTD/xhtml1-transitional.dtd">
<html>
    <head>
        <title>【烟台简介】</title>
    </head>
```

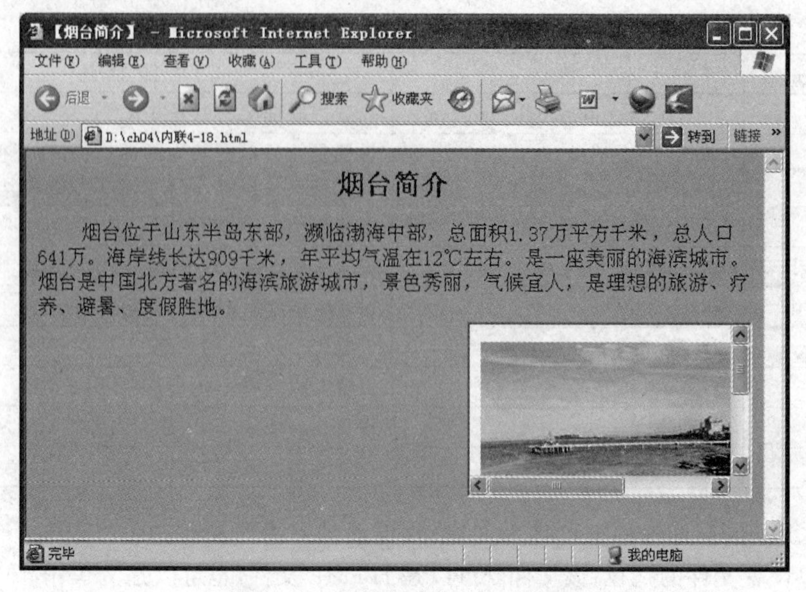

图 4.12　内联框架中显示图片结果

```
<body bgcolor="FFBBF1">
    <h2 align="center">烟台简介</h2>
         
    <font size="4" >烟台位于山东半岛东部,濒临渤海中部,总面积 1.37 万平方千米,总人口 641 万。海岸线长达 909 千米,年平均气温在 12℃左右,是一座美丽的海滨城市。烟台是中国北方著名的海滨旅游城市,景色秀丽,气候宜人,是理想的旅游、疗养、避暑、度假胜地。</font>
        <iframe src="4-8.html" width="800" height="800" scrolling="auto" align="right" frameborder="0"></iframe>
</body>
</html>
```

程序运行效果如图 4.13 所示。

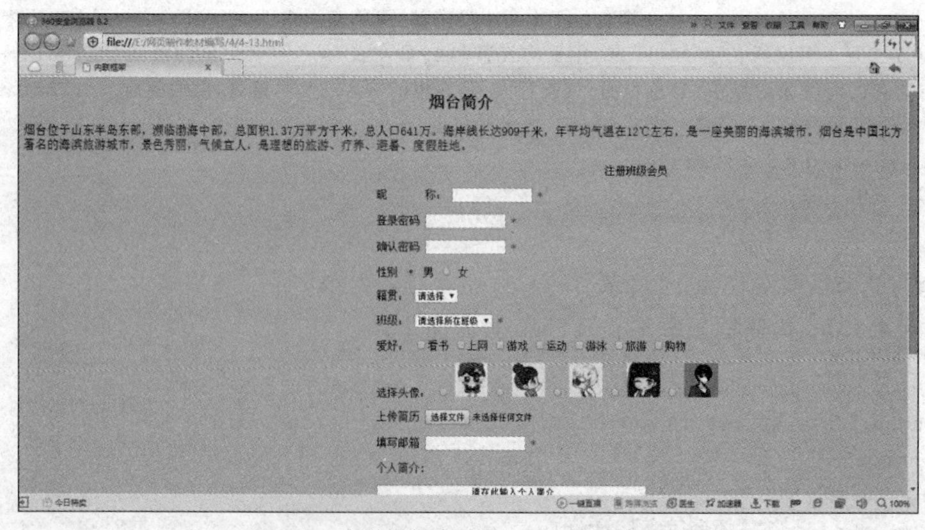

图 4.13　内联框架中显示 HTML 页面效果图

4.3 本章小结

本章首先介绍了表单和表单控件，以及它们对应的标签和具备的属性，并运用表单和表单控件制作了一个注册页面。通过表单的学习，可以设计出满足要求的各种表单。然后介绍了框架的结构及框架的应用，通过框架布局页面，例如运用框架实现电子邮箱的设计。

4.4 习题

4.4.1 填空题

1. 表单容器的标签是________，下拉菜单的标签是________。
2. 在表单中增加密码框的写法是________。
3. 框架的分割方式有________和________。
4. 如果要将窗口进行水平分割，那么要用到________属性。
5. 设置窗口高度或宽度的数值一种是采用________设置，另一种是采用________设置。
6. 一般用________来实现嵌入式的窗口。
7. 在网页中插入浮动框架要用________标记。
8. <frameset cols="40%,200,* ">表示将浏览器的窗口分割成 3 个窗口，第一个子窗口的宽度为________，第二个子窗口的宽度为________，第三个子窗口的宽度为________。
9. <frameset frameborder="0 ">的作用是________。
10. 在使用框架的网页文件中不能出现________标签。

4.4.2 操作题

制作网页，完成后的效果如图 4.14 所示。

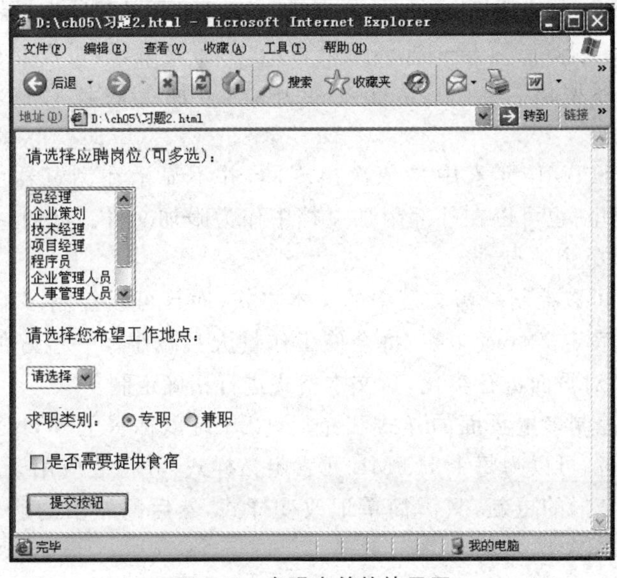

图 4.14 实现表单的效果图

第5章 CSS基本语法

本章学习目标

(1) 了解CSS的发展现状。

(2) 掌握CSS的语法规则。

(3) 熟悉不同选择器的区别。

(4) 掌握CSS样式表的用法。

(5) 熟悉CSS样式优先权。

前面使用HTML制作网页时,使用标签的属性对网页元素进行修饰,但是这种方式存在很大的局限性和不足,例如维护困难、不利于代码阅读等。如果希望网页美观大方,并且升级轻松,维护方便,就需要使用CSS实现结构和表现的分离。

本章从CSS的发展现状出发,介绍CSS的基本语法规则、CSS选择器、CSS样式表和CSS优先级,以及如何在网页中引入CSS,并对CSS进行初步体验。通过本章的学习,读者可以全面了解CSS的基本语法,为后面章节的学习打下基础。

5.1 CSS概述

CSS是Web标准中表现层的技术。但它究竟能做些什么呢?通过本节的介绍,我们将深入了解CSS的功能、优势等相关问题。

5.1.1 CSS简介

CSS是Cascading Style Sheets(层叠样式表)的简称,可以翻译为"层叠样式表"或"级联样式表",即样式表。CSS语言是一种标记语言,它不需要编译,可以直接由浏览器解释执行(属于浏览器解释型语言)。在Web标准中,CSS属于表现层技术,负责网页内容(XHTML)的表现。

CSS的属性在HTML元素中是依次出现的,并不显示在浏览器中。它可以定义在HTML文档的标记里,也可以在外部附加文档中作为附加文件。此时,一个样式表可以作用于多个页面,乃至整个站点。

利用CSS不仅可以控制一篇文档中的文本格式,而且可以控制多篇文档的文本格式,所以使用CSS样式表定义页面文字,将会使工作量大大减小。一些好的CSS样式表的建立,可以更进一步地对页面进行美化,对文本格式进行精确定制。

由于允许同时控制多重页面的样式和布局,CSS可以称得上Web设计领域的一个突破。作为网站开发者,可以为每个HTML元素定义样式,并将之应用于所希望的任意多的页面中。如需进行全局的更新,只需简单地改变样式,然后网站中的所有元素均会自动地更新。

CSS样式表的功能一般可以归纳为以下几点。

(1) 灵活控制页面中文字的字体、颜色、大小、间距、风格和位置。

(2) 随意设置一个文本块的行高、缩进,并可以为其添加三维效果和边框。

(3) 便于定位网页中的任何元素,设置不同的背景颜色和背景图片。

(4) 精确控制网页中各元素的位置。

(5) 给网页中的元素设置各种过滤器,从而产生诸如阴影、模糊、透明等效果,而这些效果只有在一些图像处理软件中才能实现。

(6) 可以与脚本语言相结合,使网页中的元素产生各种动态效果。

5.1.2 CSS的优势

在CSS还没有被引入页面设计之前,传统的HTML语言要实现页面美工上的设计是很麻烦的。例如要修改某些<font>标签内容的颜色或大小,需要找到所要相关的<font>标签,依次修改相应属性,如果仅修改一个页面内的相应文字,还能容忍,但要修改整个网站的其他页面的相关内容,那工作就相当繁重了。

【例5.1】 在HTML代码中修改标题属性的实现案例。

源代码如下:

```
<body>
<h1 align="center">一级标题文字居中</h1>
<h2 align="left">二级标题文字,左对齐</h2>
<h3 align="right">三级标题文字,右对齐</h3>
<h4 align="justify">四级标题文字,两端对齐</h4>
<h5>五级标题文字,默认对齐属性</h5>
<h6>六级标题文字,默认对齐属性</h6>
</body>
```

如果要修改所有标题的颜色为蓝色,字体为楷体,实现方法如下:

```
<body>
<h1 align="center"><font color="#0066FF" face="楷体">一级标题文字居中</font>
</h1>
<h2 align="left"><font color="#0066FF" face="楷体">二级标题文字,左对齐</font>
</h2>
<h3 align="right"><font color="#0066FF" face="楷体">三级标题文字,右对齐</font>
</h3>
<h4 align="justify"><font color="#0066FF" face="楷体">四级标题文字,两端对齐
</font></h4>
<h5><font color="#0066FF" face="楷体">五级标题文字,默认对齐属性</font></h5>
<h6><font color="#0066FF" face="楷体">六级标题文字,默认对齐属性</font></h6>
</body>
```

其实传统的HTML的缺陷远不止上面说的这些,相比运用CSS进行页面设计,其劣势总结如下。

(1) 维护困难。为了修改某个特殊标记的格式,需要花费很多时间,尤其对于整个网站而言,后期修改和维护的成本很高。

(2) 标记不足。HTML 本身的标记十分少,很多标记都是为网页内容服务的,而关于美工样式的标记,如文字间距、段落缩进等标记在 HTML 中很难找到。

(3) 网页过“胖”。由于没有统一对各种风格样式进行控制,HTML 的页面往往体积过大,占用了很多宝贵的带宽。

(4) 定位困难。整体布局页面时,HTML 对于各个模块的位置调整显得捉襟见肘,过多的<table>标记同样也导致页面的复杂和后期维护的困难。

当引入 CSS 以后,CSS 提供各种丰富的格式控制方法,使得网页设计者可以轻松地应对各种页面效果,并且 CSS 对网页整体控制较单纯的 HTML 语言有了突破性进展。

【例 5.2】 如例 5.1,通过 CSS 样式实现对所有标题内容颜色和字体的修改。

修改代码如下:

```
<!DOCTYPE html PUBLIC "-//W3C//DTD XHTML 1.0 Transitional//EN"
"http://www.w3.org/TR/xhtml1/DTD/xhtml1-transitional.dtd">
<html xmlns="http://www.w3.org/1999/xhtml">
<head>
<meta http-equiv="Content-Type" content="text/html; charset=utf-8" />
<title>运用 CSS 修改标题颜色和字体</title>
<style type="text/css">
h1,h2,h3,h4,h5,h6{
    color: "#0066FF";
    font-family: "楷体";
}
</style>
</head>
<body>
<h1 align="center">一级标题文字居中</h1>
<h2 align="left">二级标题文字,左对齐</h2>
<h3 align="right">三级标题文字,右对齐</h3>
<h4 align="justify">四级标题文字,两端对齐</h4>
<h5>五级标题文字,默认对齐属性</h5>
<h6>六级标题文字,默认对齐属性</h6>
</body>
</body>
</html>
```

不需要增加<font>标签,只需在<head>区域增加控制样式的代码即可,如果需要再修改颜色或字体,只要简单地修改一个值就可以了。

CSS 在布局方面也有很大的优势。采用 CSS＋DIV 进行网页重构相对于传统的 TABLE 网页布局而言具有以下 3 个显著优势。

(1) 表现和内容分离。将设计部分剥离出来放在一个独立样式文件中,HTML 文件中只存放文本信息,这样的页面对搜索引擎更加友好。

(2) 提高页面浏览速度。对于同一个页面视觉效果,采用 CSS＋DIV 重构的页面文件容量要比 TABLE 编码的页面文件容量小得多,前者一般只有后者的 1/2 大小,浏览器就不用去编译大量冗长的标签。

(3) 易于维护和改版。只需要简单修改几个 CSS 文件就可以重新设计整个网站的页面。

在网页设计中有关布局的优势,将在后面的章节去体会。

5.1.3 CSS 与浏览器的兼容性

网上的浏览器各式各样,绝大多数浏览器对 CSS 都有很好的支持,所以设计者往往不用担心其设计的 CSS 文件不被用户所支持。但目前主要的问题在于,各个浏览器之间对 CSS 很多细节的处理上存在差异,设计者在某一种浏览器上设计的 CSS 效果,和在其他浏览器上显示的效果可能不一样。在后面章节,会讨论如何解决浏览器的兼容性问题。后面写到的 CSS 样式代码,在不特别说明的情况下,各个浏览器的解析是一样的。

5.2 CSS 语法

使用 HTML 时,需要遵从一定的规范。CSS 也是如此,想要熟练使用 CSS 对网页元素进行修饰,首先需要了解 CSS 语法。

5.2.1 CSS 语法规则

CSS 有自己独特的书写方法,如果掌握了它的语法特征,再去了解它的各种属性,那么学习 CSS 将会变得非常容易。下面介绍 CSS 的语法规则。

CSS 的语法规则由两部分构成:选择器(selector)和声明(declaration)。其中,选择器用于决定哪些因素要受到影响;声明由属性(property)和值(value)组成,每条声明由一个或多个属性值对组成。

基本语法如下:

```
Selector{property: value; property: value;…}
```

语法说明如下:

(1) Selector——选择器,又称为选择符,是指这组样式编码所要针对的对象,可以是一个 XHTML 标签(如<p>、<h1>等),也可以是定义了特定 id 或 class 的标签(后面会详细说明)。

(2) property——属性,它是 CSS 样式控制的核心,对于每个 XHTML 标签,CSS 都提供了丰富的样式属性,如颜色、大小、定位、浮动方式等。

(3) value——值,指属性的值,形式有两种:一种是指定范围的值(如 float 属性,只可能有 left、right、none 3 个值);另一种为数值(如 width 能够使用 0~9999px 范围的值)。

注意: 声明中的多个属性值对之间必须用分号隔开。

【例 5.3】 设置一个段落的格式,要求首行缩进 2 个汉字,字体大小为 14px,字体为楷体,文字颜色为蓝色。

分析:要设置的对象是段落,那么格式化的元素就是<p>,即选择器部分就是 p。设定段落的格式为:首行缩进 2 个汉字,字体大小为 14 像素,颜色为蓝色,字体为楷体。声明部分包括 4 种属性,分别是 text-indent、font-size、color 和 font-family,属性值分别为 28px、

14px、blue 和楷体。实现代码如下：

```
<style type="text/css">
p{
    text-indent: 28px;
    font-size: 14px;
    color: blue;
}font=family:"楷体"
</style>
```

注意：若要定义多个声明，那么必须使用分号将每个声明分开。

5.2.2 选择器的类型

上面介绍的语法规则中提到，Selector 选择器可以是 XHTML 中的标签，也可以是特定的 id 或 class，下面来详细介绍这 3 种基本选择器的用法。

1. 标签选择器

一个完整的 HTML 页面由很多不同的标签组成，标签选择器则是决定哪些标签采用相应的 CSS 样式。如例 5.3，就是运用了标签选择器来定义段落的样式。如果多个标签具有相同的样式属性，就可以同时给多个标签进行样式的定义。

【例 5.4】 对 7 个标签同时进行相同样式的定义。

```
<style type="text/css">
p,h1,h2,h3,h4,h5,h6{
    color: red;
    font-family: "楷体";
}
</style>
```

注意：标签之间使用逗号进行分隔。可以使页面中所有的 p、h1～h6 标签内都使用相同的字体——楷体，文字颜色为红色。这样做的好处是，对页面中需要使用相同样式的地方，只需要书写一次样式表即可，从而减少代码量，改善 CSS 的代码结构。

2. id 选择器

id 选择器可以为标有特定 id 的 HTML 元素指定特定的样式。定义 id 选择器时，需要在名称前加＃，在运用 id 选择器时，通过 id＝"名称"来调用。

【例 5.5】 运用 id 选择器为网页元素进行样式定义。

```
<style type="text/css">
#title{
     text-align: center;
     font-size: 16px;
     color: blue;
     font-weight: bold;
     font-family: "楷体";
}
</style>
```

```
</head>
<body>
<p id="title">
将段落的样式设为标题,实现文字居中,字体大小为 16px,加粗,文字颜色为蓝色。
</p>
</body>
</html>
```

注意:上述案例定义 id 类型的选择器,在定义名称 title 前加#,在标签<p>中,通过 id="title"来运用 title 中所定义的样式。

根据元素 id 来选择元素,具有唯一性,这意味着同一 id 在同一文档页面中只能出现一次。例如,将一个元素的 id 取值为 nav,那么在同一页面就不能再将其他元素 id 取名为 nav 了。尽管把几个元素都命名成相同的 id 名字,css 选择器还是会把这些元素都选中应用样式(如 class 选择器那样),对于 css 选择器,id 属性的唯一性似乎不存在。然而,对于 JavaScript 而言,它只会选择具有相同 id 名字元素中的第一个。出于一个好的编程习惯,同一个 id 不要在页面中出现第二次。

3. class 选择器

class 直译为类或类别。类选择器能够把相同的元素分类定义成不同的样式。定义类选择器时,在自定义类的前面需要加一个"."号,调用时,通过 class="名称"调用。如例 5.5,可以运用 class 选择器实现样式的定义。

【例 5.6】 运用 class 选择器为网页元素进行样式定义。

```
<style type="text/css">
.title{
    text-align: center;
    font-size: 16px;
    color: blue;
    font-weight: bold;
    font-family: "楷体";
}
</style>
</head>
<body>
<p class="title">
将段落的样式设为标题,实现文字居中,字体大小为 16px,加粗,文字颜色为蓝色。
</p>
</body>
</html>
```

使用 class 的好处是,对于不同的 XHTML 标签,CSS 可以直接根据 class 名称来进行样式指派。而且 class 选择器是对 CSS 代码重用性的良好体现,多个标签可以使用同一个 class 来进行样式指派,而不需要对每个标签编写样式代码。

5.2.3 选择器的综合运用

对于 css 选择器而言,无论什么样的选择器类型,都可以组合使用。

1. 包含选择器

当用户只打算对某个对象的子对象进行样式指定时,包含选择器就派上了用场。包含选择器是指选择器组合中前一个对象包含了后一个对象,对象之间使用空格作为分隔符。

【例 5.7】 定义 h1 标签中的 span 标签的样式。

```
<html>
    <head>
        <style>
            <!--h1 span{
                font-style: italic;
                }
        --></style>
    </head>
    <body>
        <h1>这是包含有 span 标签的一段文本<span>span 标签内的文本,将会斜体显示</span>
    </h1>
        <h1>这是没有包含 span 的一段文本</h1>
        <span>这是单独的一个 span 标签内的文本</span>
        <h2>这是 h2 标签里的文本,包含 span 标签<span>,这是 span 标签内的文本,看是否会
    被斜体显示</span></h2>
    </body>
</html>
```

程序运行效果如图 5.1 所示。

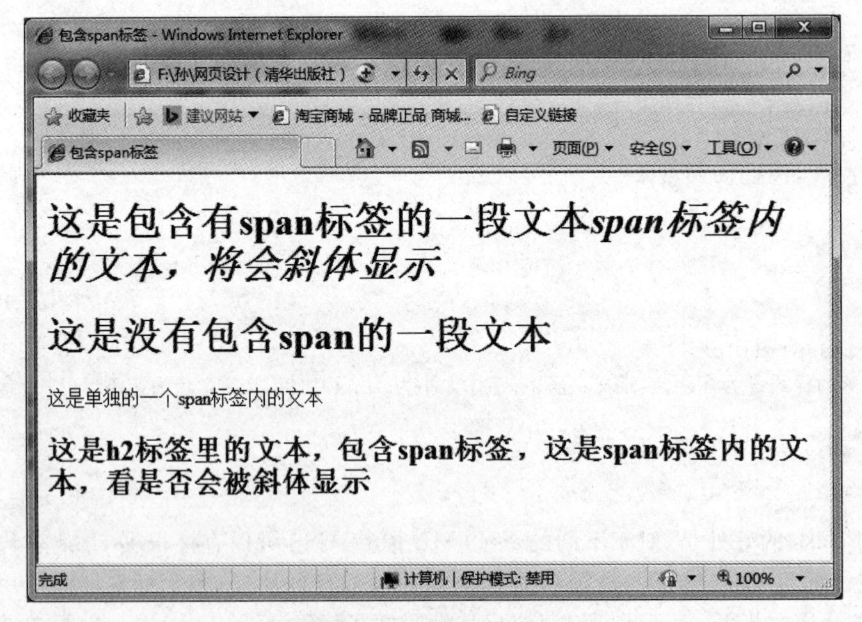

图 5.1 包含选择器的运用

注意: h1 和 span 之间是空格,表示只有在 h1 标签里面的 span 标签才会使用的样式。而“h1,span{…}”表示同时定义两个标签的样式。

<span>标签本身没有任何属性，在行内定义一个区域，也就是一行内可以被<span>划分成好几个区域，从而实现某种特定效果。

2. 组合选择器

对于标签选择器、id 选择器和 class 选择器，它们之间均可以结合使用。

(1)标签选择器和 class 选择器的结合。例如：

```
table .aa{定义样式}
```

表示 table 标签内的所有 class="aa"的标签将会应用的样式。

(2) id 选择器和标签选择器的结合。例如：

```
#content p{定义样式}
```

表示 id="content"的标签内的所有 p 标签将会应用的样式。

(3) id 选择器和 class 选择器的结合。例如：

```
#content .aa{定义样式}
```

表示 id="content"且 class="aa"的标签内将会应用的样式。

(4) class 选择器和标签选择器的结合。例如：

```
.con td{定义样式}
```

表示 class="con"且 XHTML 标签为 td 的标签下将会应用的样式。

总体来说，css 选择器的使用是自由的，用户可以根据页面的需求，灵活地使用各种选择器来选择和指派。例 5.8 进行了 3 种选择器的组合运用。

【例 5.8】 选择器的综合运用。

```
<!DOCTYPE html PUBLIC "-//W3C//DTD XHTML 1.0 Transitional//EN"
"http://www.w3.org/TR/xhtml1/DTD/xhtml1-transitional.dtd">
<html xmlns="http://www.w3.org/1999/xhtml">
<head>
<meta http-equiv="Content-Type" content="text/html; charset=utf-8" />
<title>选择器的综合运用</title>
<style type="text/css">
#a{
    border: 1px #993300 solid;
    width: 400px;
    height: 200px;
}
#a .m{
    font-size: 14px;
    color: #930;
}
.b{
    border: 2px #0033FF dashed;
    width: 400px;
```

```
    height: 200px;
}
.b p{
    font-size: 18px;
    font-weight: bold;
    color: RGB(0,0,255);
}
.c{
    font-size: 24px;
    color: #F00;
    font-family: "楷体",sans-serif;
}
</style>
  </head>
  <body>
  <div id="a">
  <p>标识为 a 的区域中,包含段落标签 p,该段落没有定义其他样式,内容将按照浏览器默认样式显示。该 div 区域定义边框为暗红色,宽度为 400 像素,高度为 200 像素。</p>
  <p class="m">标识为 a 的区域中,第二个段落标签中,使用样式为 m,段落定义字体大小为 14 像素,颜色为暗红色</p>
</div>
<div class="b">
<p>用 class 选择器定义的样式 b,设定区域宽度为 400 像素,高度为 200 像素</p>
<p>在该区域中,定义所有的标签 p 的显示样式为文字大小 18 像素,文字加粗显示,颜色为蓝色</p>
</div>
<p class="c">该段落中,调用了 class 类型的选择器定义的样式 c,文字设定 24 像素,红色,字体为楷体</p>
<div id="a" class="c">
该区域中,同时调用 id 类型的选择器和 class 类型的选择器,在样式不冲突的情况下,它们定义的样式将同时作用在该区域。
</div>
</body>
</html>
```

程序运行效果如图 5.2 所示。

5.2.4 CSS 注释

为了方便自己或者他人更好地理解 CSS 代码,便于维护和应用,通常会在样式表规则中添加注释。下面是一个添加了注释的样例。

```
/*---------------
以下为导航条的样式定义
--------------- */
#nav
```

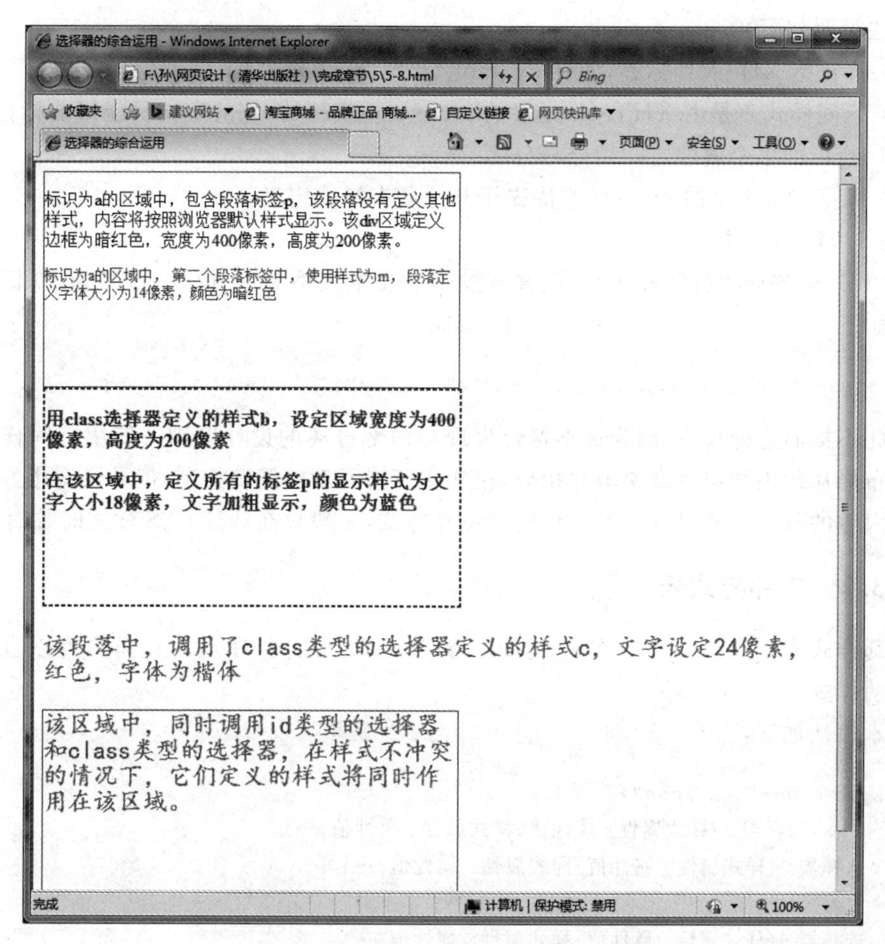

图 5.2　选择器综合运用案例的运行效果

```
{
    width: 600px;!important            /* IE 6 以上版本宽度为 600 像素 */
    width: 500px;                      /* IE 6 及以下版本宽度为 500 像素 */
}
```

注意：在 CSS 中只有/*…*/注释方式，它可以单行也可以跨行注释。

5.3　CSS 样式表

对 CSS 有了大致了解以后，便可以使用 CSS 对页面进行全方位的控制。本节主要介绍使用 CSS 样式表的几种方法，包括行间样式表、内部样式表、外部样式表和导入外部样式表等。

5.3.1　行间样式表

行间样式表是指将 CSS 样式编码写在 XHTML 标签中，格式如下：

```
<标记 style="样式属性: 属性值;样式属性: 属性值;…">
```

语法说明如下。

(1) 标记指 XHTML 标签,如 body、table、p 等。

(2) 行间样式表是由 XHTML 元素的 style 属性支持的,它的定义只能影响标记本身。

(3) style 的多个属性之间用分号分隔。

(4) 标记本身定义的 style 样式优先于其他所有样式定义。

【例 5.9】 运用行间样式表。

对<p>标签嵌入行间样式表,设置该段落的文本大小为 14 像素,行高为 20 像素。代码实现如下:

```
<p style="font-size: 14px; line-height: 20px">This is an apple</p>
```

在此不提倡这种写法,因为这不符合表现与内部分离的设计原则。使用行间样式表与表格式布局从代码结构上来说十分相似,仅实现了对元素的精确控制,但并没有很好地实现表现与内容的分离。所以应尽量避免这种编写方式,一般只在调试 CSS 样式时临时使用。

5.3.2 内部样式表

内部样式表就是将 CSS 写在<head>与</head>之间,在当前页面内可以直接使用所定义的样式。

基本语法如下:

```
<style type="text/css">
    <!--选择器 1{样式属性: 属性值;样式属性: 属性值;…)
    选择器 2{样式属性: 属性值;样式属性: 属性值;…}
    ⋮
    选择器 n{样式属性: 属性值;样式属性: 属性值;…)
--></style>
```

语法说明如下。

<style></style>标签用来说明要定义的样式,type 属性是指<style>标签以 CSS 语法定义。

<! --和-->代表隐藏标记,避免因浏览器不支持 CSS 而导致的错误,加上这些标记后,不支持 CSS 的浏览器会自动跳过此段内容。

内部样式表是 CSS 样式编码的初级应用形式,但不是推荐的编写方式,它只针对当前页面有效,不能跨越页面执行,所以达不到 CSS 代码重用的目的。虽然我们的案例中绝大多数是使用内容样式表,但主要是因为仅作用于当前页面。而一般的网站,需要运用 CSS 样式表作用于网站的每个页面,所以在网站中,很少运用内部样式表。

在本章前面的案例中,均采用内部样式表定义 CSS 样式,在此就不再举例。

5.3.3 外部样式表

外部样式表是 CSS 应用中最好的一种形式,它将 CSS 样式代码单独放在一个外部文件中,样式表的文件后缀是.css。再由网页进行调用,多个网页可以调用同一个样式表文件,这样能够最大限度地实现代码的重用及网站文件的最优化配置,这也是推荐的编码方式。

其基本语法如下：

```
<link href="外部样式表的文件名称" rel="stylesheet" type="text/css"/>
```

语法说明如下。

(1)<link>标签位于<head></head>标签中。

(2) href 属性指定链接的样式表的位置及名称。

(3) type 属性指定了文件的 MIME(Multipurpose Internet Mail Extensions)类型——多用途互联网邮件扩展类型。这是设定某种扩展名的文件用一种应用程序来打开的方式类型，当该扩展名文件被访问时，浏览器会自动使用指定的应用程序来打开。

(4) rel 是 relatioship 的英文缩写，描述了当前页面与 href 所指定文档的关系，属性值为 stylesheet，表示 href 链接的文档是一个样式表。

在绝大多数网站中，所有页面的<head></head>都链接外部样式表。

【例 5.10】 定义一个外部样式表，并在页面中使用。

HTML 页面如下：

```
<!DOCTYPE html PUBLIC "-//W3C//DTD XHTML 1.0 Transitional//EN"
"http://www.w3.org/TR/xhtml1/DTD/xhtml1-transitional.dtd">
<html xmlns="http://www.w3.org/1999/xhtml">
<head>
<meta http-equiv="Content-Type" content="text/html; charset=utf-8" />
<title>使用外部样式表</title>
<link href="css/a.css" type="text/css"rel="stylesheet" />
</head>
<body>
    <h1>运用外部样式表控制页面样式</h1>
    <hr/>
    <div class="con">
    使用外部样式表,定义样式。实现 div 在页面中央显示。div 区域的宽度为 400 像素,高度为
300 像素。
    </div>
</body>
```

外部样式表 a.css 源代码如下：

```
@charset "utf-8";
/*上一行指定样式表使用的字符编码*/
body{
      background-color: #CCC;
}
h1{
      text-align: center;
}
.con{
      width: 400px;
      height: 300px;
```

```
        border: 3px double #0099FF;
        margin: 20px auto;
        padding: 10px;
        background: #996;
}
```

此外部样式表 a.css 源代码的第一行,指定样式表使用的字符编码。如果你的 CSS 文件中不含中文,那么声明或不声明都是没区别的,因为纯英文的文档不管是 utf-8 编码还是 ansi 编码都是完全一样的。但是如果含有中文(哪怕只有一个字或符号),也必须声明,不声明的话会默认为 ansi 编码。一般来说,同一个网站的网页要采用同一种编码。也就是说如果你的 HTML 文件是 utf-8 格式的,则 CSS 文件也要声明为 utf-8 格式。

程序运行效果如图 5.3 所示。

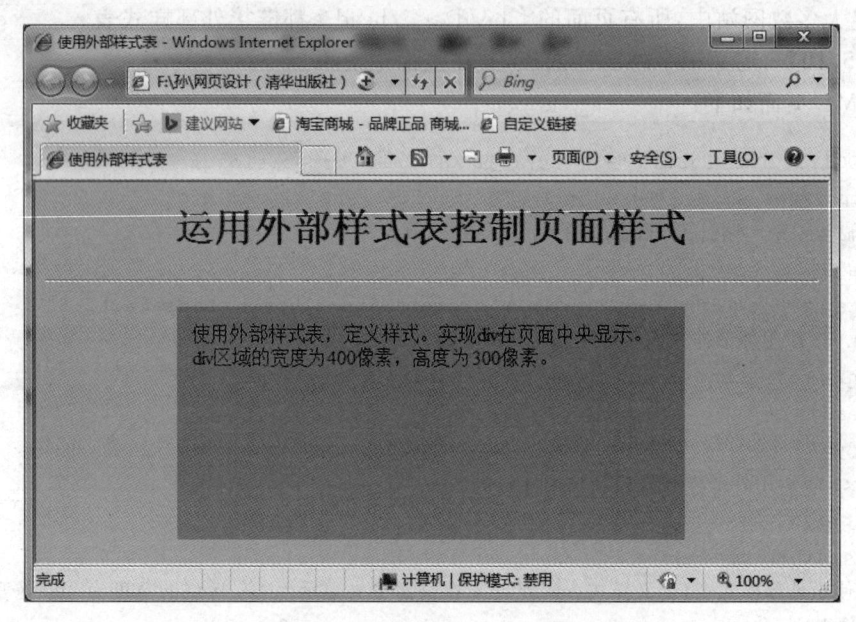

图 5.3　外部样式表在页面中使用案例运行效果

5.3.4　导入外部样式表

导入外部样式表形式上有点像外部链接样式表,导入外部样式表就是在 HTML 代码的主体中直接导入样式表。其基本语法如下:

```
<style type="text/css">
    @import url("外部样式表的文件名称");
</style>
```

语法说明如下。

(1) @import 表示导入外部样式表,它必须放在 style 标签的其他样式规则前面。

(2) url 用来指定要嵌入的外部样式表所在的位置和文件名称。

(3) import 语句后的";"号是一定要有的。外部样式表文件后缀为.css。

例如将例 5.10 改写成导入外部样式表,只需修改<head></head>区域中的代码,修改如下：

```
<head>
<style type="text/css">
    <!--
@import url("css/a.css");
-->
</style>
</head>
```

运行效果和例5.10完全相同。

利用@import导入外部样式表，这种方式通常会在CSS文件中使用。这样做的好处是把多个样式表导入到一个样式表中，在页面里面只需导入一个样式表即可。但这种写法也有很多弊端，如兼容性方面，@import只有在IE 5以上的浏览器中才能辨认，而<link>标签导入外部样式表不存在这个问题。在应用DOM控制样式时也有差异，应用JavaScript控制DOM转变样式的时间，只能应用<link>标签，这是因为@import不是DOM可以控制的。总之，不推荐使用@import导入外部样式表。

5.4 样式优先权

在5.3节，介绍了4种CSS样式表，每种样式表各有自身的特点，当这4种样式表同时作用于同一个HTML页面的同一个标签上时，将会出现优先级的问题。还有前面介绍的几种类型的选择器，当它们在定义中重复出现且都作用于同一个标签时，浏览器该如何处理？这就是本节要介绍的样式优先权问题。

5.4.1 样式表的优先级

从样式写入的位置来看，它们的优先级依次是行间样式表、内部样式表、外部样式表、导入外部样式表、浏览器默认样式表。

也就是说，行间样式表的优先级最高，浏览器默认样式表的优先级最低。在没有任何样式定义的前提下，会采用浏览器默认的样式。不同的浏览器默认的样式有些不同。下面通过例5.11演示样式表的优先级问题。

【例5.11】 样式表的优先级。

下面通过案例演示一下行间样式表、内部样式表和外部样式表的优先级：

```
<!DOCTYPE html PUBLIC "-//W3C//DTD XHTML 1.0 Transitional//EN"
"http://www.w3.org/TR/xhtml1/DTD/xhtml1-transitional.dtd">
<html xmlns="http://www.w3.org/1999/xhtml">
<head>
<meta http-equiv="Content-Type" content="text/html; charset=utf-8" />
<title>样式表的优先级</title>
<link href="css/b.css" type="text/css"rel="stylesheet" />
<style type="text/css">
<!--
```

```
.tit2{
      color: red;
      font-weight: bold;
      font-size: 14px;
}
hr{

      color: red;
      width: 100%;
}
      -->
</style>
</head>
<body>
    <h1>CSS 标题一</h1>
    <p style="color: blue;font-size: 18px;font-weight: bold">第一个段落,运用行间
    样式表进行控制,蓝色,粗体,18 像素文字大小;水平线标签被三个样式同时定义,行间样式定
    义的颜色为蓝色</p>
    <hr style="color: blue"/>
    <h1>CSS 标题二</h1>
    <p class="tit2">第二个段落,运用内部样式表进行控制,红色,粗体,14 像素文字大小;水平
    线被三个样式同时定义,内部样式定义的颜色为红色</p>
    <hr />
    <h1>CSS 标题三</h1>
    <p class="tit3">第三个段落,运用外部样式表进行控制,橙色,粗体,9 像素大小;水平线被
    三个样式同时定义,外部样式定义的颜色为粉色</p>
    <hr />
</body>
</html>
```

在 b.css 样式文件中,代码如下:

```
@charset"utf-8";
.tit3{
    color: pink;
    font-size: 12px;
    font-weight: bold;
}
hr{
    width: 50%;
    color: pink;
    background-color: pink;

}
```

程序运行效果如图 5.4 所示。

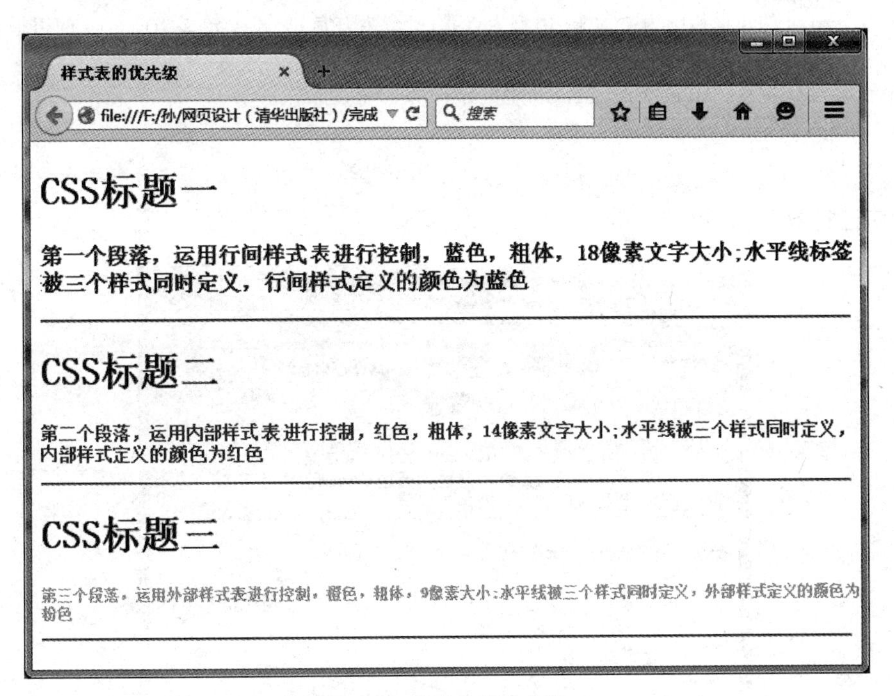

图 5.4　样式表的优先级

5.4.2　选择器的优先级

在同等权位下，CSS 的优先级规则是后面的优先级比前面的优先级高，距离对象越近，优先级越高。对于 id 选择器和 class 选择器来说，id 选择器的定义优先于 class 选择器的定义。

【例 5.12】　比较 id 选择器与 class 选择器的优先级。

在内部样式表中定义一个 id 选择器和一个 class 选择器，同时来设置 div 的边框效果，将会看到最终的效果是由 id 选择器控制了，由此说明当 id 选择器和 class 选择器同时作用于一个对象时，id 选择器的优先级更高。

源代码如下：

```
<html>
    <head>
        <meta http-equiv="Content-Type" content="text/html; charset=utf-8" />
        <title>id 与 class 的优先级</title>
        <style type="text/css">
            #a{ border: 2px dotted #00F;}
            .b{border:3px double #800080;}

</style>
    </head>
    <body>
        <div id="a" class="b">我们比较一下 id 的优先级与 class 的优先级。id 定义当前
```

```
        div 的边框粗细为 2 像素,类型为点线,颜色为蓝色;class 定义当前 div 的边框粗细为 3
        像素,双实线,颜色为紫色。</div>
        <p>注意: id 放在前,class 放在后</p>
    </body>
</html>
```

程序运行效果如图 5.5 所示。

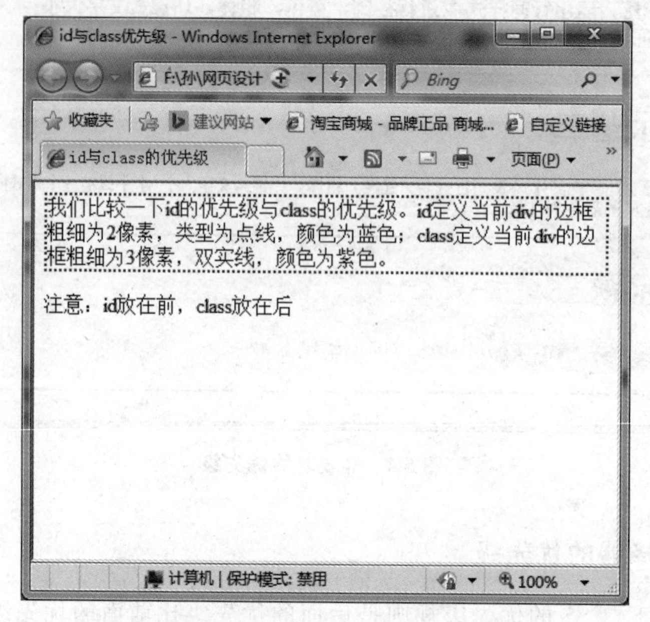

图 5.5　id 选择器与 class 选择器的优先级

5.4.3　!important 语法

在 Dreamweaver 环境下书写样式时,经常会发现提示选项中有!important。它起什么作用呢？在 CSS 中同等类型的样式定义若作用于同一个对象,写在后面的优先级要高于前面的优先级。若要提升某一样式的重要性,提高它的优先级,则可使用!important。

目前,经常用!important 为不用的浏览器定义不同的样式。在 IE 7、IE 8、Firefox、Chrome 等高端浏览器下,已经可以识别!important 属性,但是 IE 6 下仍然不能完全识别。!important 的样式属性和覆盖它的样式属性单独使用时(不在一个{}里),IE 6 认为!important 的优先级较高,否则当含!important 的样式属性被同一个{}里的样式覆盖时,IE 6 认为!important 的优先级较低!

最重要的一点是：IE 6 一直都不支持这个语法,而其他的浏览器都支持。所以可以利用这一点来分别给 IE 6 和其他浏览器不同的样式定义。

【例 5.13】　定义一个样式,在 IE 6 和其他浏览器下,显示的效果不同。

```
.colortest
{
    border: 20px solid red !important;
```

```
    border: 20px solid blue;
    padding: 30px;
    width : 300px;
}
```

在 Firefox 中浏览时，能够理解!important 的优先级，因此显示红色；在 IE 6 中浏览时，不能够理解!important 的优先级，因此显示蓝色。

程序运行效果如图 5.6 所示。

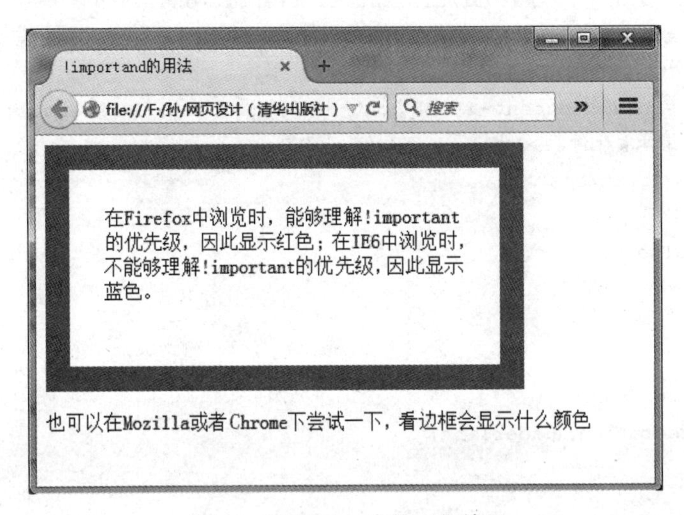

图 5.6　在 Firefox 中的运行效果

5.5　CSS 的继承

学习过面向对象语言的读者，对于继承(Inheritance)的概念一定不会陌生。在 CSS 语言中的继承并没有像在 C++ 或 Java 等语言中那样复杂。所有的 CSS 语句都是基于各个标记之间的父子关系的，为了说明父子关系，我们从 HTML 文件的组织结构入手。在 HTML 文档中，各个标记之间是树型关系，如图 5.7 所示。

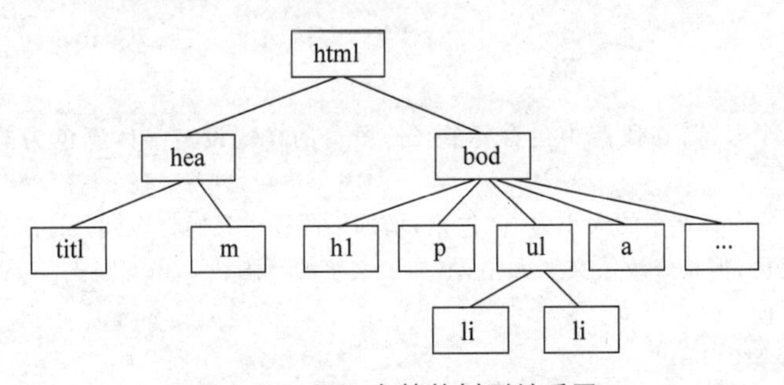

图 5.7　HTML 文档的树型关系图

在这个树型关系中，处于最上端的<html>标记称为“根”，它是所有标记的源头，往下层层包含。在每一个分支中，称上层标记为下层标记的父标记，相应地，称下层标记为上层标记的子标记。例如，<body>标记是<html>标记的子标记，同时它也是<p>标记的父标记。

CSS 的继承是指子标记会继承父标记的所有样式风格，并可以在父标记样式风格的基础上再加以修改，产生新的样式，而子标记的样式风格完全不会影响父标记。下面通过案例来说明 CSS 的继承。

【例 5.14】 体现 CSS 继承。

```
<!DOCTYPE html PUBLIC "-//W3C//DTD XHTML 1.0 Transitional//EN"
"http://www.w3.org/TR/xhtml1/DTD/xhtml1-transitional.dtd">
<html xmlns="http://www.w3.org/1999/xhtml">
<head>
<meta http-equiv="Content-Type" content="text/html; charset=utf-8" />
<title>CSS 继承</title>
<style type="text/css">
p{
    color: blue;
    font-size: 14px;
}
p em{
    font-size: 30px;
    text-decoration: underline;
}
.father
{
    border: 5px solid #999;
    padding: 30px;
    width : 300px;
    font-family: "楷体";
}
.father ul li{
    color: red;
}
</style>
  </head>
  <body>
    <p>这是一个段落，在段落中包含标签 em，段落的样式设定字体颜色为蓝色，字体大小为 14
    像素
    <em>em 部分设置文字的大小为 30 像素，增加下画线。我们将看到，em 部分继承了 p 定义的文
    字颜色为蓝色，但是修改了文字大小，增加了文字的下画线</em>
    </p>
  <div class="father">
    这是 div 标签中的内容，文字颜色是浏览器默认的黑色
    <ul>
      <li>列表项继承了 div 中定义的字体，但是没有继承边框等属性</li>
      <li>列表项增加了文字颜色为红色</li>
      <li>列表中的列表项三</li>
```

```
    </ul>
  </div>
</body>
</html>
```

程序运行效果如图 5.8 所示。

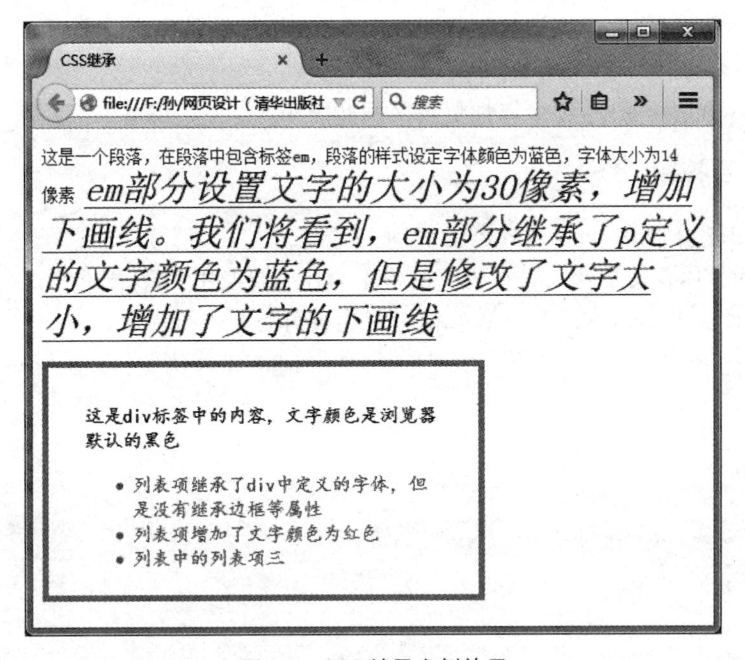

图 5.8　CSS 继承案例效果

CSS 的继承一直贯穿整个 CSS 设计的始终，每个标记都遵循着 CSS 继承的概念。同样可以利用这种巧妙的继承关系，大大缩减代码的编写量，并提高可读性。

5.6　本章小结

本章首先介绍了 CSS 的语法规则、选择器的类型和选择器的运用，通过案例演示了选择器的综合用法；然后介绍了 CSS 样式表及在页面中的使用方式、样式表的优先权问题，最后介绍 CSS 的继承。

通过本章的学习，应该充分理解 CSS 所实现的结构与表现分离，掌握 CSS 的基本语法、属性和 CSS 样式表的优先规则，为后面章节的学习奠定基础。

5.7　习题

5.7.1　填空题

1. CSS 的语法规则由两部分构成，分别为________和________，其中________用于决定哪些因素要受到影响；________由属性(property)和值(value)组成。

2. 内部样式表就是将 CSS 写在________与________之间，在当前页面中可以直接调用所定义的样式。

3. 链接外部样式表时，不需要使用 style 元素，只需直接将________放在<head>标签中即可；同样，外部样式表的文件名称是要嵌入的样式表文件名称，后缀为________。

4. 在同等权位下，CSS 的优先级规则是后面的优先级比前面的优先级________，距离对象越________，优先级越________。

5. 对于 id 选择器和 class 选择器来说，________选择器的定义优先于________选择器的定义。

6. 在 CSS 语法声明中，多个属性值对之间必须用________隔开。

5.7.2 简答题

1. 简述 id 选择器和 class 选择器的区别。
2. CSS 的具体含义是什么？在网页制作中为什么要使用 CSS 技术？
3. HTML 引用 CSS 有几种方式？简单叙述各引用方式的特点。

第 6 章 使用 CSS 美化网页元素

本章学习目标

(1) 熟练掌握 CSS 在字体、背景、边框、列表方面的常用样式。

(2) 能够熟练运用相应样式美化文字、图片、列表、表格等网页元素。

(3) 熟练掌握美化超链接的方法。

(4) 了解表单的美化方法。

本章主要介绍字体、背景、边框、列表方面的 CSS 样式，通过这些样式的学习并加以灵活运用，来实现对文字、图片、列表、表格等网页元素的美化。另外，还介绍超链接涉及的几个伪类，通过定义伪类实现丰富的超链接效果。

6.1 丰富文字效果

前面介绍 XHTML 标签时，定义文字的颜色和字体要通过使用<font>标签，而该标签中，支持的属性有限。在 CSS 中，定义文字的效果要更丰富。下面介绍 CSS 的文字相关的样式。

6.1.1 文字样式属性

与 XHTML 不同，在 CSS 中，设置文字样式有自己的属性。下面分别介绍与文字样式相关的 CSS 属性。

1. font-family 设置字体

基本语法如下：

```
font-family: 字体一,字体二,字体三,…
```

语法说明：上面的语法定义了几种不同的字体，并用逗号隔开，当浏览器找不到字体一时，将会用字体二代替，依此类推，当浏览器完全找不到字体时，则使用默认字体。例如：

```
p{ font-famlily: 黑体,隶书,微软雅黑,宋体,Arial,sans-serif;}
```

注意：sans-serif 和 serif 不是单个字体的名称，而是一类字体的统称。按照 W3C 的规则，在 font 或 font-family 的最后都要求指定一个这样的字体集，当客户端没有指定字体时，可以使用本机上的默认字体。通常文章的正文使用易读性较强的 serif 字体，而标题和表格则采用较醒目的 sans-serif 字体。

2. font-size 设置字号

在 XHTML 中，可以用<font size=值>标记来设置文字的大小。在 CSS 中，使用 font-size 属性来设置字号。

基本语法如下：

```
font-size: 绝对大小|相对大小
```

语法说明：绝对大小是以绝对单位来指定大小的方式来设置字号，可以指定精确的大小，如16pt。除了用绝对单位外，CSS还提供了一些绝对大小的关键字，可作为font-size的值，如xx-small|x-small|small|medium|large|x-large|xx-large。不过这些关键字在不同的浏览器中显示的效果往往不同，所以不推荐使用。

相对大小：可以使用相对单位来指定字体大小。通常会用像素作为单位来指定字体大小。

CSS支持的绝对单位和相对单位及其含义如表6.1所示。

表6.1 CSS支持的绝对单位和相对单位及其含义

绝对单位	含　义	相对单位	含　义
in	inch，英寸(1英寸=2.54厘米)	em	元素的字体高度
cm	centimeter，厘米	ex	小写字母x的高度
mm	millimeter，毫米	px	像素
pt	point，印刷点数(1点=1/72英寸)	%	百分比
pc	pica，1pc=12pt		

3. font-style设置字体样式

基本语法如下：

```
font-style: normal | italic | oblique
```

语法说明：normal为默认值，一般以浏览器默认的字体来显示；italic是使文字的斜体；oblique是让没有斜体属性的文字倾斜。

4. font-weight设置字体加粗

在HTML中，字体加粗可以通过<b>标记或者<strong>标记设置。在CSS中，将文字粗细进行了细致的划分，还可以将本身是粗体的文字变为正常粗细。

基本语法如下：

```
font-weight: normal|bold|bolder|lighter|100~900
```

语法说明：normal表示默认字体，bold表示粗体，bolder表示粗体再加粗，lighter表示比默认字体还细，100～900共分为9个层次(100，200，…，900)，数字越小字体越细，数字越大字体越粗。

5. font-variant设置字体变体

基本语法如下：

```
font-variant: normal | small-caps
```

语法说明：normal表示默认值，small-caps表示英文字体显示为小型的大写字母。

6. font设置综合字体属性

基本语法如下：

```
font: font-style font-weight font-variant font-size/line-height font-family
```

语法说明如下。

(1) 若使用 font 属性同时设置多个文字属性时,属性与属性之间必须使用空格隔开。

(2) 前 3 个属性次序不定或者省略,默认为 normal。

(3) 字体大小和字体系列必须显式地指定,先设置字体大小,再设置字体系列,字体系列如果有多个,以逗号分隔。

(4) 行高必须直接出现在字体大小后面,中间用斜线分开,行高是可选的属性。

(5) font 属性是继承的。

7. text-decoration 设置文字效果属性

基本语法如下:

```
text-decoration: underline|overline|line-through|blink|none
```

text-decoration 属性值及其说明如表 6.2 所示。

表 6.2 text-decoration 属性值及其说明

属 性 值	说 明	属 性 值	说 明
underline	文字加下画线	blink	文字闪烁(仅 Netscape 浏览器支持)
overline	文字加上画线	none	默认值
line-through	文字中间加删除线		

8. text-transform 转换英文大小写

利用 text-transform 属性可以转换英文大小写。

基本语法如下:

```
text-transform: uppercase|lowercase|capitalize|none
```

语法说明:uppercase 表示使所有单词的字母都大写,lowercase 表示使所有单词的字母都小写,capitalize 表示使每个单词的首字母大写,none 表示默认值。

9. letter-spacing 字符间距属性

letter-spacing 字符间距属性可以设置字符与字符间的距离。

基本语法如下:

```
letter-spacing: normal|长度单位
```

语法说明:normal 表示默认值,此处的长度单位可以是相对单位也可以是绝对单位。取值可以为正数也可以是负数,当值为正数时,字符间距等于默认字符间距加上该值;当值为负数时,字符间距则等于默认字符间距减去该值。

【例 6.1】 分别使用绝对单位和相对单位来设置字符间距。

```
<style type="text/css">
    p.a{font-size: 12px;
        letter-spacing: -2pt;    /* 使用绝对单位设定字符间距为负数,前后文字将堆叠 */
    }
```

```
    p.b{font-size: 18px;
        letter-spacing: 0.5em;    /*使用相对单位设定字符间距为 18 像素的 0.5 倍*/
    }
</style>
```

10. word-spacing 字符间距属性

word-spacing 属性可以改变字(单词)之间的标准间隔。

基本语法如下：

```
word-spacing: normal|长度单位
```

语法说明：normal 表示默认值为 0，长度单位和 letter-spacing 一样，都可以是相对单位也可以是绝对单位。取值可以为正数也可以是负数，如果提供一个正数，那么字之间的间隔就会增加；如果为 word-spacing 设置一个负数，会把它拉近。

【例 6.2】 运用文字样式属性对文章进行文字美化。

```
<style type="text/css">
body{
      font-family: "仿宋",sans-serif;
      font-size: 14px;
}
.tit{
      font-family: "微软雅黑",sans-serif;
      font-size: 18px;
      font-weight: bold;
      text-align: center;
      letter-spacing: 2em;
      text-decoration: underline;
      color: #03F;
}
p.con{
      text-decoration: blink;
}
p font.winner{
      font-style: italic;
      font-size: 16px;
      color: blue;
}
.spring{
      color: #0F0;
      font-size: 16px;
      font-weight: bold;
}
.summer{
      color: red;
      font-size: 16px;
```

```
        font-family: "黑体",sans-serif;
}
.antumn{
        color: #F0F;
        font-size: 16px;
        font-weight: 900;
        text-decoration: line-through;
}
</style>
```

美化文字效果如图 6.1 所示。

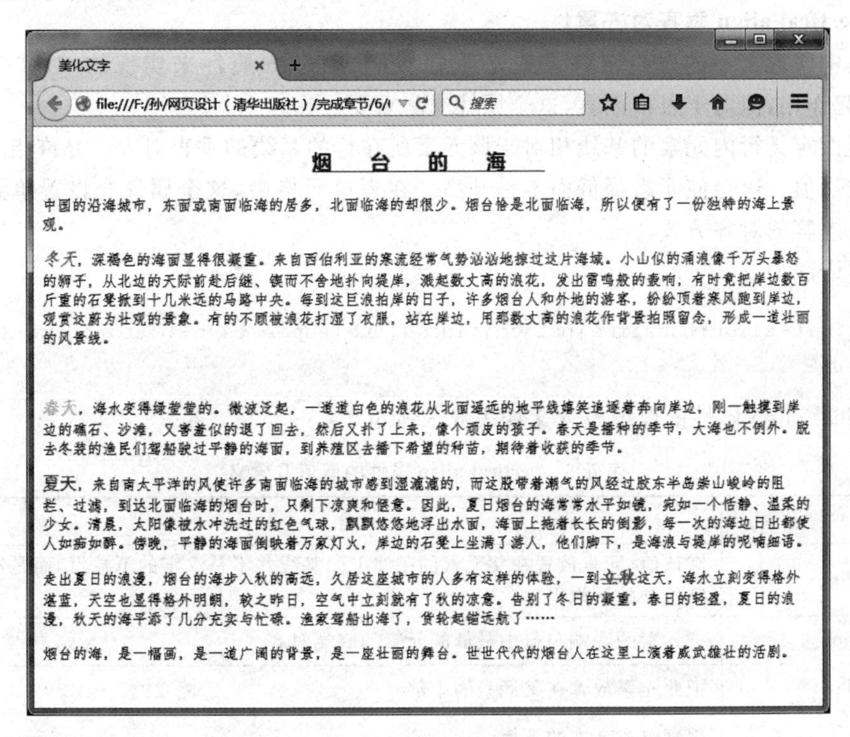

图 6.1　美化文字效果

6.1.2　排版样式属性

下面介绍段落排版的常用样式。

1. text-indent 首行缩进属性

text-indent 首行缩进属性通常被用来指定一个段落的第一行文字缩进的距离。

基本语法如下：

```
text-indent: 长度单位
```

语法说明：长度单位可以使用绝对单位或相对单位并允许使用负值，如果使用负值，那么首行会被缩进到左边。如果使用百分比，则是相对于元素的宽度 width 属性值来设置缩进的。

例如，段落中文字大小为 14 像素，则设置该段落首行缩进 2 个汉字，那么缩进值如下：

```
text-indent: 28px;
```

2. text-align 水平对齐属性

text-align 属性可以控制文字段落的水平对齐方式,和 Word 中的对齐方式基本一致,也可以控制表格、图片等对象的水平方向的对齐方式。

基本语法如下:

```
text-align: left | right | center | justify
```

语法说明:left 为默认值,表示左对齐;right 表示右对齐;center 表示居中对齐;justify 表示左右对齐。

3. vertical-align 垂直对齐属性

CSS 中段落文字的垂直对齐方式是通过 vertical-align 属性来实现的,对文字本身而言,并不起作用,但对于表格而言,这个属性非常重要。

该属性定义行内元素的基线相对于该元素所在行的基线的垂直对齐。允许指定负长度值和百分比值。这会使元素降低而不是升高。在表单元格中,这个属性会设置单元格框中的单元格内容的对齐方式。

基本语法如下:

```
vertical-align:baseline|bottom|middle|sub|super|text-bottom|text-top|top|
inherit
```

vertical-align 属性的取值及含义如表 6.3 所示。

表 6.3 vertical-align 属性的取值及含义

属 性 值	含 义
baseline	默认值,元素放置在父元素的基线上。基线并不是汉字的下端沿,而是英文小写字母 x 的下端沿
bottom	把元素的底端与行中最低的元素的底端对齐
middle	把此元素放置在父元素的中部
sub	垂直对齐文本的下标
super	垂直对齐文本的上标
text-bottom	把元素的底端与父元素字体的底端对齐
text-top	把元素的顶端与父元素字体的顶端对齐
top	把元素的顶端与行中最高元素的顶端对齐
inherit	规定应该从父元素继承 vertical-align 属性的值

4. line-height 行距属性

line-height 用来设置行与行之间的距离,确切地讲,是两行文字之间基线的距离。

基本语法如下:

```
line-height: normal|比例|长度单位|百分比
```

语法说明:normal 为默认值。比例表示倍数,指相对于元素 font-size 的几倍大小。长度单位可以是相对单位也可以是绝对单位，此处的长度值可使用负数。百分比是相对单位。

如下代码分别使用相对单位像素和百分比来设置行距。

```
<style>
    p.a{font-size: 12px;
        line-height: 10px;        /*行距小于文字的大小，将出现上下行文字重叠的现象*/
    }
    p.b{font-size: 18px;
        line-height: 200%;        /*行距为两倍的行距*/
    }
</style>
```

【例 6.3】 综合文字和排版样式属性，美化古诗文字。在例 3.9 中，运用 XHTML 标签和属性描述古诗《绝句》，下面运用 CSS 的文字样式和排版属性，对古诗文字进行美化。

源代码如下：

```
<!DOCTYPE html PUBLIC "-//W3C//DTD XHTML 1.0 Transitional//EN"
"http://www.w3.org/TR/xhtml1/DTD/xhtml1-transitional.dtd">
<html xmlns="http://www.w3.org/1999/xhtml">
<head>
<meta http-equiv="Content-Type" content="text/html; charset=utf-8" />
<title>运用 CSS 美化古诗词文字</title>
<style type="text/css">
h2{
    text-align: center;
    font-family: "楷体","宋体",sans-serif;
    color: #06C
}
h3{
    text-align: center;
    font-family: "楷体",sans-serif;
    color: #999;
}
.content{
    text-align: center;
    line-height: 200%;
    font-family: "仿宋","宋体",serif;
    font-size: 16px;
    color: #06F;
}
.trans{
    font-family: "黑体",serif;
    font-size: 14px;
    font-weight: bold;
}
.trans_con{
```

```
    font-family: "华文行楷";
    font-size: 14px;
    text-indent: 28px;
    line-height: 150%
}
</style>
</head>
<body>
<h2>绝句</h2>
<h3>【唐】杜甫</h3>
<p class="content">
两个黄鹂鸣翠柳,<br />
一行白鹭上青天。<br />
窗含西岭千秋雪,<br />
门泊东吴万里船。
</p>
<hr/>
<p class="trans">【翻译】</p>
<p class="trans_con">
两只黄鹂在新绿的柳丛中欢唱,一行白鹭飞翔在晴朗的蓝天上。从窗户可以望见西面岷山上常年不化的积雪,向门外一瞥,只见停泊着通往东吴的万里航船。
</p>
</body>
</html>
```

程序运行效果如图 6.2 所示。

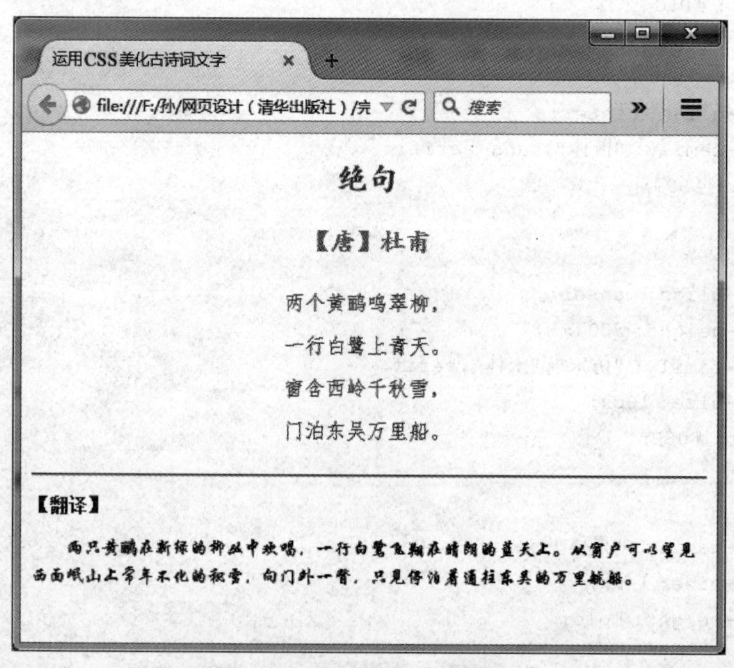

图 6.2　运用 CSS 对古诗美化的效果

6.2 控制页面背景

设置页面背景包括设置背景颜色和背景图片两个方面。下面先来了解 CSS 中颜色的设置方法。

6.2.1 设置颜色方法

CSS 提供了 4 种定义颜色的方法。

(1) 十六进制数。

(2) RGB 函数(整数)。

(3) RGB 函数(百分比)。

(4) 颜色名称。

1. 利用 RGB 设置颜色

在 XHTML 网页或者 CSS 样式的颜色定义里,颜色的设置方式都可以使用 RGB 指定颜色。设置的方法是一样的,都使用#号,加上 6 个十六进制的数字来表示,表示方法如下:

```
#RRGGBB
```

其中,R、G、B 这 3 个字母分别代表一个十六进制中的符号。如要表示蓝色的值,则表示方法为

```
#0000FF
```

2. 利用 RGB 函数——整数来设置颜色

在 CSS 中,可以利用 RGB 函数,加上 3 组范围为 0~255 的数字来设置所要的颜色。因为每组数字可表现 256 种颜色强度,所以利用 RGB 函数共可表达出 256×256×256 种颜色,表示方法如下:

```
RGB(R,G,B)
```

其中,R、G、B 代表的整数范围为 0~255。

如要表示蓝色的值,则表示方法为 RGB(0,0,255)。

3. 利用 RGB 函数——百分比来设置颜色

原理同 RGB 整数设置,只是将整数值换算成相应的百分比,如 RGB(100%,100%,0%)同 RGB(255,255,0),都表示黄色;RGB(20%,50%,80%)等同于颜色#3380CC。

4. 利用颜色名称设置颜色

在设置 CSS 颜色时,可以采用英文单词(关键字)来指定其颜色,不过可以设置的颜色种类很少。英文名称对应的颜色如表 6.4 所示。

表 6.4 英文名称对应的颜色

英文名称	颜 色	英文名称	颜 色	英文名称	颜 色	英文名称	颜 色
black	黑	red	红	puple	紫	lime	青绿
white	白	green	绿	olive	橄榄绿	maroom	茶色
gray	灰	blue	蓝	navy	深蓝	teal	墨绿
silver	银灰	yellow	黄	aqua	水蓝	fuchsia	紫红

6.2.2 设置背景效果

1. background-color 设置背景颜色

在 XHTML 中,可以使用 bgcolor 属性来设置网页的背景颜色。而在 CSS 中,不仅可以用 background-color 属性来设置<body>、<table>、<tr>、<td>等标签的背景颜色,还可以设置文字的背景颜色。

基本语法如下:

```
background-color: 关键字|RGB 值|transparent
```

语法说明:关键字指颜色的关键字,取值可以参考表 6.3。

transparent 表示透明的意思,也是浏览器的默认值,看不到任何颜色。

【例 6.4】 设置网页元素的背景颜色。

```
<style type="text/css">
body{
     background-color: #FC9;
}
.bg1{
     background-color: #999;
     color: #F00;
}
.bg2{
     background-color: #000;
     color: #FFF
}
.bg3{
     background-color: blue;
     color: #FFF;
}
</style>
```

程序运行效果如图 6.3 所示。

2. background-image 插入背景图片

除了可以设置背景的颜色以外,还可以用 background-image 来设置背景图片。

基本语法如下:

```
background-image: url | none
```

语法说明:url 表示要插入背景图片的路径,路径可以是绝对路径也可以是相对路径,none 表示不加载图片。

3. background-attachment 插入背景附件

background-attachment 背景附件属性用来设置背景图片是否随着滚动条的移动而移动。

基本语法如下:

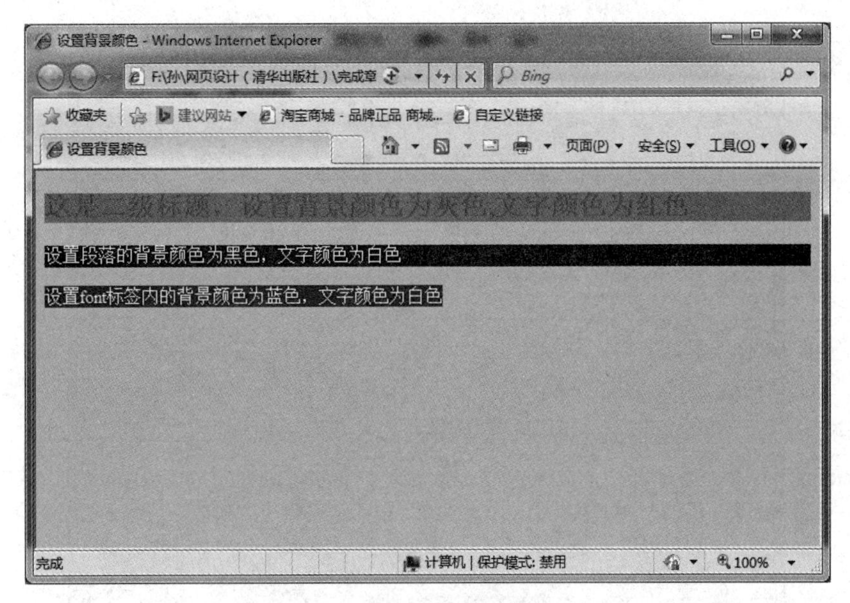

图 6.3 设置网页元素背景颜色的效果

```
background-attachment: scroll | fixed
```

语法说明：scroll 表示背景图片随着滚动条的移动而移动，是浏览器的默认值；fixed 表示背景图片固定在页面上不动，不随着滚动条的移动而移动。

4. background-repeat 设置重复背景图片

基本语法如下：

```
background-repeat: repeat|repeat-x|repeat-y|no-repeat
```

语法说明：repeat 表示背景图片在水平和垂直方向平铺，是默认值；repeat-x 表示背景图片在水平方向平铺；repeat-y 表示背景图片在垂直方向平铺；no-repeat 表示背景图片不平铺。

【例 6.5】 运用背景图片和设置重复背景图片实现背景效果。

代码如下：

```
<style type="text/css">
body{
    background-image: url(images/bg.jpg);
    background-repeat: repeat;
}
</style>
```

程序运行效果如图 6.4 所示。

5. background-position 设置背景图片位置

当在网页中插入背景图片时，每一次插入的位置都是位于网页的左上角，所以通过 background-position 属性来改变图片的插入位置。

基本语法如下：

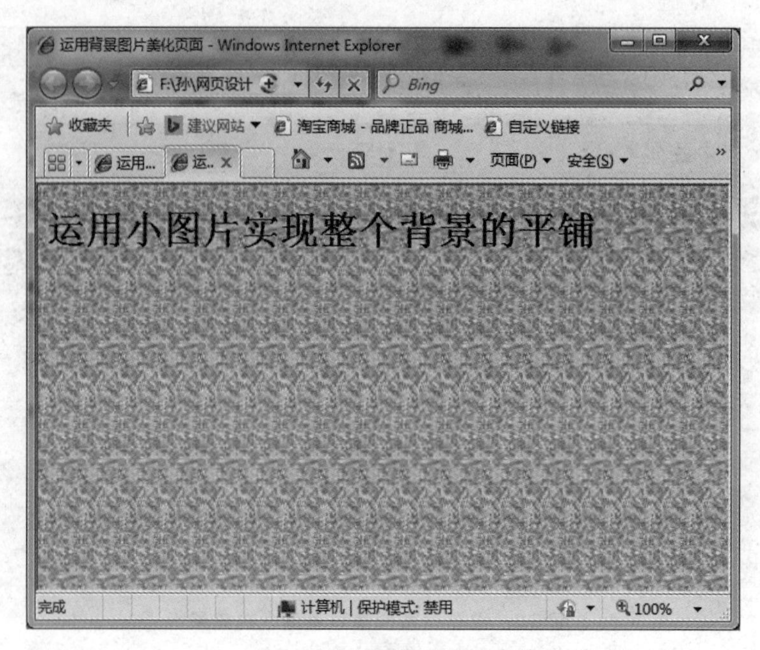

图 6.4　运用背景属性实现背景效果

```
background-position: 百分比|长度|关键字
```

语法说明：利用百分比和长度来设置图片位置时，都要指定两个值，并且这两个值都要用空格隔开。两个值中，一个代表水平位置；另一个代表垂直位置。水平位置的参考点是网页页面的左边，垂直位置的参考点是网页页面的上边。关键字在水平方向的主要有 left、center、right，关键字在垂直方向的主要有 top、center、bottom。水平方向和垂直方向相互搭配使用。

6. background 综合属性

当需要设置一系列的背景属性时，可以采用 background 的综合属性设置方法。设置时按如下顺序进行书写。

(1) background-color。

(2) background-image。

(3) background-repeat。

(4) background-attachment。

(5) background-position。

综合属性的写法如下：

```
body{background: #99FF00 url(../images/background.jpg) no-repeat fixed 40px
100px}
```

上面的代码表示，网页的背景颜色是翠绿色，背景图片是 background.jpg 图片，背景图片不重复显示，背景图片不随内容滚动而移动，背景图片距离网页最左边 40px，距离网页最上边 100px。

【例 6.6】 运用背景图片的相关属性给古诗配图。给例 6.2 中的古诗《绝句》配上情境图片，来增强页面效果。

设置页面背景代码如下：

```
<style>
body{
      background-color: #FCF;
      background-image: url(images/spring.jpg);
      background-position: right bottom;
      background-attachment: fixed;
      background-repeat: no-repeat;
}
</style>
```

程序运行效果如图 6.5 所示。

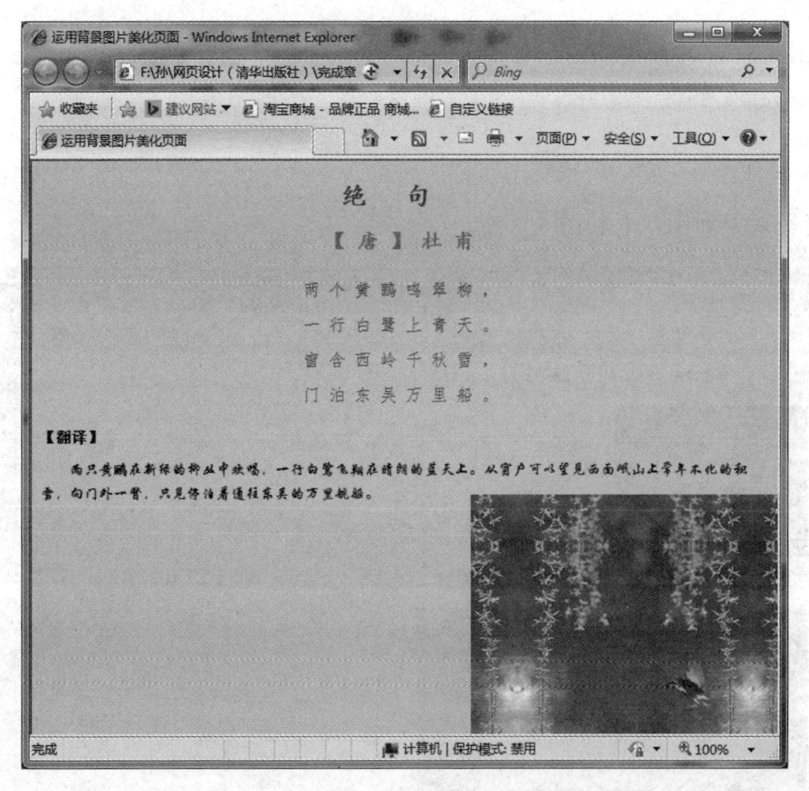

图 6.5　运用背景图片属性给古诗配图

6.3　设置图片效果

在前面介绍的 XHTML 中，图片标签<img>具有属性宽度 width、高度 height、对齐 align、边框 border 等，通过这些属性实现对图片的控制。在 CSS 中，除了可以更加精确地调整图片的各种属性之外，还可以实现很多特殊的效果。本节主要介绍如何通过 CSS 设置图片的效果。

6.3.1　图片样式

1. 图片大小

CSS控制图片的大小与XHTML一致,也是通过width和height属性来实现的。但除了通过指定值来确定图片的宽度和高度外,还可以进行图片的缩放,即通过设定一个"相对值%"来实现图片的任意缩放。

【例6.7】 设置图片大小。

```
<style type="text/css">
.w1{
      width: 200px;
      height: 150px;
}
.w2{
      width: 50%;
      height: 50%;
}
</style>
```

程序运行效果如图6.6和图6.7所示。

图6.6　窗口变大

2. 图片边框

在HTML中,可以通过<img>标签的border属性为图片添加边框,从而控制边框的粗细,当border=0时,则显示为没有边框。在CSS中,可以通过border属性为图片添加各式各样的边框,如border-style定义边框的样式,border-color定义边框的颜色。对于边框

图 6.7　窗口变小

的详细说明，在后面章节详细介绍。下面通过案例说明图片边框的设置方法。

【例 6.8】 设置图片的边框。

代码如下：

```
<title>设置图片边框</title>
<style type="text/css">
.pic1{
      border-style: solid;
      border-color: #9C0;
      border-width: 3px;
}
.pic2{
      border-style: dotted;
      border-color: #03C;
      border-width: 5px;
}
</style>
</head>
<body>
<img src="images/pic1.jpg" class="pic1" />
<img src="images/pic2.jpg" class="pic2" />
</body>
```

程序运行效果如图 6.8 所示。

图 6.8　设置图片边框的效果

6.3.2　图片的对齐

当图片与文字同时出现在页面上时，图片的对齐方式就显得尤为重要。本节从图片横向和纵向两个方向出发，介绍图片的对齐方式。

1. 横向对齐方式 text-align

图片水平对齐的方式与文字水平对齐方式基本相同，其语法和属性值与前面讲到的 text-align 完全相同。不同的是，图片的水平对齐通常不能直接通过设置图片的 text-align 属性，而是通过设置其父元素的该属性来实现的。

2. 纵向对齐方式 vertical-align

在前面的文字排版样式中讲到 vertical-align，图片的垂直对齐和文字也是一致的。不过图片垂直方向上的对齐方式主要体现在与文字搭配的情况下，或者在表格的单元格中。尤其当图片的高度与文字本身不一致时，在 CSS 中通过 vertical-algin 属性实现各种对齐效果。

【例 6.9】 图片的横向和纵向对齐方式演示案例。

```
<table width="100%" >
<tr><td style="text-align: left"><img src="images/pic3.jpg" /></td>
<td style="vertical-align: top"><img src="images/spirng2.jpg" width="100"
height="70" /></td></tr>
<tr><td style="text-align: center"><img src="images/pic3.jpg" /></td>
<td style="vertical-align: middle"><img src="images/spirng2.jpg" width="100"
height="70" /></td></tr>
<tr><td style="text-align: right"><img src="images/pic3.jpg" /></td>
<td style="vertical-align: bottom"><img src="images/spirng2.jpg" width="100"
height="70" /></td></tr>
```

```
</table>
```

程序运行效果如图 6.9 所示。

图 6.9　图片对齐方式案例效果

6.3.3　图文混排

在网页中经常看到各种图文混排的效果，本节将图片的设置和文字排版相结合，实现图文混排。在 CSS 中，要实现图文混排，离不开浮动属性 float。float 设置对象靠左或者靠右，具体用法将在后面章节详细介绍。

【例 6.10】　图文混排演示案例。

```
<title>图文混排</title>
<style type="text/css">
body{
      background-color: #39C;
      color: #FFF;
}
p{text-indent: 28px;
font-size: 14px;
```

```
font-family: "微软雅黑",sans-serif;
}
.tit{
      text-align: center;
      font-size: 20px;
      font-weight: bold;
      letter-spacing: 2em;
}
img{
      float: left;
      margin-right: 20px;              /*设置图片与右边文字之间的距离*/
      margin-bottom: 10px;             /*设置图片与下边文字之间的距离*/
}
span{
      float: left;
      font-size: 48px;
      font-family: "黑体";
      margin-right: 5px;
}
</style>
```

程序运行效果如图 6.10 所示。

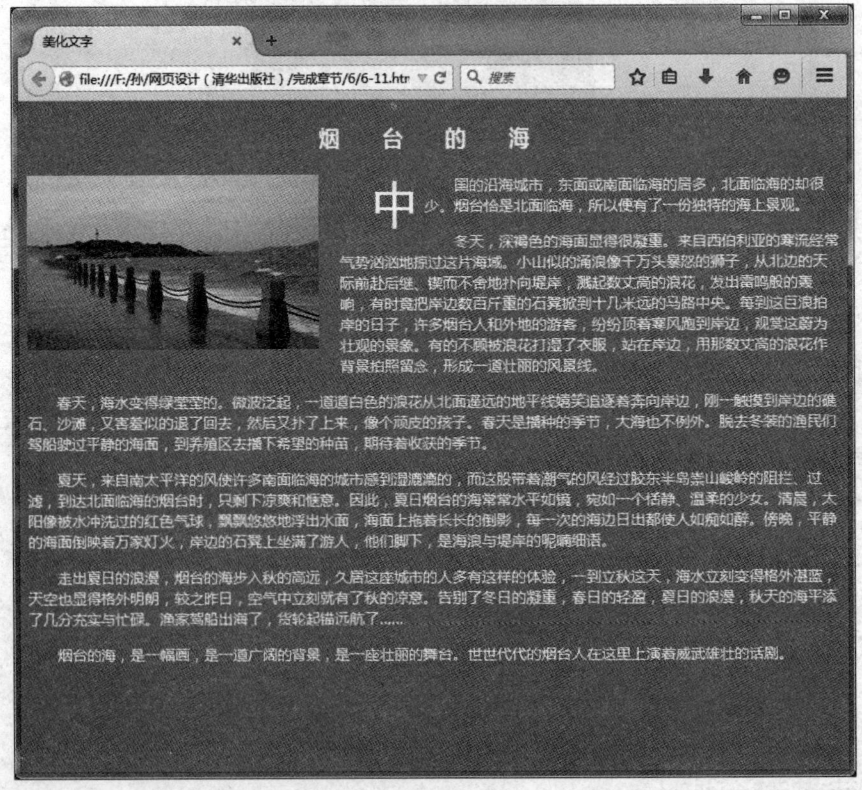

图 6.10　图文混排的效果

6.4 美化超链接

在 HTML 中,可以使用<a>标签来建立网页的超链接,也可以通过设置标签<a>的样式来改变超链接,但没有丰富的动态效果。在 CSS 中,可以对超链接设置各种效果,包括超链接的各种状态、伪类和按钮特效等。

6.4.1 动态超链接

在默认的浏览器浏览方式下,超链接设为蓝色并且有下画线,被单击过的超链接变成紫色并且有下画线。显然这种单调的超链接样式无法满足广大用户的需求。本节将介绍通过 CSS 样式设置超链接的各种属性,包括字体、颜色、背景,而且通过伪类实现不同状态下的各种效果。

动态超链接在 CSS 中是通过设置它的几个伪类来实现的。伪类是一种特殊的类,它由 CSS 自动支持,属于 CSS 的一种扩展型类。表 6.5 列出 CSS 关于超链接的几个伪类。

表 6.5　CSS 的内置标准伪类及其用途

伪　类	用　途	伪　类	用　途
:link	超链接未被访问时的样式	:active	单击超链接时的样式
:hover	鼠标指针经过超链接时的样式	:visited	超链接被访问过的样式

【例 6.11】 通过定义超链接伪类状态实现动态超链接。

```
<!DOCTYPE html PUBLIC "-//W3C//DTD XHTML 1.0 Transitional//EN"
"http://www.w3.org/TR/xhtml1/DTD/xhtml1-transitional.dtd">
<html xmlns="http://www.w3.org/1999/xhtml">
    <head>
        <meta http-equiv="Content-Type" content="text/html; charset=utf-8" />
        <title>动态超链接</title>
        <style>
        <!--
        body{
            background-color: #69F;
        }
        table.links{
            font-size: 14px;
            font-weight: bold;
            height: 32px;
        }
        a{
            width: 80px; height: 32px;
            padding: 10px;
            text-decoration: none;
```

```
        text-align: center;
        }
    a: link, a visited{color: #2d2d26;}
    a: hover{
        color: #FFFFFF;
        text-decoration: none;
    }
    -->
    </style>
</head>
<body>
    <table cellpadding="0" cellspacing="0" class="links" align="center">
        <tr><td><a href="#">首 页</a><a href="#">个人简介</a><a href="#">
学习笔记</a><a href="#">校园生活</a><a href="#">生活琐碎</a><a href="#">给我留
言</a></td></tr>
    </table>
</body>
</html>
```

程序运行效果如图 6.11 所示。

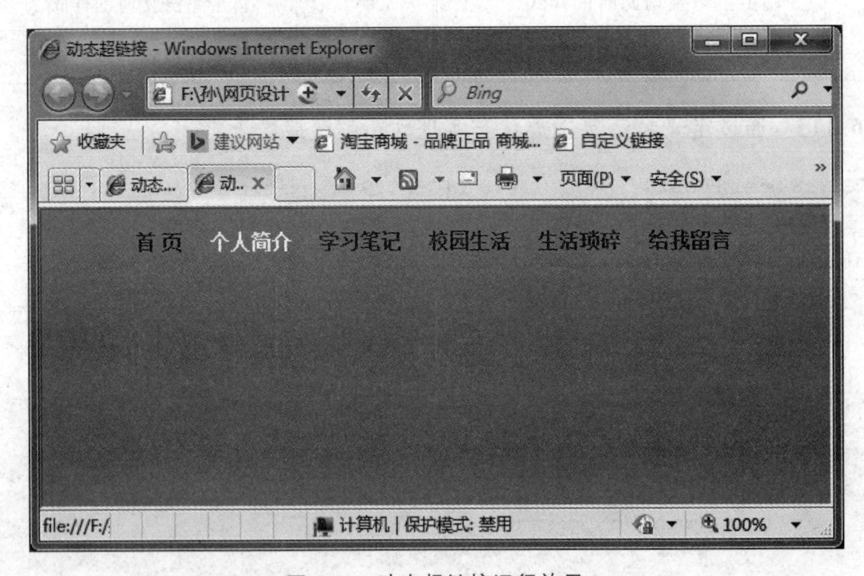

图 6.11 动态超链接运行效果

6.4.2 图片超链接

现在很多网页上的超链接绚丽多彩，这些效果大都采用了各种图片。本节将运用图片作为超链接，同时运用 CSS 设置不同状态下图片的变换，实现漂亮的导航栏。

【例 6.12】 将例 6.11 中的动态超链接改成图片超链接。

```
<!DOCTYPE html PUBLIC "-//W3C//DTD XHTML 1.0 Transitional//EN"
```

```
"http://www.w3.org/TR/xhtml1/DTD/xhtml1-transitional.dtd">
<html xmlns="http://www.w3.org/1999/xhtml">
    <head>
        <meta http-equiv="Content-Type" content="text/html; charset=utf-8" />
        <title>图片超链接</title>
        <style>
        <!--
        body{
            padding: 0px;
            margin: 0px;
            background-color: #69F;
        }
        table.links{
            background: url(images/button1_bg.jpg) repeat-x;
            font-size: 14px;
            height: 32px;
        }
        a{
            width: 80px; height: 32px;
            padding: 10px;
            text-decoration: none;
            text-align: center;
            background: url(images/button1.jpg) no-repeat;    /*超链接背景图片*/
        }
        a: link, a visited{color: #2d2d26;}
        a: hover{
            color: #FFFFFF;
            text-decoration: none;
            background: url(images/button2.jpg) no-repeat;    /*变换背景图片*/
        }
        -->
        </style>
    </head>
    <body>
        <table cellpadding="0" cellspacing="0" class="links" align="center">
            <tr><td><a href="#">首 页</a><a href="#">个人简介</a><a href="#">
学习笔记</a><a href="#">校园生活</a><a href="#">生活琐碎</a><a href="#">给我
留言</a></td></tr>
        </table>
    </body>
</html>
```

程序运行效果如图 6.12 所示。

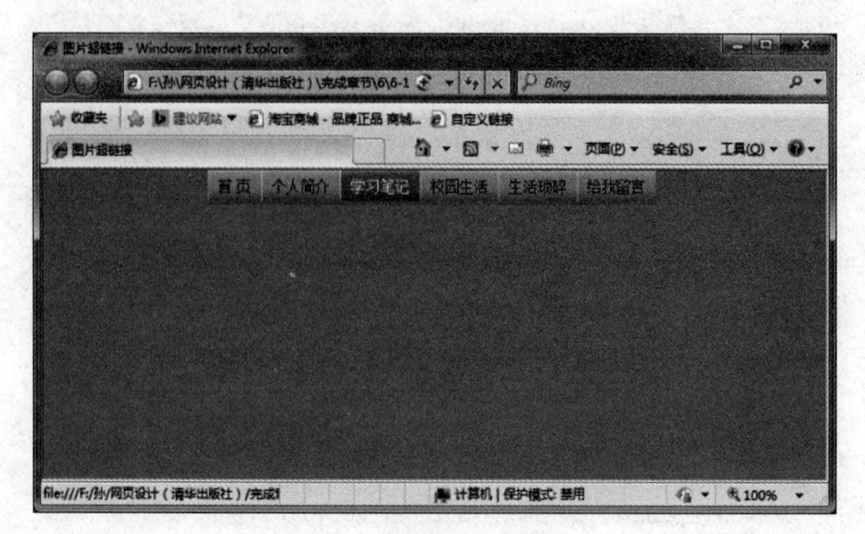

图 6.12　动态图片超链接

6.5　美化表格

在 XHTML 中介绍了表格标签和相关属性，运用表格制作课程表和布局页面。本节将介绍 CSS 控制表格的方法，包括表格的颜色、标题、边框和背景等。下面先来了解表格边框的设置方法。

6.5.1　边框的样式

在 XHTML 中，表格的边框通过<table>标签的 border 属性设置边框的粗细。在 CSS 中，运用 border 及其相应的属性进行边框的设置。值得注意的是，该属性不仅用于表格，而是适用于基本所有的网页元素，包括标题标签、段落、超链接、图片、列表等。下面分别介绍边框的样式属性。

1. border-style 边框样式属性

在 CSS 中，利用边框样式属性不仅可以设置单位边框样式属性，还可以对单位边框进行设置，而且也可以利用复合边框样式属性来统一设置 4 个边框的样式。

基本语法如下：

```
border-style: 样式值
border-top-style: 样式值
border-bottom-style: 样式值
border-left-style: 样式值
border-right-style: 样式值
```

语法说明：border-style 是一个复合属性，复合属性的值有 4 种设置方法，其他 4 个都是单个边框的样式属性，只能取一个值。设置一个值：4 个边框宽度均使用一个值。设置两个值：上边框和下边框宽度调用第一个值，左边框和右边框宽度调用第二个值。设置 3 个值：上边框宽度调用第一个值，右边框与左边框宽度调用第二个值，下边框调用第三个值。设置 4 个值：4 个边框宽度的调用顺序为上、右、下、左。

border-style 样式取值及其对应的含义如表 6.6 所示。

表 6.6　border-style 样式取值及其对应的含义

样式取值	说　明	样式取值	说　明
dotted	点线	ridge	凸型线
dashed	虚线，也可称为短线	inset	嵌入式
solid	实线	outset	嵌出式
double	双直线	none	不显示边框，为默认值
groove	凹型线		

2. border-width 边框宽度属性

border-width 是控制元素边框宽度的一个综合属性，和 border-style 一样也有 4 种单独的设置方法，分别来定义 4 个边框的宽度，设置方法和边框样式一样。

基本语法如下：

```
border-width: 样式值
```

语法说明：样式值有 thin、medium、thick，分别表示细、中等、粗。

3. border-color 边框颜色属性

border-color 用来控制边框的显示颜色，它和边框宽度、边框样式的设置方法一样，也可以分别来设置每个边框的颜色。

基本语法如下：

```
border-color: 颜色关键字|RGB 值
border-top-color: 颜色关键字|RGB 值
border-bottom-color: 颜色关键字|RGB 值
border-left-color: 颜色关键字|RGB 值
border-right-color: 颜色关键字|RGB 值
```

4. border 综合属性

在 CSS 中，border 属性用来同时设置边框的样式、宽度和颜色，也可以另外对每个边界属性单独设置。

基本语法如下：

```
border: 边框宽度|边框样式|边框颜色
border-top: 上边框宽度|上边框样式|上边框颜色
border-bottom: 下边框宽度|下边框样式|下边框颜色
border-left: 左边框宽度|左边框样式|左边框颜色
border-right: 右边框宽度|右边框样式|右边框颜色
```

语法说明：每一个属性都是一个复合属性，都可以同时设置边框的宽度、样式和颜色，每个属性的值中间用空格隔开，在这 5 个属性中，只有 border 可以同时设置 4 个边框的属性，其他的只能设置单边框的属性。

border-collapse 属性是设置表格的边框是否被合并为一个单一的边框，还是设置成像在标准的 HTML 中那样分开显示。

border-collapse 属性值及其对应的含义如表 6.7 所示。

表 6.7 border-collapse 属性值及其对应的含义

属性值	含义
separate	默认值，边框会被分开。不会忽略 border-spacing 和 empty-cells 属性
collapse	如果相邻边框合并为一个单一的边框，会忽略 border-spacing 和 empty-cells 属性
inherit	规定应该从父元素继承 border-collapse 属性的值

下面通过案例演示边框样式的用法。

【例 6.13】 将例 3.21 的课程表进行边框的设置。

```
<title>表格边框的运用</title>
<style type="text/css">
table{
     width: 80%;
     text-align: center;              /*设置表格的内容居中*/
     border-style: solid;
     border-color: blue;              /*设置表格的边框线颜色为蓝色*/
     border-width: 2px;
}
table tr td{
    border: 2px #666666 double;       /*设置普通单元格的边框线颜色为灰色*/
}
table tr th{
    border: 2px #FF0000 double;       /*设置标题单元格的边框线颜色为红色*/
}
</style>
```

程序运行效果如图 6.13 所示。

6.5.2 外边距和内边距

在 XHTML 中介绍过，设置单元格和单元格之间的距离，运用属性 cellspacing；设置单元边沿与内容间的空白距离运用 cellpadding。在 CSS 中，将运用外边距 margin 和内边距 padding 来实现相应的设置。值得注意的是，margin 和 padding 属性不仅用于表格和单元格，而且适用于页面中的所有元素。

1. margin 外边距属性

外边距即 margin 属性，主要是控制元素边界与文件其他内容的空白距离。在边界的 4 个方向上有 4 个属性，按照顺时针方向分别是上（margin-top）、右（margin-right）、下（margin-bottom）、左（margin-left）。4 个边界的设置语法一样。

基本语法如下：

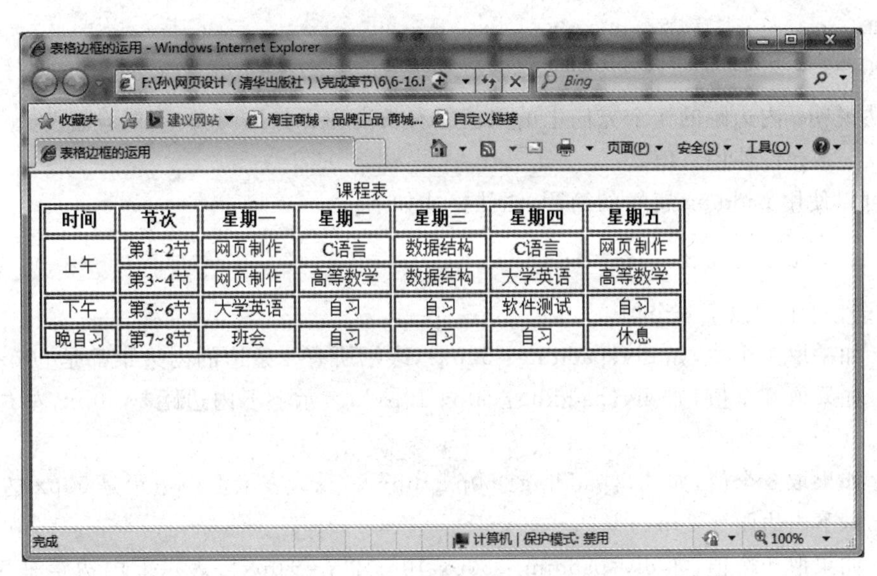

时间	节次	星期一	星期二	星期三	星期四	星期五
上午	第1~2节	网页制作	C语言	数据结构	C语言	网页制作
	第3~4节	网页制作	高等数学	数据结构	大学英语	高等数学
下午	第5~6节	大学英语	自习	自习	软件测试	自习
晚自习	第7~8节	班会	自习	自习	自习	休息

图 6.13　课程表边框的设置

```
margin-(top,right,bottom,left):长度|百分比|auto
```

或者

```
margin:长度|百分比|auto
```

margin 的取值可使用以下 4 个值。

(1) 如果取 1 个值,如 div{margin: 50px},表示所有的外边距都是 50px。

(2) 如果取 2 个值,如 div{margin: 50px 10px},表示上下外边距是 50px,左右外边距是 10px。

(3) 如果取 3 个值,如 div{margin: 50px 10px 20px},表示上外边距是 50px,而左右外边距是 10px,下外边距是 20px。

(4) 如果取 4 个值,如 div{margin: 50px 10px 20px 30px},上外边距是 50px,右外边距是 10px,下外边距是 20px,左外边距是 30px。

注意:值和值之间用空格隔开。任何版本的 Internet Explorer(包括 IE 8)都不支持属性值 inherit。

如果设置"margin: 0 auto;"表示上下外边距为 0,左右方向居中。这也是设置对象居中的常用方法。如在例 6.14 中要将表格在页面中央显示,增加语句 table{margin: 0 auto;}。

2. padding 内边距属性

内边距是指边框和内部元素之间的空白距离。在内边距的 4 个方向上有 4 个属性,按照顺时针方向分别是上(padding-top)、右(padding-right)、下(padding-bottom)、左(padding-left)。4 个内边距属性的设置语法一样。

基本语法如下:

```
padding-top:长度|百分比
padding-bottom:长度|百分比
```

```
padding-left: 长度|百分比
padding-right: 长度|百分比
```

语法说明：内边距的4个方向上的取值只有长度和百分比两类，不能设置为auto，默认值为0px。不允许使用负值。

也可以使用padding属性的简写，语法格式如下：

```
padding: 长度|百分比|auto
```

该属性可采用以下4个值。

(1) 如果取1个值，如div{padding: 50px}，表示所有4条边的内边距都是50px。

(2) 如果取2个值，如div{padding: 50px 10px}，表示上下内边距是50px，左右内边距是10px。

(3) 如果取3个值，如div{padding: 50px 10px 20px}，表示上内边距是50px，左右内边距是10px，下内边距是20px。

(4) 如果取4个值，如div{padding: 50px 10px 20px 30px}，表示上内边距是50px，右内边距是10px，下内边距是20px，左内边距是30px。

注意：值和值之间用空格隔开。任何版本的Internet Explorer(包括IE 8)都不支持属性值inherit。

【例6.14】 运用外边距和内边距设置课程表的间距。

```
<title>外边距和内边距在表格中的运用</title>
<style type="text/css">
table{
     width: 80%;
     margin: 0px auto;              /*设置表格在网页中居中*/
     text-align: center;            /*设置表格的内容居中*/
     border-style: solid;
     border-color: blue;
     border-width: 2px;
}
table tr td{
    border: 2px #666666 double;
    padding: 5px;                   /*设置单元格的边线与内容之间的距离为5像素*/
    margin: 3px;                    /*设置两个单元格之间的距离为3像素*/
}
table tr th{
    border: 2px #FF0000 double;
    padding: 5px;                   /*设置标题单元格的边线与内容之间的距离为5像素*/
    margin: 3px;                    /*设置两个标题单元格之间的距离为3像素*/
}
.schedule{
    font-size: 18px;
    letter-spacing: 2em;
    font-family: "黑体";
```

```
    margin-bottom: 10px;          /* 设置表格标题和表格内容之间的距离为 10 像素 */
}
</style>
```

程序运行效果如图 6.14 所示。

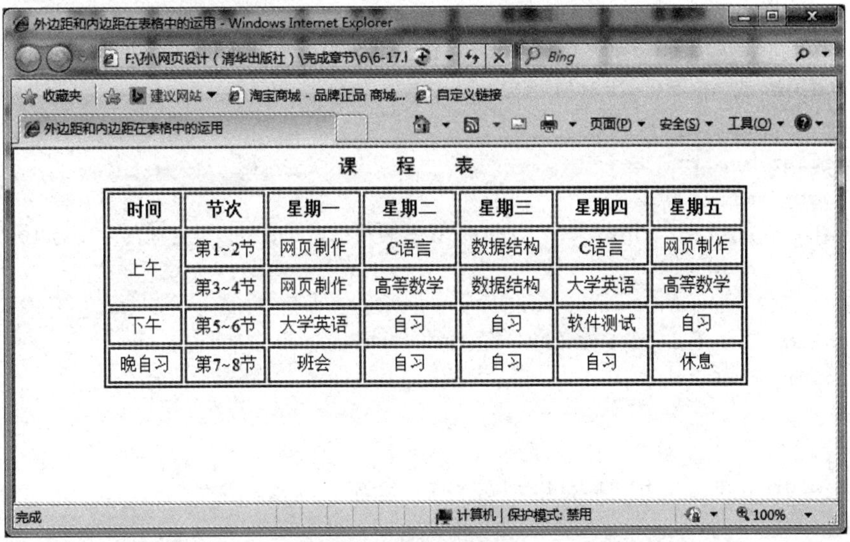

图 6.14　运用外边距和内边距设置课程表的间距

6.5.3　表格的颜色

表格的颜色设置非常简单，表格中的文字与文字颜色设置完全一致，通过 color 属性即可；表格中的背景颜色与前面讲到的控制背景效果一致，通过 background 设置背景颜色或背景图片；而表格边框的颜色通过 6.5.1 节讲到的 border-color 来实现。

【例 6.15】　综合运用边框、内外边距和颜色来美化课程表。

```
<title>课程表的美化</title>
<style type="text/css">
table{
    width: 80%;
    margin: 0px auto;              /* 设置表格在网页中居中 */
    text-align: center;            /* 设置表格的内容居中 */
    border-style: solid;
    border-color: #84C1FF;         /* 设置表格外边框的颜色 */
    border-width: 2px;
    border-collapse: collapse;     /* 设置表格内所有边框线重叠,即只显示一条线 */
}
table tr td{
    border: 1px #8EC7FF solid;
    padding: 5px;                  /* 设置单元格的边线与内容之间的距离为 5 像素 */
    margin: 0px;                   /* 设置两个单元格之间的距离为 0 像素 */
```

```
}
table tr th{
    border: 1px #8EC7FF solid;
    padding: 5px;                    /*设置标题单元格的边线与内容之间的距离为5像素*/
    margin: 0px;                     /*设置两个标题单元格之间的距离为0像素*/

}
.schedule{
    font-size: 18px;
    letter-spacing: 2em;
    font-family: "黑体";
    margin-bottom: 10px;             /*设置表格标题和表格内容之间的距离为10像素*/
}
.tit{
    background-color: #46A3FF;
    color: #FFF;
}
.a{
    background-color: #D7EBFF;    /*隔行变色*/
}
.b{
    background-color: #84C1FF;    /*隔行变色*/
}
</style>
```

程序运行效果如图6.15所示。

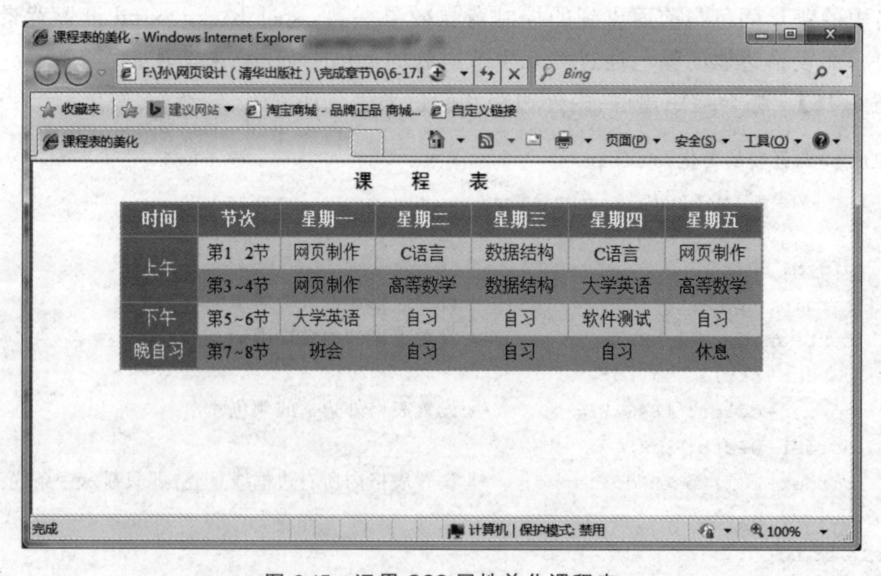

图6.15 运用CSS属性美化课程表

6.6 美化列表

在前面的 XHTML 中讲到项目列表的结构及其属性，包括无序列表<ul>、有序列表<ol>、列表项<li>等，其属性主要有 type，用于设置列表项的符号。在 CSS 中，项目列表被赋予了很多新的属性，甚至超越了它最初设计时的功能。本节围绕项目列表的基本 CSS 属性进行介绍，包括项目列表的符号、缩进、位置和边框等。

6.6.1 项目列表的相关属性

首先介绍 CSS 样式中对列表的设置属性。

1. list-style-type 属性

基本语法如下：

```
list-style-type: 属性值;
```

该属性设置列表项标记的类型，默认值为 disc。所有的浏览器都支持该属性。

语法说明：设置项目列表的符号对<ul>和<ol>都有效。例如，ul {list-style-type: square}，其作用是设置项目符号为正方形。

list-style-type 属性值及其对应的含义如表 6.8 所示。

表 6.8 list-style-type 属性值及其对应的含义

属性值	含义	属性值	含义
disc	实心圆	lower-alpha	字母 a,b,c,d,e,…
circle	空心圆	upper-roman	罗马数字Ⅰ,Ⅱ,Ⅲ,Ⅳ,Ⅴ,…
square	正方形	lower-roman	罗马数字 i,ii,iii,iv,v,…
decimal	数字 1,2,3,4,5,…	none	不显示任何符号
upper-alpha	字母 A,B,C,D,E,…		

2. list-style-image 属性

基本语法如下：

```
list-style-image: url(路径/图片名称);
```

语法说明：将项目符号显示为指定的图片。例如，ul li {list-style-image: url(xxx.gif)}，其作用是设置列表项的符号为某个 gif 小图片。

3. list-style-position 属性

基本语法如下：

```
list-style-position: 属性值;
```

语法说明：该属性用于声明列表标志相对于列表项内容的位置。属性值为 outside，则标志会放在离列表项边框边界一定距离处，不过这距离在 CSS 中未定义。属性值为 inside，则将列表标志放置在列表项的选框内，和列表项的内容紧挨着显示。

list-style-position 属性值及其对应的含义如表 6.9 所示。

表 6.9 list-style-position 属性值及其对应的含义

属性值	含　义
inside	列表项目标记放置在文本以内,且环绕文本根据标记对齐
outside	默认值,保持标记位于文本的左侧。列表项目标记放置在文本以外,且环绕文本不根据标记对齐
inherit	规定应该从父元素继承 list-style-position 属性的值

4. list-style 综合属性

基本语法如下:

```
list-style: list-style-type 属性值 list-style-image 属性值 list-style-position
属性值;
```

语法说明: list-style 的值可以按任何顺序列出,而且这些值都可以忽略。只要提供了一个值,其他的就会填入其默认值,如 li {list-style : url(example. gif) square inside}。

【例 6.16】 列表属性的运用。

```
<!DOCTYPE html PUBLIC "-//W3C//DTD XHTML 1.0 Transitional//EN"
"http://www.w3.org/TR/xhtml1/DTD/xhtml1-transitional.dtd">
<html xmlns="http://www.w3.org/1999/xhtml">
<head>
  <meta http-equiv="Content-Type" content="text/html; charset=utf-8" />
    <title>列表属性的运用</title>
    <style type="text/css">
      ul.inside
      {
          list-style-position: inside;
          list-style-type: circle;
      }
      ul.outside
      {
          list-style-position: outside;
          list-style-image: url(images/bullet.gif);
      }
      </style>
  </head>
  <body>
      <p>设置列表的项目符号为空心圆, list-style-position 的值是 "inside":</p>
      <ul class="inside">
          <li>Earl Grey Tea——一种黑颜色的茶</li>
          <li>Jasmine Tea——一种神奇的"全功能"茶</li>
          <li>Honeybush Tea——一种令人愉快的果味茶</li>
      </ul>
  <p>设置列表符号显示为图片,list-style-position 的值是 "outside":</p>
```

```
    <ul class="outside">
      <li>Earl Grey Tea——一种黑颜色的茶</li>
      <li>Jasmine Tea——一种神奇的"全功能"茶</li>
      <li>Honeybush Tea——一种令人愉快的果味茶</li>
    </ul>
  </body>
</html>
```

程序运行效果如图 6.16 所示。

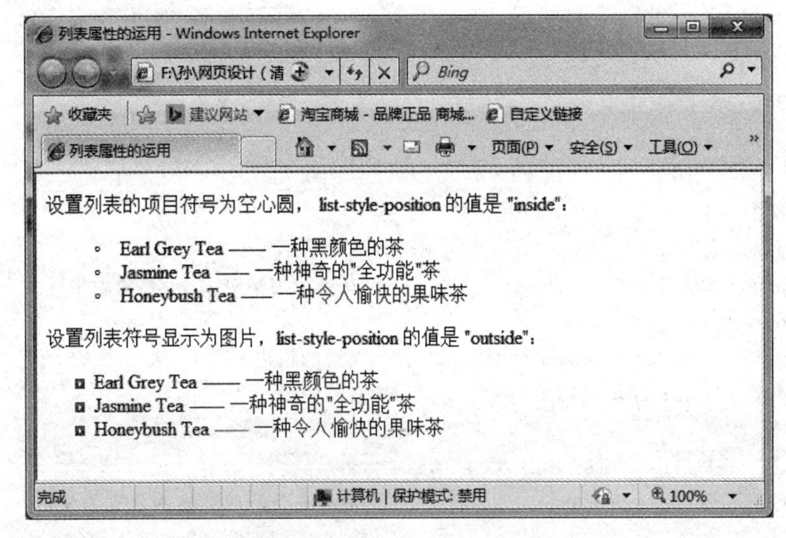

图 6.16 列表属性运用效果

6.6.2 列表和其他元素的综合运用

除了运用列表的相关 CSS 属性，对列表进行美化之外，还会将列表和超链接、边框、背景属性等结合使用，实现网站内容的组织，以及一些导航栏的制作。

在列表项的超链接设置中，常会用到 display：block 这样的代码。它表示将超链接文本设置成块元素，当鼠标进入该块时，该区域的所有元素会被激活，包括该区域所设置的背景色、文本等。display 的更多属性值将在后面章节详细介绍。下面运用列表和超链接，结合边框、内外边距和背景属性完成动感导航栏。

【例 6.17】 列表的综合运用。

源代码如下：

```
<!DOCTYPE html PUBLIC "-//W3C//DTD XHTML 1.0 Transitional//EN"
"http://www.w3.org/TR/xhtml1/DTD/xhtml1-transitional.dtd">
<html xmlns="http://www.w3.org/1999/xhtml">
<head>
  <meta http-equiv="Content-Type" content="text/html; charset=utf-8" />
  <title>列表的综合运用</title>
<style>
<!--
```

```
#menubar {
            width: 150px;
            font-family: "宋体";
            font-size: 14px;
}
#menubar ul {
    list-style-type: none;              /* 不显示项目符号 */
    margin: 0px;
    padding: 0px;
}
#menubar li {
    border-bottom: 1px solid #66F;     /* 添加下画线 */
    line-height: 26px;
}
#menubar li a{
    display: block;                     /* 区块显示 */
    padding: 5px 5px 5px 0.5em;         /* 左边距为绝对大小,其余为相对大小 */
    text-decoration: none;
    border-left: 12px solid #66C;      /* 左边的粗边 */
    border-right: 1px solid #66F;      /* 右侧阴影 */
}
#menubar li a: link, #menubar li a: visited{
    background-color: #996;             /* 链接和访问后链接的背景色 */
    color: #FFF;                        /* 链接和访问后链接的字体颜色 */
}
#menubar li a: hover{                   /* 鼠标经过时 */
    background-color: #66C;             /* 改变背景色 */
    color: #ffff00;                     /* 改变文字颜色 */
}
-->
</style>
</head>
<body>
<div id="menubar">
  <ul>
    <li><a href="#">首页</a></li>
    <li><a href="#">个人简介</a></li>
    <li><a href="#">学习笔记</a></li>
    <li><a href="#">校园生活</a></li>
    <li><a href="#">生活琐碎</a></li>
    <li><a href="#">给我留言</a></li>
  </ul>
</div>
</body>
</html>
```

程序运行效果如图 6.17 所示。

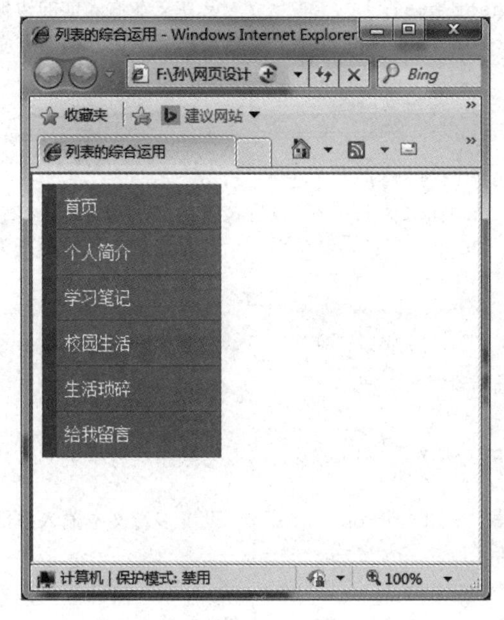

图 6.17 运用列表制作动感菜单

6.7 美化表单

在 XHTML 中，用<form></form>标记来定义表单，根据需要在其中添加标签、文本框、单选按钮、复选框、下拉列表框和命令按钮等，来完成所需要收集数据的功能，没有对表单提供属性进行修饰。引入 CSS 后，可以利用 CSS 的文字、背景、颜色、边框等属性对表单进行相应美化，也可以将表单和表格相结合，运用美化表格的方法来美化表单。

下面运用 CSS 的文字、背景、边框和超链接等属性，对前面章节的用户注册表单进行美化。

【例 6.18】 运用 CSS 美化表单。

```
<title>运用 CSS 美化表单</title>
<style type="text/css">
form{
      background-color: #6C9;
      font-family: "仿宋",sans-serif;}
.title{
      font-family: "黑体",sans-serif;
      font-size: 18px;
      font-weight: bold;
      text-align: center;
      letter-spacing: 1em;
}
input{
      color: #36C;                          /* 设置 input 类型框内输入对象的颜色 */
}
```

```
input.txt{
     border: 1px inset #666;          /* 设置文本输入框的边框样式 */
     background-color: transparent;  /* 设置文本输入框的背景色为透明 */
}
input.btn{
     color: #FFF;
     background-color: #69F;
     padding: 1px 2px 1px 2px;   /* 设置按钮内文字与边框上、右、下、左 4 个方向的间距 */
     margin-right: 20px;              /* 设置按钮之间的距离为 20 像素 */
}
select option{
     background-color: #69F;          /* 设置下拉列表框的背景色为蓝色 */
}
img{
     border: 1px outset #F93;}        /* 设置图片的边框颜色和样式 */
textarea{
     background-color: transparent;  /* 设置多行文本输入框的背景色为透明 */
}
</style>
```

程序运行效果如图 6.18 所示。

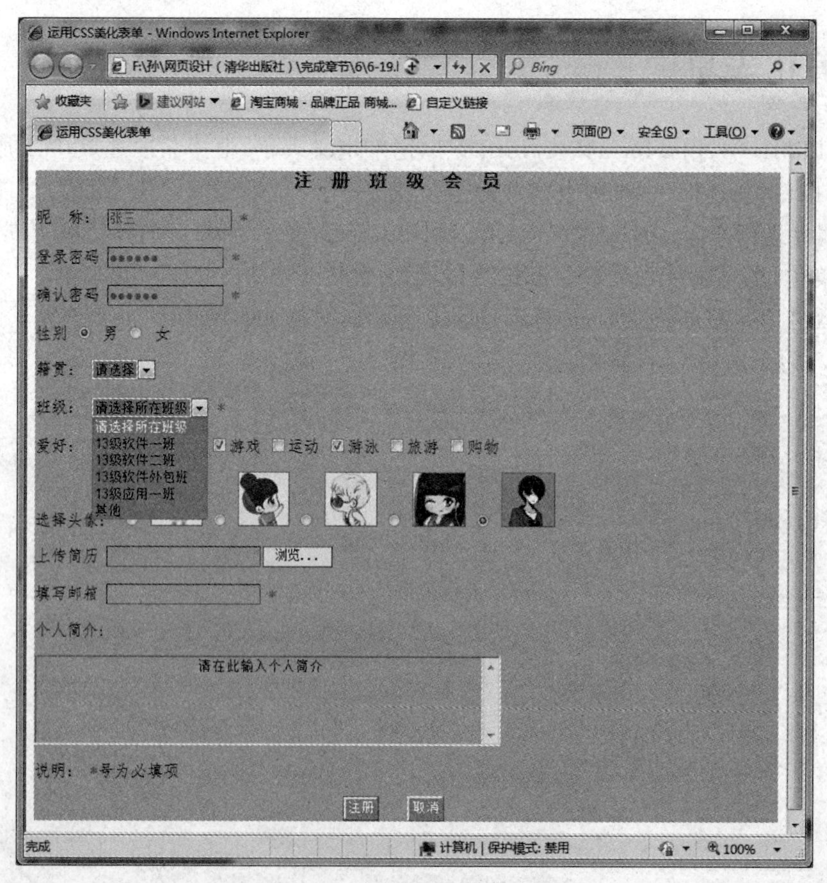

图 6.18　运用 CSS 美化表单

6.8 本章小结

本章首先介绍了文字、文字排版、背景、图片、超链接方面的 CSS 样式，运用相关 CSS 样式，可以实现 HTML 标签属性无法实现的效果；然后介绍边框、内边距和外边距相关样式，将这些样式应用到表格中，可以实现表格的美化；最后介绍列表相关的属性，运用列表和其他网页元素可以实现更多网页效果。

通过本章的学习，大家应该能够感受到 CSS 样式对页面元素的美化功能。

6.9 习题

6.9.1 填空题

1. ________属性通常被用来指定一个段落的第一行文字缩进的距离。
2. 利用________属性同时设置多个文字属性时，属性与属性之间必须利用空格隔开。
3. ________属性可以设置字符与字符间的距离。
4. ________用来设置行与行之间的距离，更确切地讲，是两行文字之间基线的距离。
5. ________属性可以控制文字段落的水平对齐方式，和 Word 中的对齐方式基本一致；也可以控制表格、图片等对象的水平方向的对齐方式。
6. 在 CSS 中，不仅可以用________属性来设置网页背景颜色的变化，还可以设置文字的背景颜色。
7. ________属性是控制元素边界与文件其他内容的空白距离的属性。
8. 在 CSS 语言中，________是左边框的语法。
9. 在 CSS 语言中，________是列表样式图像的语法。
10. ________可以给所有的<h1>标签添加背景颜色。
11. ________ CSS 属性可以更改样式表的字体颜色。
12. ________ CSS 属性可以更改字体大小。
13. ________能够定义所有<P>标签内文字加粗。
14. ________可以去掉文本超链接的下画线。
15. ________可以设置英文首字母大写。
16. ________ CSS 属性能够更改文本字体。

6.9.2 简答题

1. CSS 有哪些页面背景方面的属性？
2. CSS 有哪些设置边框样式的属性？
3. CSS 有哪些设置列表样式的属性？

6.9.3 练习题

使用 XHTML 与 CSS 设计百度主页的效果。

第 7 章　CSS 布局基础

本章学习目标

(1) 熟悉 div 和 span 两个标签的用途。

(2) 理解盒子模型。

(3) 熟练掌握元素的定位和浮动。

在网页设计中,精确控制各个模块在网页中的位置是非常关键的。在前面 XHTML 的学习中,通过表格实现网页元素的定位。引入 CSS 后,可以运用 CSS 的相关属性实现网页的布局和元素的定位。本章主要介绍 CSS 关于网页布局用到的相关标签和属性。

7.1　认识<div>和<span>

在 CSS 排版布局中,<div>和<span>是两个常用的标签,利用这两个标签,加上 CSS 对样式的控制,可以方便地实现各种效果。

7.1.1　<div>标签

<div>标签在 HTML 3.0 时代就已经出现,但那时并不常用,直到 CSS 的出现,才逐渐发挥它的优势。Division 即划分,是层叠样式表中的定位技术,有时可称为图层。<div>标签可把文档分割为独立的不同部分,是一个块级元素,浏览器会在<div>标签前后放置一个换行符。简单而言,<div>是一个区块容器标签,里边可以包含标题、段落、多媒体、表格、表单等各种 HTML 元素,还可以对 div 进行嵌套。

<div>标签和其他标签一样,具有一些属性,如 id、class、align、style 等,不过为了实现内容与表现的分离,不建议将 align、style 样式直接写在<div>标签里,只允许书写 id 和 class 属性。

XHTML 中的每个对象都拥有自己默认的显示模式。在 XHTML 中,显示模式分两种:block 块状对象和 inline 行间对象。div 就是一个块状对象,显示模式为 display: block。块状对象指的是当前对象显示为一个方块,默认显示状态下,它将占据整行,其他的对象只能在下一行显示。如果在布局中,两个 div 是前后关系,在页面中的效果就是上下关系。与 div 相同的显示模式的还有段落标签 p、水平线标签 hr、标题标签 hn 等,这些对象默认的都会占据整行的空间。

<div>标签更多的用途是布局。以前,布局使用表格对象 table,在页面中绘制一张具有多个单元格的表格,在相应的表格中放入内容,通过表格单元格的位置实现控制,达到布局排版的目的。现在的布局方式称为 DIV+CSS 布局,div 是这个布局方式的核心对象。在布局过程中,通过 CSS 实现对 div 的控制,达到布局的目的。

下面通过案例说明 div 标签的特征。

【例 7.1】 <div>标签的用法。

源代码如下：

```
<title>div 标签的用法</title>
<style type="text/css">
.a{border: 2px #000000 solid;                    /*第二个容器的样式*/
background-color: #CCC;
font-family: "楷体";
font-size: 16px;
color: #C60;
width: 400px;
height: 100px;}
.b{ width: 600px;                                /*第三个容器的样式*/
   border: 1px #FF00FF dotted;
   font-family: "黑体";
   font-size: 24px;}
.b h3{text-align: center;}
.b hr{height: 3px;
   color: #630;}
</style>
</head>
<body>
<div>第一个 div 容器,默认的显示方式为 display:block,将会占据整行,没有任何样式</div
>
<div class="a">第二个 div 容器,通过 CSS 增加样式,设定边框、背景和区块的大小</div>
<div class="b">第三个 div 容器,在容器内有包含的 XHTML 元素,通过控制 div 的样式,达到控
制包含元素的样式
       <h3>div 的特征</h3>
         <hr />
       <p>标题、水平线和段落也是块状对象</p>
       <font color="#0033CC">font 标签不是块状的,是行间对象,允许其他对象和它在同一行
显示</font><font color="#FF0000">,红色文字为另一个 font 对象</font>
</div>
```

程序运行效果如图 7.1 所示。

7.1.2 <span>标签

<span>标签是在 HTML 4.0 时代被引入的，它是专门针对样式表而设计的标签。<span>和<div>标签一样，作为容器被广泛地应用在 HTML 中，它里面可以容纳各种 HTML 元素，从而形成独立的对象。但是在显示方面与 div 不同，span 对象属于 XHTML 中的另一种对象类型，即行间对象 inline，其显示模式为 display：inline。行间对象与块状对象相反，默认情况下，它允许下一个对象与之共享一行进行显示。在排版方面，也因为 span 的显示特性，而常被用于区域内小元素的样式设定。在 XHTML 中，还有像<stong>标签、<font>标签等显示模式为 display：inline。下面通过案例演示<span>标签的特性以及与其他标签的区别。

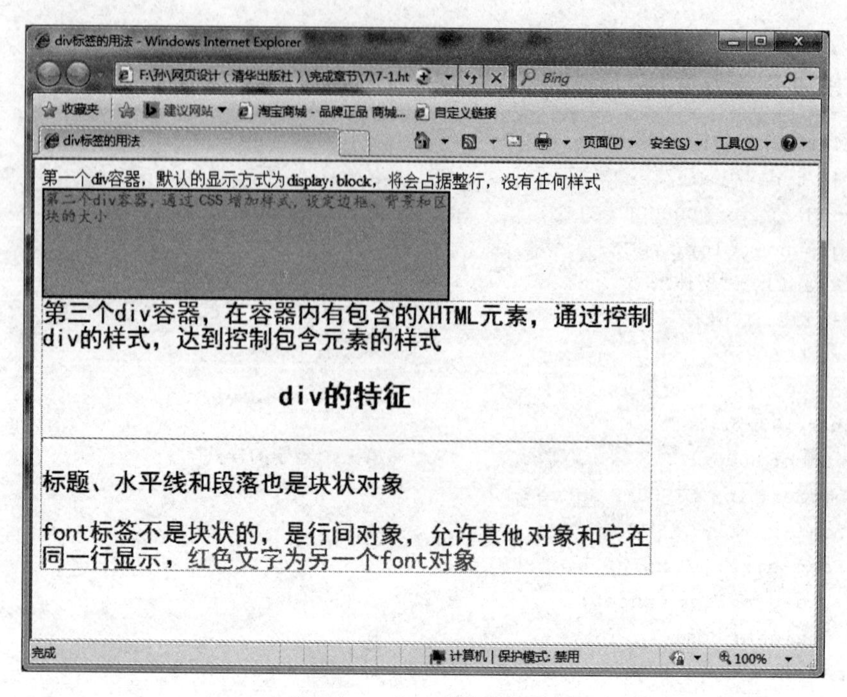

图 7.1 <div> 标签的用法

【例 7.2】 <span>标签的特性。

```
<!DOCTYPE html PUBLIC "-//W3C//DTD XHTML 1.0 Transitional//EN"
"http://www.w3.org/TR/xhtml1/DTD/xhtml1-transitional.dtd">
<html xmlns="http://www.w3.org/1999/xhtml">
<head>
<meta http-equiv="Content-Type" content="text/html; charset=utf-8" />
<title>span 标签的用法</title>
<style type="text/css">
.m{
    color: red;
    font-size: 16px;
    font-family: "黑体";
    border: 1px #3399CC solid}
#a{
    width: 80%;
    height: 300px;
    margin: 20px auto;
    background-color: #999;
}
.n{
    color: #F0F;
    font-size: 20px;
    font-family: "楷体";
}
```

```
</style>
</head>
<body>
<span>第一个 span 容器,默认的显示方式为 display:inline,会和后面的对象在同一行显示,没
有任何样式</span>
<span class="m">第二个 span 容器,它将和第一个 span 标签内容在同一行显示,设定文字颜色
为红色,增加边框,</span>
<div id="a">
  <p>一个 div 容器,在容器内有包含 span 标签、strong 标签和 font 标签</p>
    <span class="n">div 容器内的 span,运用 CSS 进行文字样式的定义</span>
    <strong> strong 的特征,它和 span 对象的显示方式相同,为 dispaly: inline,但是
strong 对象能够对文本加粗显示</strong>
    <font color="#0033CC">font 标签也是行间对象,允许其他对象和它在同一行显示</font>
</div></body></html>
```

程序运行效果如图 7.2 所示。

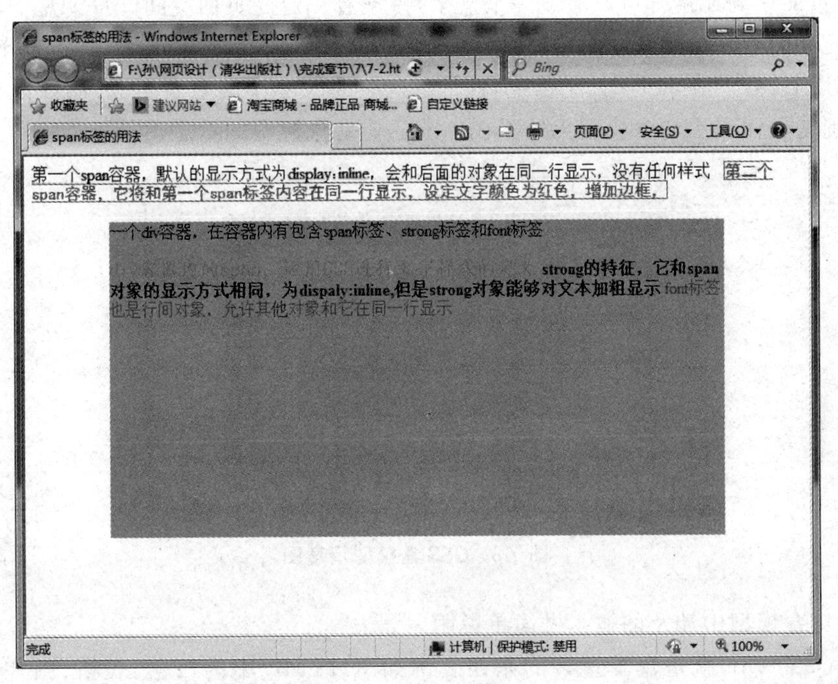

图 7.2 <span> 标签的用法

7.1.3 div 和 span 对象的区别

div 和 span 对象在网页设计中各有自己的用途。div 肩负着页面大块布局及版式的所有工作,网页制作者会大量使用 div 来进行组合或者嵌套,实现网页的版式布局。span 在页面中用得相对少得多,它主要用于网页中的一些细节,如文字、句子、导航上的小图标等。

<div>与<span>标签在网页上都可以用来产生区域范围,以定义不同的文字段落,且区域间彼此是独立的。不过,两者在使用上还是有一些差异。

（1）区域内是否换行。<div>标签区域内的对象与区域外的上下文会自动换行，而<span>标签区域内的对象与区域外的对象不会自动换行。

（2）标签相互包含。<div>与<span>标签可以同时在网页上使用，一般在使用上建议用<div>标签包含<span>标签；<span>标签最好不包含<div>标签，否则会造成<span>标签的区域不完整，而出现断行的现象。

7.2 盒模型

盒模型是CSS控制页面时一个很重要的概念，只有很好地掌握盒模型以及其中每个元素的用法，才能真正地控制页面中各元素的位置。本节主要介绍盒模型的基本概念及浏览器在盒模型解释中的差异。

7.2.1 盒模型概述

所有页面中的元素都可以看成一个盒子，占据着一定的页面空间。每个盒子都有边界、边框、填充和内容4个属性。每个属性都包括上、右、下、左4个部分，这4个部分可同时设置，也可分别设置。在HTML文档中，就是由这些大大小小的盒子组成，所以说在Web世界里(特别是页面布局)，盒模型无处不在。图7.3是盒模型的示意图。

图7.3 CSS盒模型示意图

下面对盒模型中涉及的概念做简单说明。

内容(Content)就是盒子里装的东西。例如XHTML中的段落、表格、图片等网页元素，也可以是div对象。

填充(Padding)即内边距，是内容和边框之间的距离。好比怕盒子里装的东西(贵重的)损坏而添加的泡沫或者其他抗震的辅料。填充只有宽度属性。

边框(Border)就是盒子本身。

边界(Margin)即外边距，是盒子与盒子之间的距离。就像盒子摆放时不能全部堆在一起，要留一定空隙保持通风，同时也为了方便取出。

在CSS中，width和height指的是内容区域(content)的宽度和高度。边界、边框、填充都是可选的，默认值是零。增加填充、边框和边界不会影响内容区域的尺寸，但是会增加元素框的总尺寸。

假设框的每个边上有 10 个像素的边界和 5 个像素的填充。如果希望这个元素框达到 100 个像素，就需要将内容的宽度设置为 70 像素，以下是 CSS 代码。

```
#box {
    width: 70px;
    margin: 10px;
    padding: 5px;
}
```

图 7.4 是对上面 CSS 代码的解释。

7.2.2 盒模型与浏览器

盒模型是 CSS 的核心，现代 Web 布局设计简单来说就是一堆盒子的排列与嵌套。对于浏览器而言，各浏览器盒模型的组成结构是一致的，但是宽度和高度的计算方式却存在差别。

浏览器对盒模型有两种不同的诠释：一种来自 W3C，另一种来自 IE。下面分别介绍这两种模型。

1. 标准 W3C 盒模型

首先介绍 W3C 盒模型，盒模型如图 7.5 所示。这里所说的标准，是应该被所有标准的现代浏览器及 IE 6 和它的后续版本所遵循的。

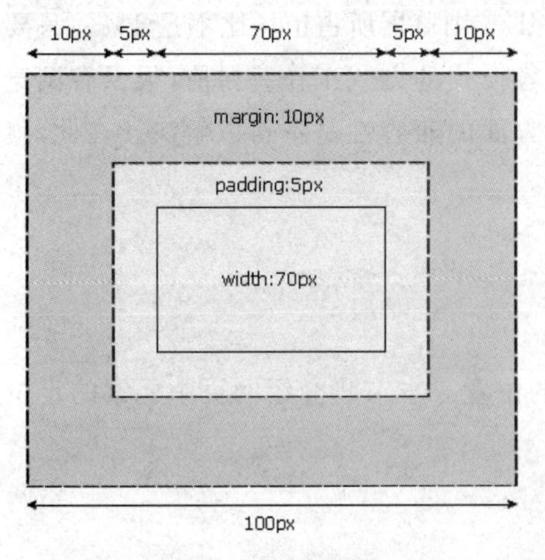

图 7.4 代码解释图

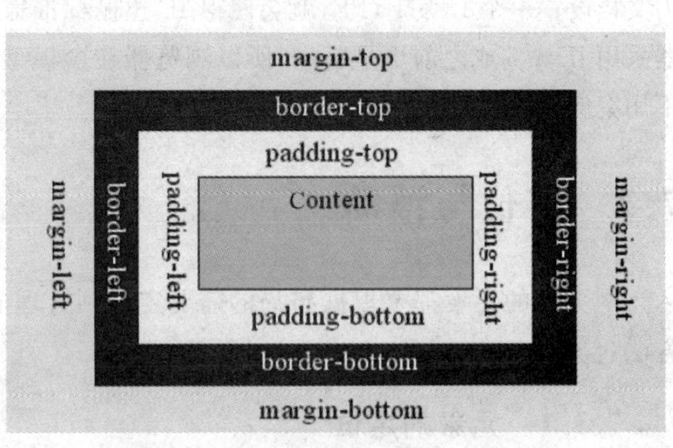

图 7.5 标准盒模型示意图

在 W3C 盒模型中，一个块级元素的总宽度按照如下的方程式计算：

总宽度＝margin-left＋border-left＋padding-left＋width＋padding-right
＋border-right＋margin-right

对于高度也使用同样的计算方法。

2. IE 盒模型

IE 盒模型与标准 W3C 盒模型有所不同，如图 7.6 所示。IE 盒模型的范围也包括 margin、border、padding、content，和标准 W3C 盒模型不同的是，IE 盒模型的 content 部分包含了 border 和 padding。

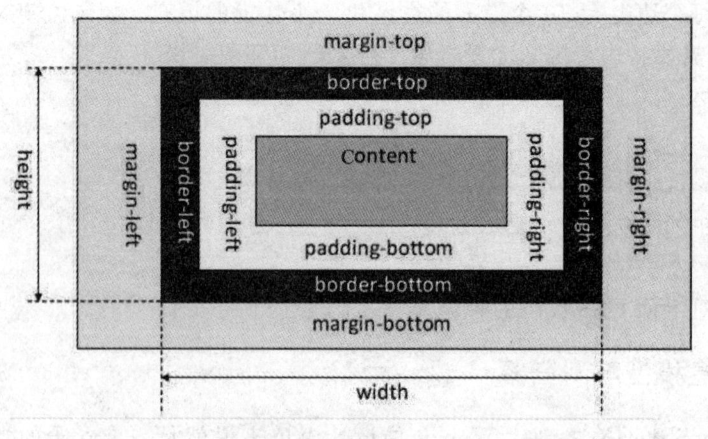

图 7.6　IE 盒模型示意图

IE 盒模型的计算方式和 W3C 盒模型的计算方式很相似，但有一点是不同的，填充和边框并不被包含在计算范围内。

总宽度＝margin-left＋width＋margin-right

这就意味着一旦元素拥有横向的填充和(或)边框，实际的内容区域(Content area)就要扩大来创造出它们占据的空间。

IE 5.5 及更早的版本使用的是 IE 盒模型。IE 6 及更新的版本在标准兼容模式(standards compliant mode)下使用的是 W3C 的盒模型标准，目前 IE 6 浏览器所占市场比不足 1%。只要为文档设置一个 DOCTYPE，就会使得 IE 遵循标准兼容模式的方式工作。目前，很少有浏览器采用 IE 5.5 或之前更早版本，所以浏览器在盒模型方面的兼容性基本得以解决。在此，就不用案例加以说明了。

7.3　定位与浮动

网页中的元素都要根据布局的需要定位到合理的位置。本节将介绍网页中元素的定位方法，包括 position、float、和 z-index 等。

7.3.1　元素的定位

定位的基本思想很简单，它允许用户定义元素框相对于其正常位置应该出现的位置，或者相对于父元素、另一个元素甚至浏览器窗口本身的位置。CSS 有 3 种基本的定位机制：普通流、浮动和绝对定位。

默认情况下，所有框都在普通流中定位。也就是说，普通流中的元素的位置由元素在 XHTML 中的位置决定。

普通流也称为文档流，它是浏览器解析网页的一个重要概念，对于一个 XHTML 网页来说，<body>标记下的任意元素，根据其前后顺序，组成了一个个上下关系，这就是文档流。浏览器根据这些元素的顺序显示它们在网页中的位置。总之，文档流就是浏览器的默认显示规则。

CSS 中的元素定位属性及其含义如表 7.1 所示。

表 7.1　CSS 中的元素定位属性及其含义

属　性	描　述
position	把元素放置到一个静态的、相对的、绝对的或固定的位置中
top	定义了定位元素的上外边距边界与其包含块上边界之间的偏移
right	定义了定位元素右外边距边界与其包含块右边界之间的偏移
bottom	定义了定位元素下外边距边界与其包含块下边界之间的偏移
left	定义了定位元素左外边距边界与其包含块左边界之间的偏移
overflow	设置当元素的内容溢出其区域时发生的事情
clip	设置元素的形状。元素被剪入这个形状之中，然后显示出来
vertical-align	设置元素的垂直对齐方式
z-index	设置元素的堆叠顺序

其中 position 属性有 4 种取值，即 position：relative|absolute|static|fixed。下面分别解释这 4 种取值。

(1) static。默认值没有定位，元素出现在正常的流中(忽略 top，bottom，right，left 或 z-inder 声明)表示元素框正常生成。块级元素生成一个矩形框，作为文档流的一部分，行内元素则会创建一个或多个行框，置于其父元素中。对于页面中的每个对象而言，默认的 position 属性都是 static。

(2) relative。生成相对定位的元素，相对于其正常位置进行定位。表示元素框偏移某个距离。元素仍保持其未定位前的形状，它原本所占的空间仍保留。

(3) absolute。生成绝对定位的元素，相对于 static 定位以外的第一个父元素进行定位。元素的位置通过"left"，"top"，"right"以及"bottom"属性进行规定，表示元素框从文档流完全删除，并相对于其包含块定位。包含块可能是文档中的另一个元素或者是初始包含块。元素原先在正常文档流中所占的空间会关闭，就好像元素原来不存在一样。元素定位后生成一个块级框，而不论原来它在正常流中生成何种类型的框。

(4) fixed。生成绝对定位的元素，相对于浏览器窗口进行定位。元素的位置通过"left"，"top"，"right"及"bottom"属性进行。元素框的表现类似于将 position 设置为 absolute，不过块不随浏览器的滚动条向上或向下移动。

根据 position 的 4 种取值的不同作用，将定位分为相对定位和绝对定位两种。下面分别介绍这两种定位方式。

1. 相对定位

相对定位是一个非常容易掌握的概念。如果对一个元素进行相对定位，可以通过设置垂直或水平位置让这个元素相对于它的"起点"进行移动。起点即元素的父元素。文档中所有元素的默认父元素 body。

下面演示元素的相对定位。

对框 2 进行了相对定位，设定框 2 相对于起点位置向右偏移 30 像素，向下偏移 20 像

素,即偏移后距离左边为 30 像素,距离顶部 20 像素,书写代码如下:

```
框 2 {
    position: relative;
    left: 30px;
    top: 20px;
}
```

偏移后的效果如图 7.7 所示。

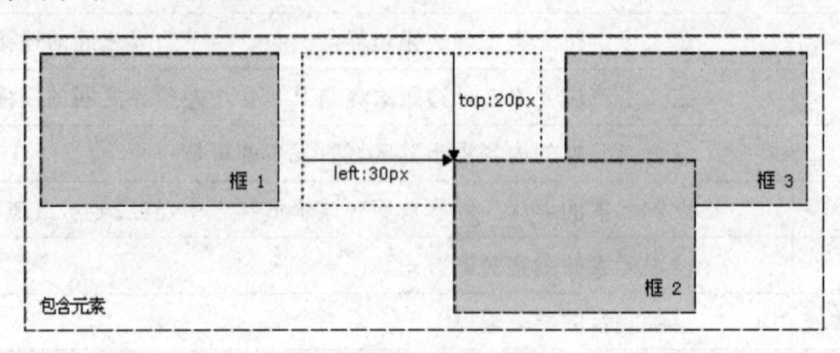

图 7.7　相对定位原理图

注意:在使用相对定位时,无论是否进行移动,元素仍然占据原来的空间。所以,移动元素会导致它覆盖其他框。

【例 7.3】　对元素进行相对定位。

对 a、b、c、d 个 div 进行定位,a 元素是以浏览器默认方式显示的 div,即定位方式为 static;b 元素进行了相对定位,即 position: relative,并且产生了位置的偏移,将相对于文档流中的默认位置向右偏移 50 像素,向下偏移 20 像素;c 元素同样进行了相对定位,但没有设定偏移,仍然按照文档流中默认位置显示;d 元素被包含在 c 元素中,那么 c 元素将成为 d 元素的父元素,对 d 元素进行了相对定位,并且设定了偏移,那么 d 元素将参照 c 元素进行位置的偏移。

源代码如下:

```
<!DOCTYPE html PUBLIC "-//W3C//DTD XHTML 1.0 Transitional//EN"
"http://www.w3.org/TR/xhtml1/DTD/xhtml1-transitional.dtd">
<html xmlns="http://www.w3.org/1999/xhtml">
    <head>
        <meta http-equiv="Content-Type" content="text/html; charset=utf-8" />
        <title>相对定位</title>
        <style>
            #a{
                position: static;           /*浏览器默认的定位方式*/
                left: 0px;                  /*在文档流中的默认位置*/
                top: 0px;                   /*在文档流中的默认位置*/
                height: 200px;
                width: 300px;
                border: 3px solid #000;
                background-color: #69C;
```

```
        }
        #b{
            position: relative;         /* 相对定位 relative */
            left: 50px;                 /* 以默认的位置为起点,向右偏移 50 像素 */
            top: 20px;                  /* 以默认的位置为起点,向下偏移 20 像素 */
            height: 200px;
            width: 300px;
            border: 3px solid #00F;
            background-color: #F96;
        }
        #c{
            position: relative;         /* 相对定位 relative,但不进行偏移 */
            width: 300px;
            height: 200px;
            border: 1px #FF0000 solid;
        }
        #c .d{
            position: relative;
            left: 100px;
            top: 50px;
            width: 150px;
            height: 150px;
            border: 1px #0000FF solid;
            background-color: #669;
        }
    </style>
</head>
<body>
    <div id="a">浏览器默认状态下的定位 static</div>
    <div id="b">进行相对定位 relative,以默认位置为起点,向右偏移 50 像素,向下偏移
    20 像素</div>
    <div id="c">
      <div class="d">d 在容器 c 中,d 将参照 c 进行相对定位,向右偏移 100 像素,向下偏
      移 50 像素</div>
    </div>
</body>
</html>
```

程序运行效果如图 7.8 所示。

由图可以看出,b 元素和 d 元素进行位置偏移的起点是不同的,即由于它们的父元素不同造成的;b 元素产生偏移以后,覆盖了 c 元素,也说明了 b 元素虽然进行了位置的偏移,但实际所占据的空间仍然是原来的位置。

2. 绝对定位

设置为绝对定位的元素框从文档流完全删除,并相对于其父元素进行定位,父元素可能是文档中的某个元素或者是 body。元素原先在正常文档流中所占的空间会关闭,就好像该

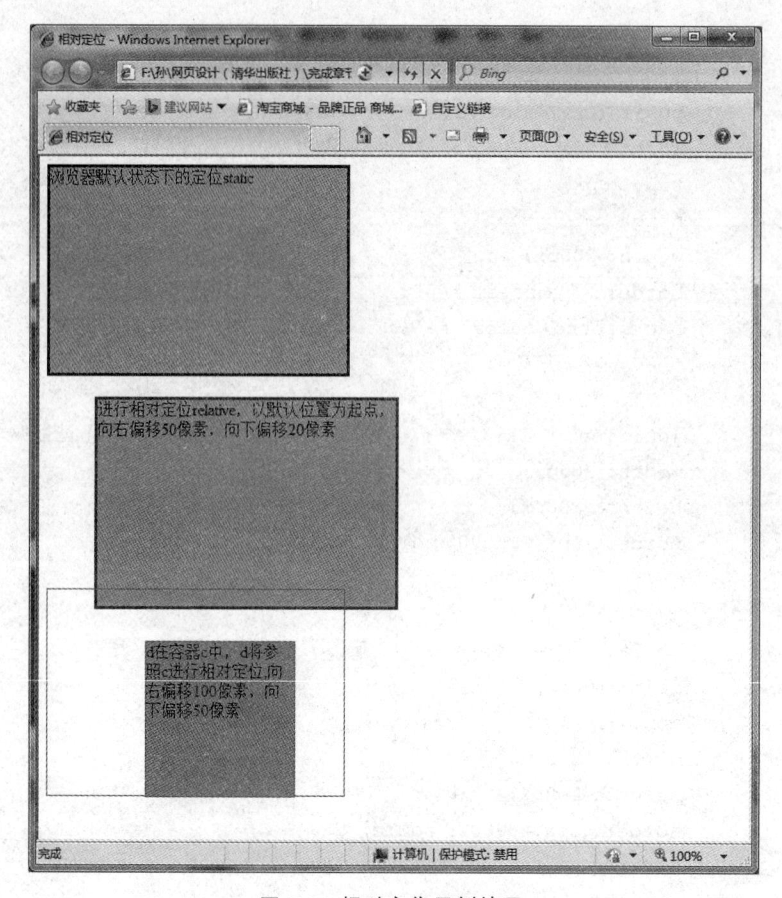

图 7.8　相对定位示例效果

元素原来不存在一样。绝对定位使元素的位置与文档流无关，所以不占据空间。这就好比是一个工厂里的职位，如果有一个工人辞职了，自然会有别的工人来填充这个位置。而移动出去的部分自然也就成为了自由体。

绝对定位可以通过 top、right、bottom、left 来设置元素，使之处在任何一个位置。在父层 position 属性为默认值时，4 个方向上的坐标原点以＜body＞的坐标原点为起始。下面演示元素的绝对定位。

对框 2 进行了绝对定位，定位的位置相对于其父元素的起点位置向右偏移 30 像素，向下偏移 20 像素，即偏移后距离左边为 30 像素，距离顶部 20 像素，书写代码如下：

```
框 2 {
    position: absolute;
    left: 30px;
    top: 20px;
}
```

绝对定位的效果如图 7.9 所示。

注意：绝对定位使元素的位置与文档流无关，所以不占据空间。这一点与相对定位不同，相对定位实际上被看作普通流定位模型的一部分，因为元素的位置是相对于它在普通流中的位置。

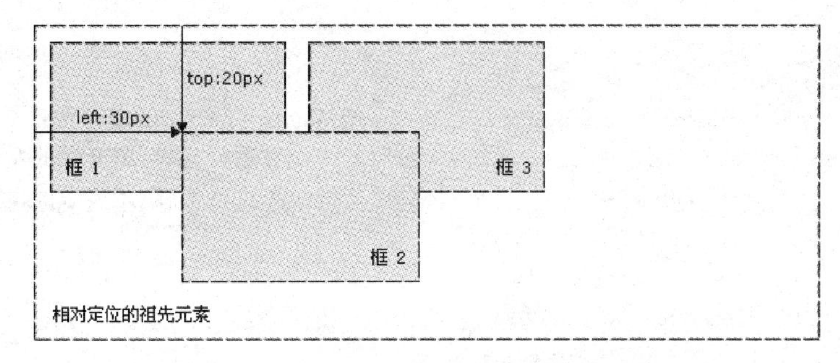

图 7.9　绝对定位的原理图

【例 7.4】　绝对定位。

对例 7.3 中的 4 个元素进行定位的修改，其中 a 元素保持不变，仍然是以浏览器默认方式显示；b 元素设定为绝对定位，以 body 为参照，进行位置的偏移；c 元素仍然是相对定位，并且不进行位置的偏移；d 元素也设定为绝对定位，仍然包含在 c 元素中，将以 c 元素为参照进行位置偏移。

源代码如下：

```
<!DOCTYPE html PUBLIC "-//W3C//DTD XHTML 1.0 Transitional//EN"
"http://www.w3.org/TR/xhtml1/DTD/xhtml1-transitional.dtd">
<html xmlns="http://www.w3.org/1999/xhtml">
    <head>
        <meta http-equiv="Content-Type" content="text/html; charset=utf-8" />
        <title>绝对定位</title>
        <style>
            #a{
                position: static;           /*浏览器默认的定位方式*/
                left: 0px;                  /*在文档流中的默认位置*/
                top: 0px;                   /*在文档流中的默认位置*/
                height: 200px;
                width: 300px;
                border: 1px solid #000;
                background-color: #69C;
            }
            #b{
                position: absolute;         /*绝对定位 absolute*/
                left: 100px;                /*以默认的位置为起点,向右偏移 100 像素*/
                top: 100px;                 /*以默认的位置为起点,向下偏移 100 像素*/
                height: 200px;
                width: 300px;
                border: 1px solid #00F;
            }
            #c{
                position: relative;         /*相对定位 relative,但不进行偏移*/
                width: 300px;
                height: 200px;
                border: 1px #FF0000 solid;
```

```
        }
        #c .d{
            position: absolute;        /*绝对定位 absolute*/
            left: 100px;             /*参照 c 的位置进行偏移,距离 c 的左边 100 像素*/
            top: 50px;               /*参照 c 的位置进行偏移,距离 c 的顶端 50 像素*/
            width: 150px;
            height: 150px;
            border: 1px #0000FF solid;
            background-color: #669;
        }
    </style>
</head>
<body>
    <div id="a">浏览器默认状态下的定位 static</div>
    <div id="b">b 元素进行绝对定位 absolute,以 body 左上角的位置为起点,向右偏移
    100 像素,向下偏移 100 像素</div>
    <div id="c">
      c 元素为相对定位,不进行偏移,将成为 d 元素的父元素。
      <div class="d">d 在容器 c 中,d 将参照 c 进行绝对定位,向右偏移 100 像素,向下偏
      移 50 像素</div>
    </div>
</body>
</html>
```

程序运行效果如图 7.10 所示。

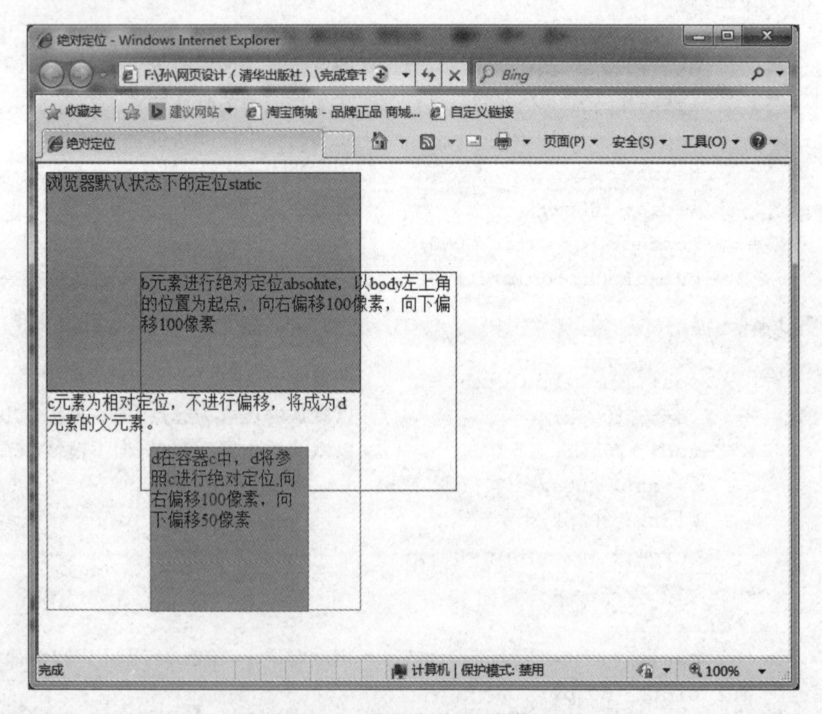

图 7.10　绝对定位案例效果

通过运行效果可以看出，进行绝对定位的元素 b，将不再占据原来的空间，导致元素 c 紧挨着 a 元素显示。b 元素和 d 元素都是绝对定位，脱离文档流的限制，即使重叠也不影响它们在指定位置的出现。

提示：因为绝对定位的框与文档流无关，所以它可以覆盖页面上的其他元素。可以通过设置 z-index 属性来控制这些框的堆放次序。

3. z-index

z-index 属性用于调整定位时层叠块的上下位置，当块被设置了 position 属性时，该值便可以设置各块之间的上下层叠关系。

语法格式如下：

```
z-index: auto|number;
```

语法说明如下：

auto 值表示遵从其父对象的定位。

number 为无单位的整数值，可为负数。数值越大，显示越靠上。默认的 z-index 值为 0。

【例 7.5】 设置例 7.4 中 3 个元素的层叠顺序。

源代码如下：

```
<!DOCTYPE html PUBLIC "-//W3C//DTD XHTML 1.0 Transitional//EN"
"http://www.w3.org/TR/xhtml1/DTD/xhtml1-transitional.dtd">
<html xmlns="http://www.w3.org/1999/xhtml">
    <head>
        <meta http-equiv="Content-Type" content="text/html; charset=utf-8" />
        <title>z-index 层叠</title>
        <style>
            #a{
                position: static;    /*浏览器默认的定位方式*/
                left: 0px;           /*在文档流中的默认位置*/
                top: 0px;            /*在文档流中的默认位置*/
                height: 200px;
                width: 300px;
                border: 1px solid #000;
                background-color: #69C;
            }
            #b{
                position: absolute; /*绝对定位 absolute*/
                left: 100px;
                top: 100px;
                height: 200px;
                width: 300px;
                border: 1px solid #00F;
                z-index: 3;          /*设定 b 元素的层叠值为 3,将出现在最上层*/
            }
            #c{
```

```
            position: relative;  /* 相对定位 relative */
            width: 300px;
            height: 200px;
            border: 1px #FF0000 solid;
            z-index: 1;        /* 设 c 元素层叠值为 1,小于 b 和 d 元素,在它们的下层 */
        }
        #c .d{
            position: absolute;  /* 绝对定位 absolute */
            left: 100px;
            top: 50px;
            width: 150px;
            height: 150px;
            border: 1px #0000FF solid;
            background-color: #669;
            z-index: 2;            /* 设 d 元素层叠值为 2,小于 b 元素,在 b 元素下层 */
        }
    </style>
</head>
<body>
    <div id="a">在浏览器默认状态下显示,z-index 值默认为 0</div>
    <div id="b">b 元素进行绝对定位 absolute,设定 z-index 值为 3,出现在最上层</div>

    <div id="c">
      c 元素为相对定位,z-index 值设定为 1,小于 b 元素和 d 元素,将出现在它们的下层
      <div class="d">d 在容器 c 中,设定 d 元素的层叠值为 2,小于 b 元素,出现在 b 元素
      的下层</div>
    </div>
</body>
</html>
```

程序运行效果如图 7.11 所示。

关于定位和叠放次序的总结如下。

(1) static:没有特别的设定,遵循基本的定位规定,不能通过 z-index 进行层次分级。

(2) relative:不脱离文档流,参考自身静态位置通过 top、bottom、left、right 定位,并且可以通过 z-index 进行层次分级。

(3) absolute:脱离文档流,通过 top、bottom、left、right 定位。选取其最近的父级定位元素,当父级 position 为 static 时,absolute 元素将以<body>坐标原点进行定位,可以通过 z-index 进行层次分级。

(4) fixed:固定定位,这里它所固定的对象是可视窗口而并非<body>或父级元素。可通过 z-index 进行层次分级。

7.3.2 元素的浮动

浮动定位是 CSS 排版布局中非常重要的方法。浮动的目的就是要打破默认的按照文档流的显示规则,而按照布局要求进行显示。浮动定位的属性是 float,属性值有 3 种:

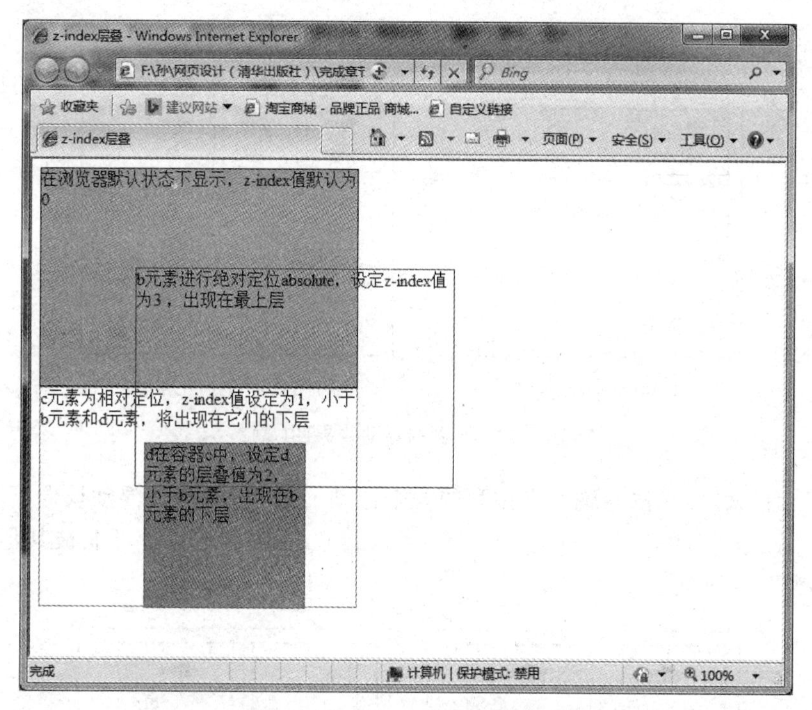

图 7.11　z-index 上下层叠关系

none、left、right。none 表示对象不浮动；left 表示对象向左浮动，当向左浮动时，它将脱离文档流并且向左浮动，直到它的左边缘碰到其父元素的左边框为止，并且对象的右侧将清空出一块区域来，以便让剩下的文档流能够贴在右侧；right 表示对象向右浮动，它将脱离文档流并且向右浮动，直到它的右边缘碰到其父元素的右边框为止，并且对象的左侧将清空出一块区域，以便让剩下的文档流能够贴在左侧。

下面演示元素的浮动。有 3 个框，在不进行浮动时，状态如图 7.12(a)所示，当把框 1 设定为向右浮动时，它脱离文档流并且向右移动，直到它的右边缘碰到包含框的右边缘，左边的空间腾出，使得框 2 和框 1 在同一行显示，如图 7.12(b)所示。

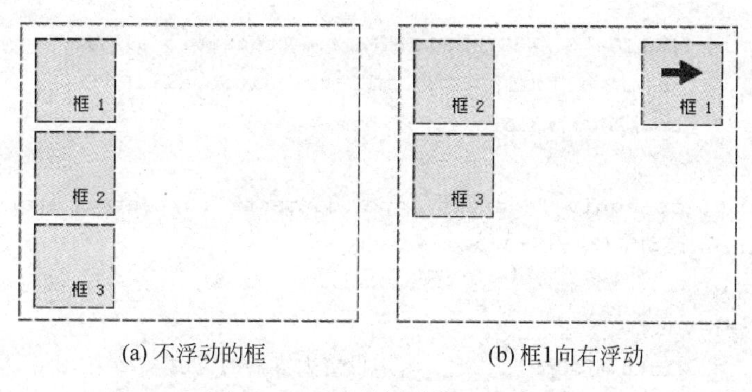

(a) 不浮动的框　　(b) 框1向右浮动

图 7.12　元素的浮动效果图(一)

如果修改框 1 的浮动方向，将其改为向左浮动时，它脱离文档流并且向左移动，直到它的左边缘碰到包含框的左边缘。因为它不再处于文档流中，所以它不占据空间，实际上覆盖了框 2，使框 2 从视图中消失，效果如图 7.13(a)所示。如果把所有 3 个框都向左移动，那么框 1

向左浮动直到碰到包含框,另外两个框向左浮动直到碰到前一个浮动框,如图 7.13(b)所示。

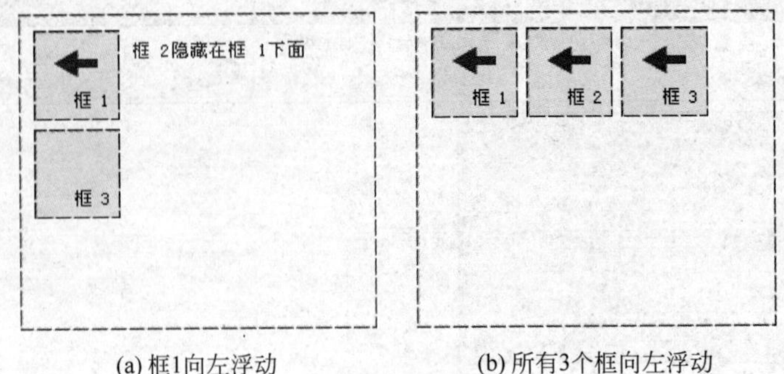

(a) 框1向左浮动　　(b) 所有3个框向左浮动

图 7.13　元素的浮动效果图(二)

如果包含框太窄,无法容纳水平排列的 3 个浮动元素,那么其他浮动块向下移动,直到有足够的空间。如果浮动元素的高度不同,那么当它们向下移动时可能被其他浮动元素"卡住",如图 7.14 所示。

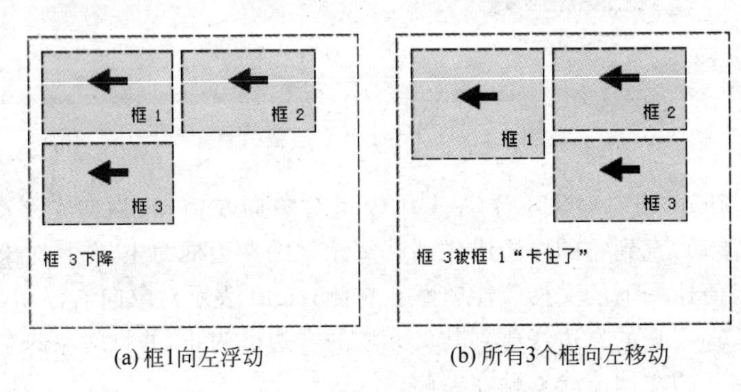

(a) 框1向左浮动　　(b) 所有3个框向左移动

图 7.14　元素的浮动效果图(三)

【例 7.6】 元素的浮动。运用上面讲述的浮动原则,下面将 5 个元素进行浮动定位。

源代码如下:

```
<!DOCTYPE html PUBLIC "-//W3C//DTD XHTML 1.0 Transitional//EN"
"http://www.w3.org/TR/xhtml1/DTD/xhtml1-transitional.dtd">
<html xmlns="http://www.w3.org/1999/xhtml">
    <head>
        <meta http-equiv="Content-Type" content="text/html; charset=utf-8" />
        <title>浮动定位</title>
        <style>
            #layout{
                width: 700px;           /*设定大容器的宽度*/
                height: 620px;
                border: 5px #FF0000 solid;
                margin: 0px auto;       /*在页面中居中*/
            }
            .top{
```

```
            width: 690px;          /* 顶部区域的宽度,小于大容器的宽度 */
            height: 100px;
            float: left;           /* 设定 div 向左浮动 */
            border: 1px #00FF00 solid;
            background-color: #69C;
        }
        .left{
            height: 200px;         /* 左边 div 的高度 */
            width: 150px;          /* 左边 div 的宽度 */
            border: 3px solid #000;
            float: left;           /* 左边 div 向左浮动 */
        }
        .center{
            height: 400px;         /* 中间 div 的高度 */
            width: 400px;          /* 中间 div 的宽度 */
            border: 3px solid #099;
            float: left;           /* 中间 div 向左浮动 */
        }
        .right{
            height: 300px;         /* 右边 div 的高度 */
            width: 132px;          /* 右边 div 的宽度,如果保障右边 div 仍然在大容器
                                      中,根据盒模型的计算,最大宽度为 132 像素 */
            border: 3px solid #F0F;
            float: right;          /* 右边 div 向右浮动 */
        }
        .bottom{
            width: 698px;      /* 底部 div 的宽度为 698 像素,刚好在容器中占据整行 */
            height: 100px;
            float: left;           /* 底部 div 向左浮动 */
            border: 1px #00FF00 solid;
            background-color: #CCC;
        }
    </style>
</head>
<body>
<div id="layout">
    <div class="top">外边容器的宽度为 700 像素。顶部区域,高度为 100 像素,宽度为
    690 像素</div>
    <div class="left">左边栏,宽度为 150 像素,高度为 200 像素,向左浮动</div>
    <div class="center">中间栏,宽度为 400 像素,高度为 400 像素,向左浮动</div>
    <div class="right">右边栏,根据盒模型,计算宽度 700-150-3*2-400-3*2-3*2
    =132,为向右浮动</div>
    <div class="bottom">外边容器的宽度为 700 像素,底部区域,高度为 100 像素,宽度为
    698 像素</div>
</div>
```

```
  </body>
</html>
```

程序运行效果如图 7.15 所示。

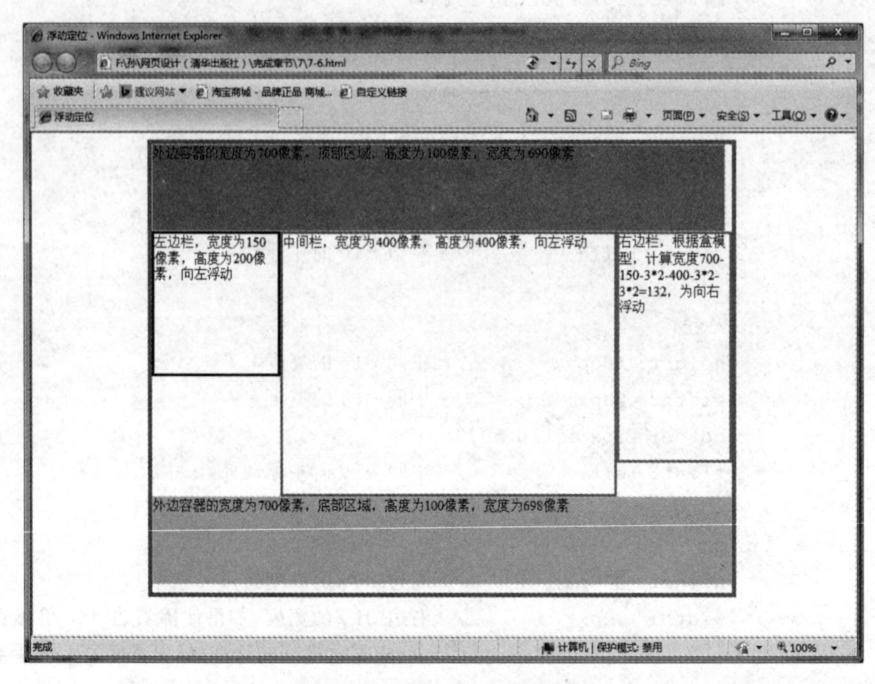

图 7.15　float 浮动示例图

通过运行效果可以看到，运用浮动的特性，可以实现网页的布局。运用浮动的特性，还可以方便地进行排版，如例 6.10 中，运用 float 进行图文混排及首字下沉。人们还经常运用浮动，将列表项的默认纵向排列改成横向排列，实现横向导航栏。

【例 7.7】 运用浮动制作横向导航菜单。

```
<!DOCTYPE html PUBLIC "-//W3C//DTD XHTML 1.0 Transitional//EN"
"http://www.w3.org/TR/xhtml1/DTD/xhtml1-transitional.dtd">
<html xmlns="http://www.w3.org/1999/xhtml">
<head>
<meta http-equiv="Content-Type" content="text/html; charset=utf-8" />
<title>运用浮动制作横向导航菜单</title>
<style type="text/css">
body{
    background-color: #ffdee0;}
#nav{
    font-family: "黑体";
    width: 500px;
    margin: 0px auto;
}
#nav ul{
    list-style-type: none;
```

```
    margin: 0px;
    padding: 0px;
}
#nav ul li{
    float: left;
}
#nav ul li a{
    display: block;
    padding: 3px 6px 3px 6px;
    text-decoration: none;
    border: 1px solid #711515;
    margin: 2px;
}
#nav ul li a: hover{
    background-color: #711515;
    color: #FFF;
}
</style>
</head>
<body>
<div id="nav">
<ul>
    <li><a href="#">首页</a></li>
    <li><a href="#">个人简介</a></li>
    <li><a href="#">学习笔记</a></li>
    <li><a href="#">校园生活</a></li>
    <li><a href="#">生活琐碎</a></li>
    <li><a href="#">给我留言</a></li>
</ul>
</div>
</body>
</html>
```

程序运行效果如图 7.16 所示。

7.3.3 清除浮动

由于浮动元素不再占用原文档流的位置，所以它会对页面中其他元素的排版产生影响。如果要避免浮动对其他元素的影响，在 CSS 中可以使用 clear 属性。

clear 是层的清除属性，表示是否允许在某个元素的周围有浮动元素，它和浮动属性是一对相对立的属性，浮动属性用来设置某个元素的浮动位置，而清除属性则要去掉某个位置的浮动元素。clear 属性的值可以是 left、right、both 或 none。left 表示清除 float 浮动对其左侧的影响，right 表示清除 float 浮动对其右侧的影响。如果左右都有浮动的块元素，而新的块两侧都不希望受到影响，则可以将 clear 参数值设置为 both。

【例 7.8】 元素浮动对后面元素产生影响，如图 7.17 所示。

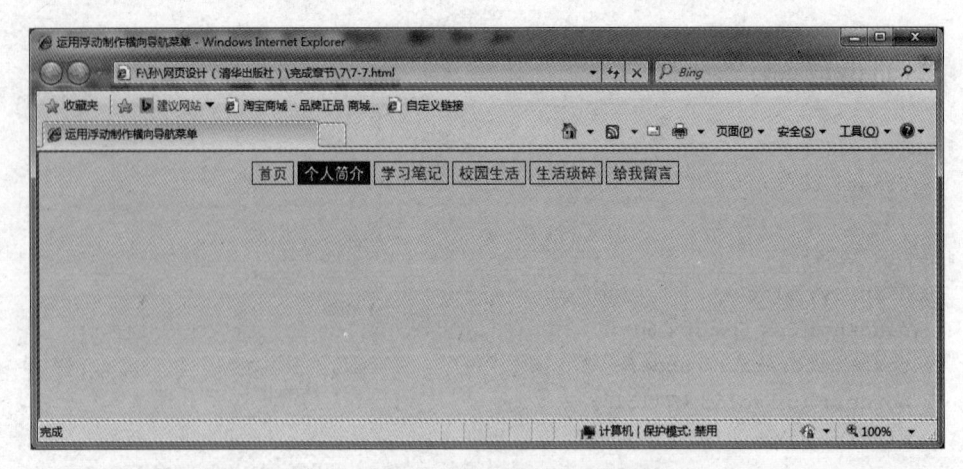

图 7.16　运用浮动实现横向导航菜单

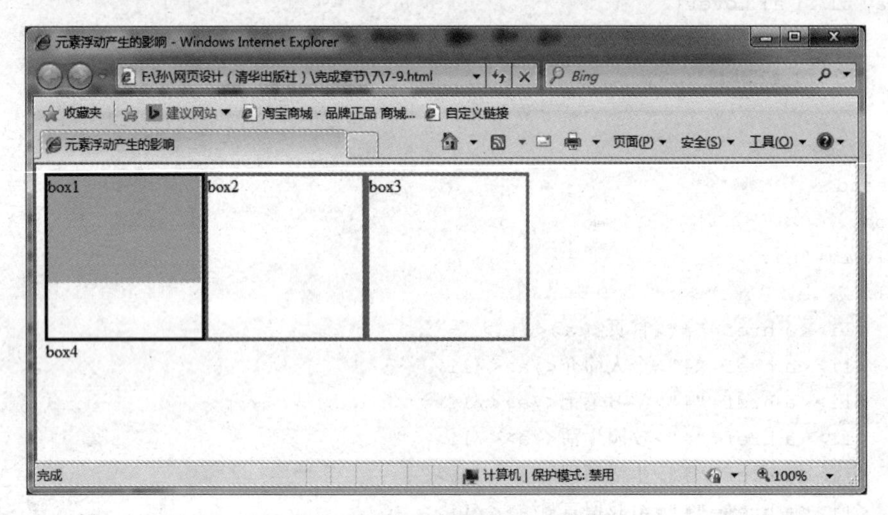

图 7.17　元素浮动对后面元素的影响

图 7.17 中，box1、box2 和 box3 都设定向左浮动，而 box4 设定不浮动，但因为前面 3 个盒子的浮动，使它们脱离文档流，而导致 box4 出现在最前面的位置，和 box1 出现重叠。如果希望 box4 出现在下一行，则需要清除浮动对 box4 的影响。

实现方法如下：

```
.box4{
            width: 150px;          /* box4,不进行浮动 */
            height: 100px;
            border: 1px #00FF00 solid;
            background-color: #CCC;
            clear: left;           /* 清除左浮动对 box4 的影响 */
        }
```

清除浮动后的效果如图 7.18 所示。

当浮动了许多元素之后，突然要另起一行，这时可以制作一个空白的<div>标签，并使用"clear: both;"属性来设置该 div 左右都拒绝浮动。这样<div>之后的其他任意元素都

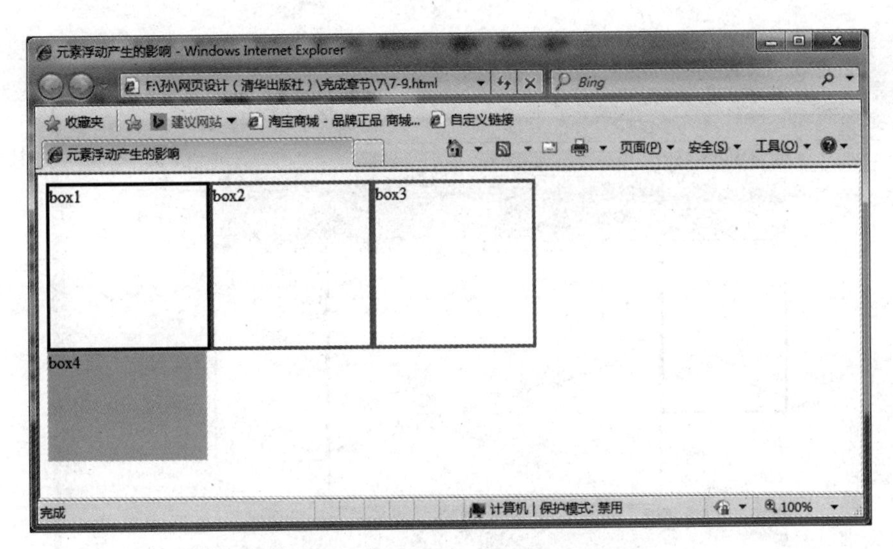

图 7.18　清除左浮动对后面元素的影响

可看作与此<div>元素之上的对象相分离，不会受到上面对象的浮动影响，从而起到清除浮动影响的作用。

实现方法是在页面中插入一个空白的<div>标签，代码如下：

```
<div class="clear"></div>  <!--增加一个空的 div,清除浮动-->
```

对应的 clear 定义如下：

```
.clear{
    clear: both;
    line-height: 0px;
    font-size: 0px;
    zoom: 1;
    height: 0px;
    display: block;
    width: 100%;
    overflow: hidden;
}
```

需要注意的是，clear 属性只能清除元素左右两侧浮动的影响，但是在制作网页时，经常会遇到一些特殊的浮动影响。例如，对子元素设置浮动时，如果不对其父元素定义高度，则子元素的浮动会对父元素产生影响。如例 7.6 中，如果父元素 layout 没有设定高度，页面的效果就如图 7.19 所示。

红色的框表示大容器，它变成一条直线，不能自适应子元素的高度了。原因是浮动的元素脱离文档流，不占用空间，对父元素来讲，它的高度也就不复存在。那如何解决呢？下面介绍两种方法来实现清除浮动对父元素的影响。

1. 使用空标记清除浮动

在浮动元素之后添加空标记，并对该标记应用 clear：both 样式。可以清除元素浮动所产生的影响，这个空标记可以是<div>、<p>、<hr/>等。下面通过案例说明使用空标记

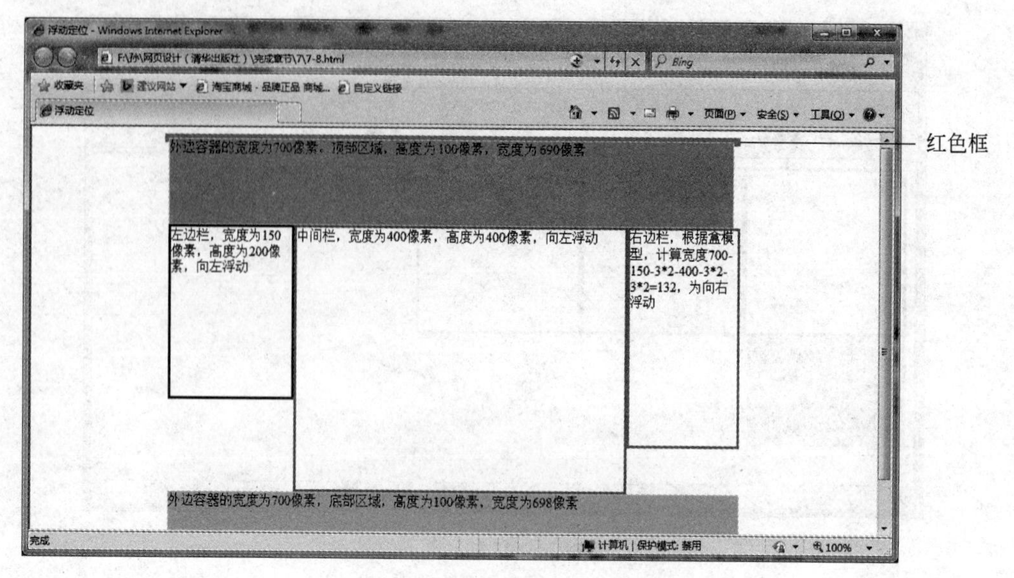

图 7.19 不设定高度的父元素

清除浮动的方法。

【例 7.9】 增加空标记清除浮动。

```
<!DOCTYPE html PUBLIC "-//W3C//DTD XHTML 1.0 Transitional//EN"
"http://www.w3.org/TR/xhtml1/DTD/xhtml1-transitional.dtd">
<html xmlns="http://www.w3.org/1999/xhtml">
    <head>
        <meta http-equiv="Content-Type" content="text/html; charset=utf-8" />
        <title>清除浮动的影响</title>
        <style>
            #layout{
                width: 700px;           /*设定大容器的宽度*/
                height: 620px;/*取消高度的设定,容器的高度将根据内容实际高度而变化*/
                border: 5px #FF0000 solid;
                margin: 0px auto;       /*在页面中居中*/
            }
            .top{
                width: 690px;           /*顶部区域的宽度,小于大容器的宽度*/
                height: 100px;
                float: left;            /*设定div向左浮动*/
                border: 1px #00FF00 solid;
                background-color: #69C;
            }
            .left{
                height: 200px;          /*左边div的高度*/
                width: 150px;           /*左边div的宽度*/
                border: 3px solid #000;
                float: left;            /*左边div向左浮动*/
            }
```

```
        .center{
            height: 400px;          /* 中间 div 的高度 */
            width: 400px;           /* 中间 div 的宽度 */
            border: 3px solid #099;
            float: left;            /* 中间 div 向左浮动 */
        }
        .right{
            height: 300px;          /* 右边 div 的高度 */
            width: 132px;           /* 右边 div 的宽度,如果保障右边 div 仍然在大容器
                                       中,根据盒模型的计算,最大宽度为 132 像素 */
            border: 3px solid #F0F;
            float: right;           /* 右边 div 向右浮动 */
        }
        .bottom{
            width: 698px;           /* 底部 div 的宽度 */
            height: 100px;
            float: left;            /* 底部 div 向左浮动 */
            border: 1px #00FF00 solid;
            background-color: #CCC;
        }
        .clear{
            clear: both;            /* 清除左右浮动对后面对象的影响 */
            width: 100%;
            height: 0px;
        }
    </style>
  </head>
  <body>
  <div id="layout">
      <div class="top">外边容器的宽度为 700 像素。顶部区域,高度为 100 像素,宽度为
      690 像素</div>
      <div class="clear"></div>
      <div class="left">左边栏,宽度为 150 像素,高度为 200 像素,向左浮动</div>
      <div class="center">中间栏,宽度为 400 像素,高度为 400 像素,向左浮动</div>
      <div class="right">右边栏,根据盒模型,计算宽度 700-150-3*2-400-3*2-3*2
      =132,为向右浮动</div>
      <div class="clear"></div>
      <div class="bottom">外边容器的宽度为 700 像素,底部区域,高度为 100 像素,宽度为
      698 像素</div>
      <div class="clear"></div>
  </div>
  </body>
</html>
```

程序运行效果如图 7.20 所示。

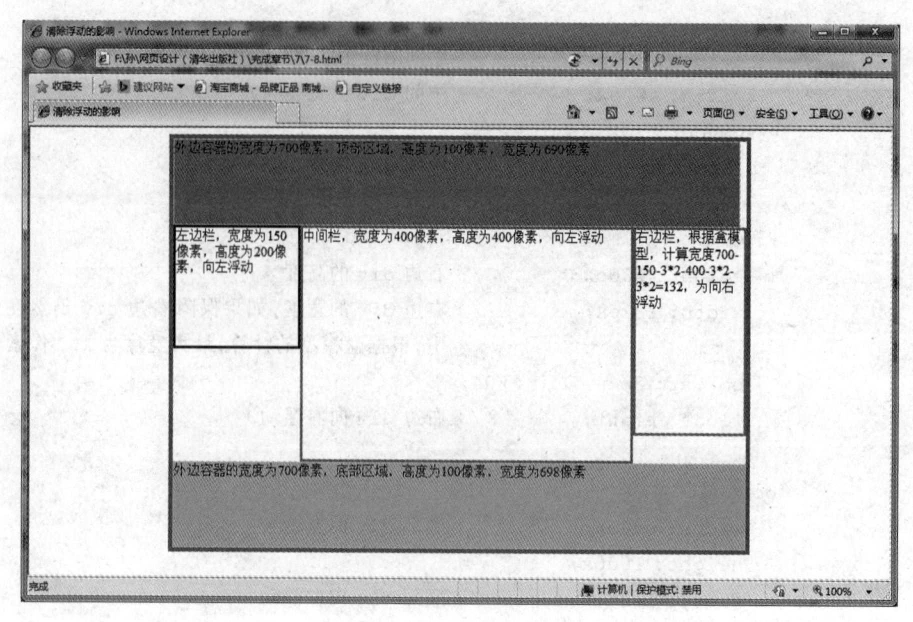

图 7.20　增加空标记清除浮动对父元素的影响

2. 使用 overflow 清除浮动

overflow 是 CSS 中设置当对象的内容超过其指定高度及宽度时该如何显示。该属性有 4 个值。

(1) visible(默认值)。不剪切内容也不添加滚动条。假如显式声明此默认值，对象将以包含对象的 window 或 frame 的尺寸裁切。并且 clip 属性设置将失效。

(2) hidden 值与默认值相反，它会将所有超出范围的所有内容都给隐藏掉。

(3) scroll。设置 Overflow 值为 scroll 将会在 DIV 层之内提供一个滚动条，从而可以查看 DIV 层内所有的内容。

(4) auto。Overflow 的 auto 值与 scroll 很像，它唯一不同的是在 DIV 层中的内容不需要滚动条的时候不会出现滚动条，与普通的 DIV 没有区别；如果内容超出范围就会显示滚动条。

visible(默认值)状态、取值 hidden 的状态、取值 scroll 的状态如图 7.21～图 7.23 所示。

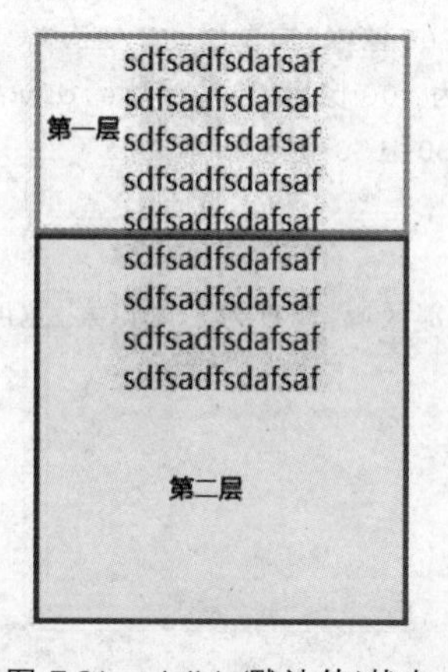

图 7.21　visible(默认值)状态

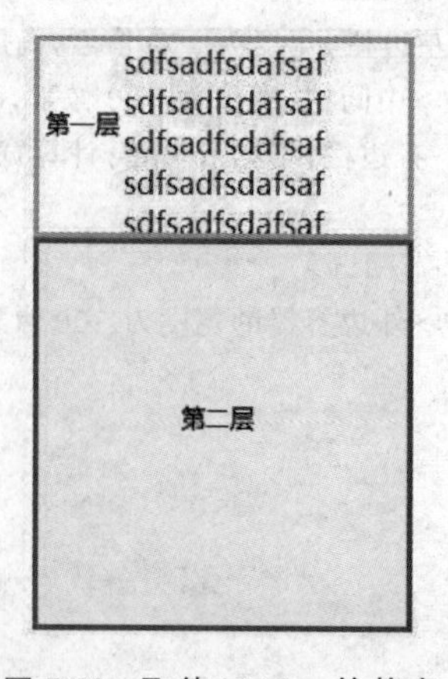

图 7.22　取值 hidden 的状态

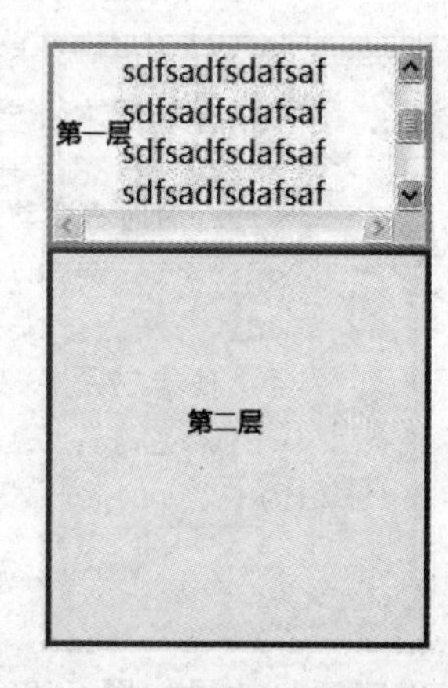

图 7.23　取值 scroll 的状态

设置 overflow 的一个更流行的用处是，清除浮动。设置 overflow 并不会在该元素上清除浮动，它将清除自己(self-clear)。意思就是，应用了 overflow(auto 或 hidden)的元素，将会扩展到它需要的大小以包围它里面的浮动的子元素(而不是叠了起来(collapsing))，假设未定义高度。例如上述例 7.9，在父元素 layout 中增加 overflow：hidden，父元素又被其子元素撑开，即子元素对父元素的影响已经不存在了。

实现代码如下：

```
<!DOCTYPE html PUBLIC "-//W3C//DTD XHTML 1.0 Transitional//EN"
"http://www.w3.org/TR/xhtml1/DTD/xhtml1-transitional.dtd">
<html xmlns="http://www.w3.org/1999/xhtml">
    <head>
        <meta http-equiv="Content-Type" content="text/html; charset=utf-8" />
        <title>清除浮动的影响</title>
        <style>
            #layout{
                width: 700px;           /*设定大容器的宽度*/
                height: 620px;/*取消高度的设定,容器的高度将根据内容实际高度而变化*/
                border: 5px #FF0000 solid;
                margin: 0px auto;       /*在页面中居中*/
                overflow: hidden;       /*运用 overflow 清除浮动*/
            }
            .top{
                width: 690px;           /*顶部区域的宽度,小于大容器的宽度*/
                height: 100px;
                float: left;            /*设定 div 向左浮动*/
                border: 1px #00FF00 solid;
                background-color: #69C;
            }
            .left{
                height: 200px;          /*左边 div 的高度*/
                width: 150px;           /*左边 div 的宽度*/
                border: 3px solid #000;
                float: left;            /*左边 div 向左浮动*/
            }
            .center{
                height: 400px;          /*中间 div 的高度*/
                width: 400px;           /*中间 div 的宽度*/
                border: 3px solid #099;
                float: left;            /*中间 div 向左浮动*/
            }
            .right{
                height: 300px;          /*右边 div 的高度*/
                width: 132px;           /*右边 div 的宽度,如果保障右边 div 仍然在大容器
                                            中,根据盒模型的计算,最大宽度 132 像素*/
                border: 3px solid #F0F;
```

```
            float: right;          /* 右边 div 向右浮动 */
        }
        .bottom{
            width: 698px;          /* 底部 div 的宽度 */
            height: 100px;
            float: left;           /* 底部 div 向左浮动 */
            border: 1px #00FF00 solid;
            background-color: #CCC;
        }
    </style>
</head>
<body>
<div id="layout">
    <div class="top">外边容器的宽度为 700 像素。顶部区域,高度为 100 像素,宽度为
690 像素</div>
    <div class="left">左边栏,宽度为 150 像素,高度为 200 像素,向左浮动</div>
    <div class="center">中间栏,宽度为 400 像素,高度为 400 像素,向左浮动</div>
    <div class="right">右边栏,根据盒模型,计算宽度 700-150-3*2-400-3*2-3*2
=132,为向右浮动</div>
    <div class="bottom">外边容器的宽度为 700 像素,底部区域,高度为 100 像素,宽度为
698 像素</div>
</div>
</body>
</html>
```

7.4 浏览器的兼容性

浏览器除了在 CSS 盒模型方面存在差异之外,在很多 CSS 样式的解析上也存在差异。当浏览器对页面的解析不同时,会导致页面在不同浏览器中显示的样式不一致,为了保持页面的统一,经常需要对浏览器进行兼容性问题的调试。本节将对目前常用的浏览器包括 IE 6.0 以上、Firefox 2.0 以上、Opera 10.0 以上、Safari 3.0 以上及 Chrome 所有版本兼容性的调试方法进行介绍。

7.4.1 CSS Hack

不同的浏览器对 CSS 的解析结果是不同的,所以会导致相同的 CSS 输出的页面效果不同,这就需要 CSS Hack 来解决浏览器局部的兼容性问题。针对不同的浏览器写不同的 CSS 代码的过程就称为 CSS Hack。

CSS Hack 有 3 种形式: CSS 属性级 Hack、CSS 选择符级 Hack 以及 IE 条件注释 Hack,Hack 主要针对 IE 浏览器。

(1) 属性级 Hack: 例如 IE 6 能识别下画线(_)和星号(*),IE 7 能识别星号(*),但不

能识别下画线(_)，而 firefox 两个都不能识别。

(2) 选择符级 Hack：例如 IE 6 能识别 * html .class{}，IE 7 能识别 * +html .class{} 或者 *：first−child+html .class{}。

(3) IE 条件注释 Hack：IE 条件注释是微软公司从 IE 5 开始就提供的一种非标准逻辑语句。例如针对所有 IE：<!-[if IE]><!-您的代码-><![endif]->，针对 IE 6 及以下版本：<!-[if lt IE 7]><!-您的代码-><![endif]->，这类 Hack 不仅对 CSS 生效，对写在判断语句里面的所有代码都会生效。

注意：条件注释只有在 IE 浏览器下才能执行，这个代码在非 IE 浏览下被当作注释视而不见。可以通过 IE 条件注释载入不同的 CSS、JS、HTML 和服务器代码等。

下面通过表 7.2 详细说明浏览器常用兼容标记。

表 7.2　浏览器常用兼容标记

标　　记	IE 6	IE 7	IE 8	FF	Opera	Safari
[* + > <]	√	√	×	×	×	×
—	√	×	×	×	×	×
\9	√	√	√	×	×	×
\0	×	×	√	×	√	×
@media screen and (-webkit-min-device-pixel-ratio:0){.bb {}}	×	×	×	×	×	√
.bb , x:-moz-any-link, x:default	×	√	×	√ (FF 3.5 及以下)	×	×
@-moz-document url-prefix(){.bb{}}	×	×	×	√	×	×
@media all and (min-width: 0px){.bb {}}	×	×	×	√	√	√
* +html .bb {}	×	√	×	×	×	×
浏览器内核	Trident	Trident	Trident	Gecko	Presto	WebKit

注：以上 .bb 可更换为其他任何样式名。

下面对这 3 种 Hack 方式分别介绍。

1. CSS 属性级 Hack

CSS 属性级 Hack 是指在 CSS 属性名字的前面，加上一些只有特定浏览器才能识别的 Hack 前缀。案例代码如下：

```
color: red;            /*所有浏览器可识别*/
_color: red;           /*仅 IE 6 识别*/
*color: red;           /*IE 6、IE 7 识别*/
+color: red;           /*IE 6、IE 7 识别*/
*+color: red;          /*IE 6、IE 7 识别*/
[color: red;           /*IE 6、IE 7 识别*/
color: red\9;          /*IE 6、IE 7、IE 8、IE 9 识别*/
color: red\0;          /*IE 8、IE 9 识别*/
color: red\9\0;        /*仅 IE 9 识别*/
```

```
color: red \0;           /* 仅 IE 9 识别 */
color: red!important; /* IE 6 不识别!important */
```

【例 7.10】 属性级 Hack。

```
<!DOCTYPE html PUBLIC "-//W3C//DTD XHTML 1.0 Transitional//EN"
"http://www.w3.org/TR/xhtml1/DTD/xhtml1-transitional.dtd">
<html xmlns="http://www.w3.org/1999/xhtml">
<head>
<meta http-equiv="Content-Type" content="text/html; charset=utf-8" />
<title>属性级 Hack</title>
<style type="text/css">
.a{
   height: 32px;
   background-color: #f1ee18;          /* 所有浏览器可识别 */
   .background-color: #00deff\9;       /* IE 6、IE 7、IE 8 识别 */
   +background-color: #a200ff;         /* IE 6、IE 7 识别 */
   _background-color: #1e0bd1;         /* IE 6 识别 */
  }
  </style>
</head>
<body>
  <div class="a">
   该案例适用范围: IE 6.0、IE 7.0、IE 8.0 之间的兼容
  </div>
</body>
</html>
```

案例中使用了渐进识别的方式,从总体中逐渐排除局部。首先巧妙地使用"\9"这一标记,将 IE 浏览器从所有情况中分离出来。接着再次使用+将 IE 8 和 IE 7、IE 6 分离开来,此时,IE 8 已经独立识别。

2. CSS 选择器级 Hack

CSS 选择器级 Hack 是指通过在 CSS 选择器的前面加上一些只有特定浏览器才能识别的 Hack 前缀,来控制不同的 CSS 样式。案例代码如下:

```
*html #demo { color: red;}                /* 仅 IE 6 识别 */
*+html #demo { color: red;}               /* 仅 IE 7 识别 */
body: nth-of-type(1) #demo { color: red;}
/* IE 9+、FF 3.5+、Chrome、Safari、Opera 可以识别 */
head: first-child+body #demo { color: red; }
/* IE 7+、FF、Chrome、Safari、Opera 可以识别 */
: root #demo { color: red\9; } :          /* 仅 IE 9 识别 */
```

【例 7.11】 选择器级 Hack。

```
<!DOCTYPE html PUBLIC "-//W3C//DTD XHTML 1.0 Transitional//EN"
"http://www.w3.org/TR/xhtml1/DTD/xhtml1-transitional.dtd">
```

```
<html xmlns="http://www.w3.org/1999/xhtml">
<head>
<meta http-equiv="Content-Type" content="text/html; charset=utf-8" />
<title>选择器级 Hack</title>
<style type="text/css">
.content{          /*所有浏览器都识别,设定盒子高度和宽度为 100px,背景为红色*/
  height: 100px;
  width: 100px;
  background-color: #F00;
}
*html.content{  /*只有 IE 6 及以下版本识别,设定盒子高度和宽度为 200px,背景为绿色*/
    width: 200px;
    height: 200px;
    background-color: #0F0;
    }
*+html.content{  /*只有 IE 7 识别,设定盒子高度和宽度为 300px,背景为蓝色*/
    width: 300px;
    height: 300px;
    background-color: #00F;
    }
</style>
</head>
<body>
<div class="content">
该案例通过选择器 Hack 定义的样式可以识别 IE 6、IE 7 和其他浏览器
</div>
</body>
</html>
```

3. IE 条件注释 Hack

IE 浏览器作为兼容性问题最多的浏览器,经常需要对其兼容性进行调试,针对这种需求,微软公司官方专门提供了"IE 条件注释语句"。"IE 条件注释语句"是 IE 浏览器专有的 Hack,针对不同的浏览器,书写方法也有所区别,下面列举判断浏览器类型的条件注释语句。

```
  <!--[if IE]>此处内容只有 IE 可见<![endif]-->
  <!--[if IE 6]>此处内容只有 IE 6 可见<![endif]-->
  <!--[if IE 7]>此处内容只有 IE 7 可见<![endif]-->
<!--[if !IE 7]>此处内容只有 IE 7 不能识别,其他版本都能识别,当然要在 IE 5 以上
<![endif]-->
  <!--[if gt IE 6]>IE 6 以上版本可识别,IE 6 无法识别<![endif]-->
  <!--[if gte IE 7]>IE 7 以及 IE 7 以上版本可识别<![endif]-->
  <!--[if lt IE 7]>低于 IE 7 的版本才能识别,IE 7 无法识别<![endif]-->
  <!--[if lte IE 7]>IE 7 以及 IE 7 以下版本可识别<![endif]-->
  <!--[if !IE]>此处内容只有非 IE 可见<![endif]-->
```

如上出现了 lt、lte、gt、gte 和！等符号，它们的具体含义如表 7.3 所示。

表 7.3 “IE 条件注释语句”中字符符号的英文全称及含义

字符符号	英文全称	含　义
gt	greater than	选择条件版本以上的版本，不包含本版本
lt	less than	选择条件版本以下的版本，不包含本版本
gte	greater than or equal	选择条件版本以上的版本，包含本版本
lte	less than or equal	选择条件版本以下的版本，包含本版本
!	not	选择条件版本以外的所有版本，无论高低

下面通过具体案例来说明 IE 条件注释语句的具体用法。

【例 7.12】 IE 条件注释语句。

```
<!DOCTYPE html PUBLIC "-//W3C//DTD XHTML 1.0 Transitional//EN"
"http://www.w3.org/TR/xhtml1/DTD/xhtml1-transitional.dtd">
<html xmlns="http://www.w3.org/1999/xhtml">
<head>
<meta http-equiv="Content-Type" content="text/html; charset=utf-8" />
<title>IE 条件注释语句</title>
<style type="text/css">
<!--[if IE 6]>
<link rel="stylesheet" type="text/css" href="ie6.css" />
<!--[endif]-->
<!--[if IE 7]>
<link rel="stylesheet" type="text/css" href="ie7.css" />
<!--[endif]-->
<!--[if IE 8]>
<link rel="stylesheet" type="text/css" href="ie8.css" />
<!--[endif]-->
</style>
</head>
<body>
<!--[if IE]>此处内容只有 IE 可见<![endif]-->
<!--[if IE 6]>此处内容只有 IE 6 可见<![endif]-->
<!--[if IE 7]>此处内容只有 IE 7 可见<![endif]-->
<!--[if !IE 7]>此处内容只有 IE 7 不能识别,其他版本都能识别,当然要在 IE 5 以上
<![endif]-->
<!--[if gt IE 6]>IE 6 以上版本可识别,IE 6 无法识别<![endif]-->
<!--[if gte IE 7]>IE 7 以及 IE 7 以上版本可识别<![endif]-->
<!--[if lt IE 7]>低于 IE 7 的版本才能识别,IE 7 无法识别<![endif]-->
<!--[if lte IE 7]>IE 7 以及 IE 7 以下版本可识别<![endif]-->
<!--[if !IE]>此处内容只有非 IE 可见<![endif]-->
```

```
</body>
</html>
```

在 IE 8 下运行效果如图 7.24 所示。

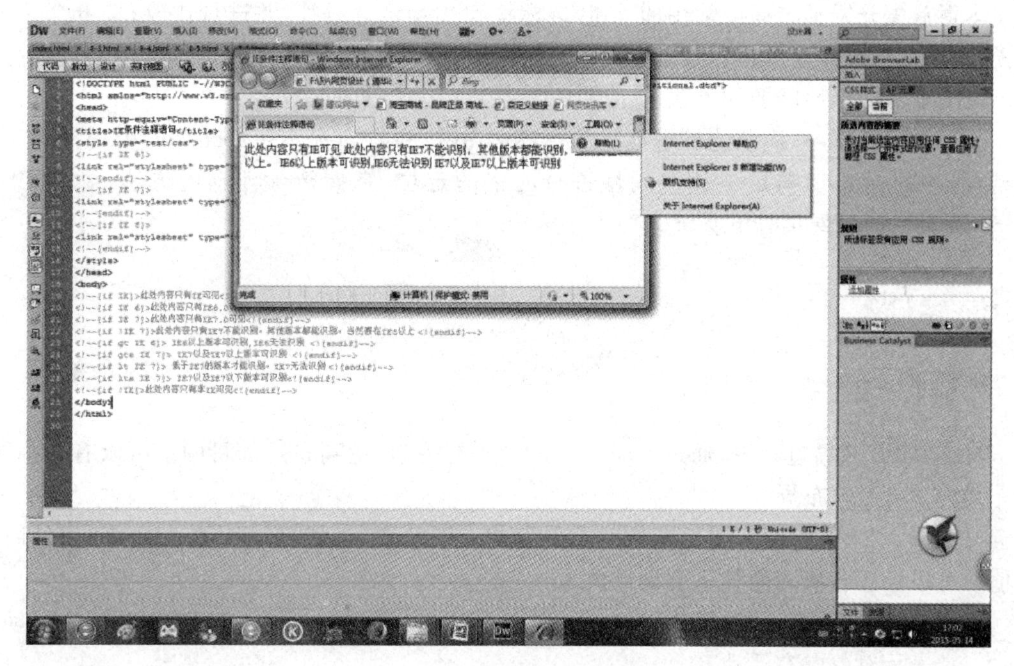

图 7.24　在 IE 8 下的运行效果

7.4.2　!important

网上很多资料中常常把!important 也作为一个 Hack 手段，其实这是一个误区。!important 常常被人们用来更改样式，而不是兼容 hack。造成这个误区的原因是 IE 6 在某些情况下不主动识别!important，以至于常常被人误用作识别 IE 6 的 Hack。

大家要注意一点，IE 6 只是在某些情况下不识别，即 IE 6 下，同一个大括号里对同一个样式属性定义，其中一个加 important，则 important 标记是被忽略的，例如：

```
.a{
    background: red!important;
    background: green;
}
```

IE 6 下解释为背景色 green，其他浏览器解释为背景色 red。

如果这同一个样式在不同大括号里定义，其中一个加 important，则 important 发挥正常作用。例如：

```
.a{background: red!important}
.a{background: green}
```

运行结果是所有浏览器统一解释为背景色红色(red)。

7.5 本章小结

本章首先介绍了布局最常用的<div>标签和<span>标签，并进行比较；接着介绍了盒模型，以及浏览器在解释盒模型方面的差别；然后介绍了布局的方法定位与浮动；最后介绍解决浏览器兼容性问题的办法。

通过本章的学习，应该能够掌握块状标签<div>和行内标签<span>的用法，理解盒模型，能够通过浮动与定位相关属性进行元素的定位，掌握清除浮动的方法，了解 CSS Hack，为灵活布局网页打下基础。

7.6 习题

7.6.1 填空题

1. 在 CSS 布局过程中，通过 CSS 实现对 div 的控制，达到布局的目的。所以有人称这种布局为________布局。

2. ________属性用于调整定位时重叠块的上下位置，当块被设置了 position 属性时，该值便可以设置各块之间的重叠高低关系。

3. float 属性值有 3 种，其中________值表示对象不浮动，________表示对象向左浮动，________表示对象向右浮动。

4. ________是层的清除属性，表示是否允许在某个元素的周围有浮动元素。其属性值可以是________、________、________或 none。

5. 所有页面中的元素都可以看成一个盒子，占据着一定的页面空间。每个盒子都有________、________、________和________ 4 个属性。

6. 不同的浏览器对 CSS 的解析结果是不同的，所以会导致相同的 CSS 输出的页面效果不同，针对不同的浏览器写不同的 CSS 代码的过程称为________。

7.6.2 简答题

1. 简述 div 元素和 span 元素的区别。

2. 在 HTML 页面布局中，position 的值有哪几种？默认值是什么？

3. 简述清除浮动的两种方法。

第 8 章　DIV+CSS 布局

本章学习目标

(1) 了解 CSS 的排版布局理念。

(2) 掌握单列布局、双列布局、三列布局宽度固定且居中的方法。

(3) 了解表格布局和 CSS 布局的差异。

第 7 章介绍了盒模型以及 CSS 中元素的定位和浮动方法。在此基础上，本章将从页面的整体排版出发，介绍 CSS 的排版理念和几种常见布局的排版方法。

8.1　CSS 的排版理念

CSS 的排版布局理念是，首先将页面在整体上进行<div>标记的分块，然后对各块进行 CSS 定位，最后在各块中添加相应的内容。通过 CSS 排版的页面，更新十分容易，甚至是页面的拓扑结构，都可以通过修改 CSS 属性来重新定位。本节主要介绍 CSS 排版的整体思路，为本章后续内容打下基础。

8.1.1　设计页面结构

在网页设计之前，首先要进行需求分析，充分了解网站的功能，然后进行网站页面的规划和设计。在进行 CSS 排版之前，就要对页面有一个整体的框架规划，包括整个页面分哪些模块，各个模块之间的关系等。例如，一般的网站，页面通常由头部 header、导航栏 nav、广告图片 banner、主体内容 content 和脚注 footer 等几部分组成，各部分分别用相应的 id 标识，每一部分再根据需要进行详细设计。网站效果图如图 8.1 所示。

分析网页的构成，确定模块之间的关系，可以做如图 8.2 所示的网页结构图。

8.1.2　页面的排版

对于图 8.2 所描述的网页结构图，首先进行 HTML 结构的书写，完成结构部分。有了页面结构，再运用 CSS 实现排版。排版时，需要通过绘制好页面的框架图，标识每个区域，为每个区域命名，然后根据素材的大小，确定每个模块的宽度和高度。确定宽度和高度时，还要运用盒模型实现块的精确控制，合理控制页面中的各个元素。要做好页面的合理安排，是需要一定的知识积累和实践经验的。

完成页面结构和布局以后，接下来，就是为每部分进行详细设计。详细设计环节，会运用前面所学的 CSS 美化网页元素的相关属性，进行页面元素的控制与美化，达到良好的页面效果。

在 8.6 节，我们将完成图 8.2 所示的页面结构和布局。

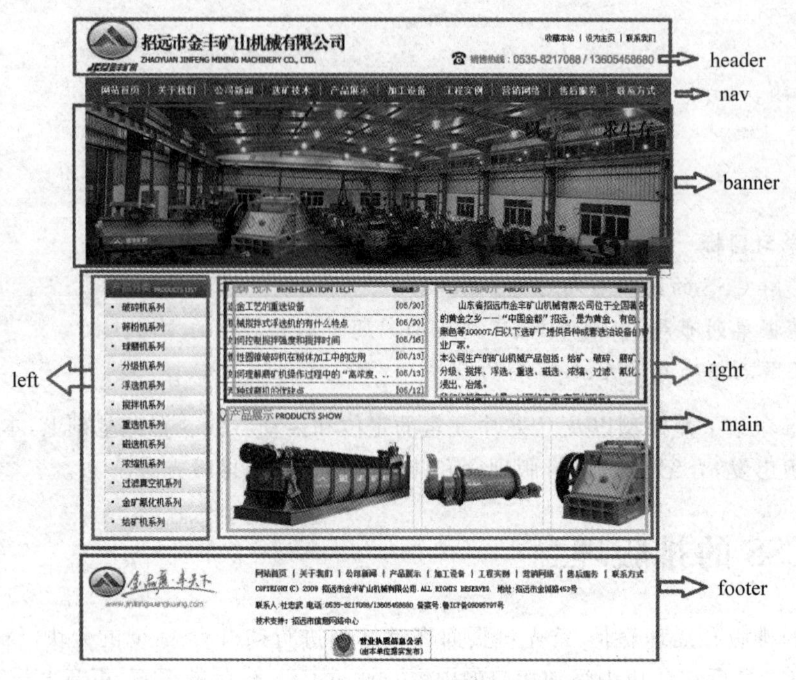

图 8.1　网站结构分析

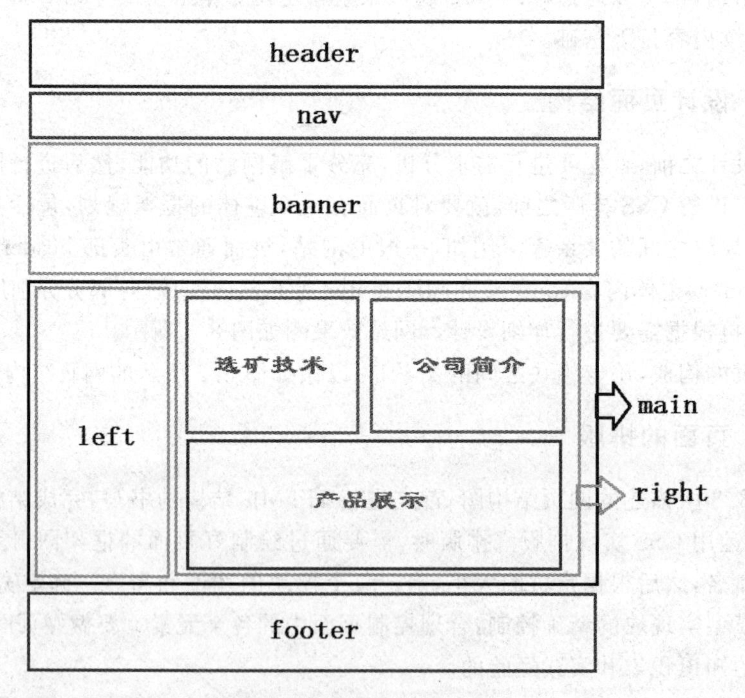

图 8.2　网页结构图

8.1.3　网页模块命名规范

网页模块的命名，看似无足轻重，但实际上如果没有统一的命名规范进行必要的约束，随意的命名会使整个网站的后续工作很难进行。所以，命名规范很重要，需要引起重视。

通常网页模块的命名需要遵循以下几个原则。

(1) 避免使用中文字符命名,如 class="菜单"。

(2) 不能以数字开头命名,如 class="980width"。

(3) 不能占用关键字,如 class="table"。

(4) 用简单的字母表示最容易理解的含义。

在网页中,通常的命名方式有"驼峰式命名"和"帕斯卡命名"两种,具体命名方式如下。

(1) 驼峰式命名:除了第一个单词外后面的单词首字母大写,如 leftContent。

(2) 帕斯卡命名:每个单词之间用"_"连接,如 left_content。

了解了命名原则和命名方式以后,下面列举网页中常用的一些命名,具体如表 8.1 所示。

表 8.1 网页模块的常用命名

相关模块	命名	相关模块	命名
头部	header	标签页	tab
容器	container	文章列表	list
内容	content	提示信息	msg
导航	nav	栏目标题	title
侧栏	sidebar	加入	joinus
栏目	column	指南	guide
左、中、右	left、center、right	服务	service
页脚	footer	注册	register
标志	logo	状态	status
广告	banner	投票	vote
页面主体	main	合作伙伴	partner
热点	hot	css 文件	命名
新闻	news	主要的	style.css /master.css
下载	download	模块	module.css
子导航	subnav	基本共用	base.css
菜单	menu	布局、版面	layout.css
子菜单	submenu	主题	themes.css
搜索	search	专栏	columns.css
友情链接	friendLink	文字	font.css
版权	copyright	表单	forms.css
滚动	scroll	补丁	mend.css
登录条	loginbar	打印	print.css

8.2 单列布局

单列布局是网页布局的基础，所有复杂的布局都是在此基础上演变而来，如图 8.1 所示的网页效果图，总体上也是单列布局演化而来的。下面将该图首先进行单列布局，如图 8.3 所示。

招远市金丰矿山机械有限公司
header
nav
banner
main
footer

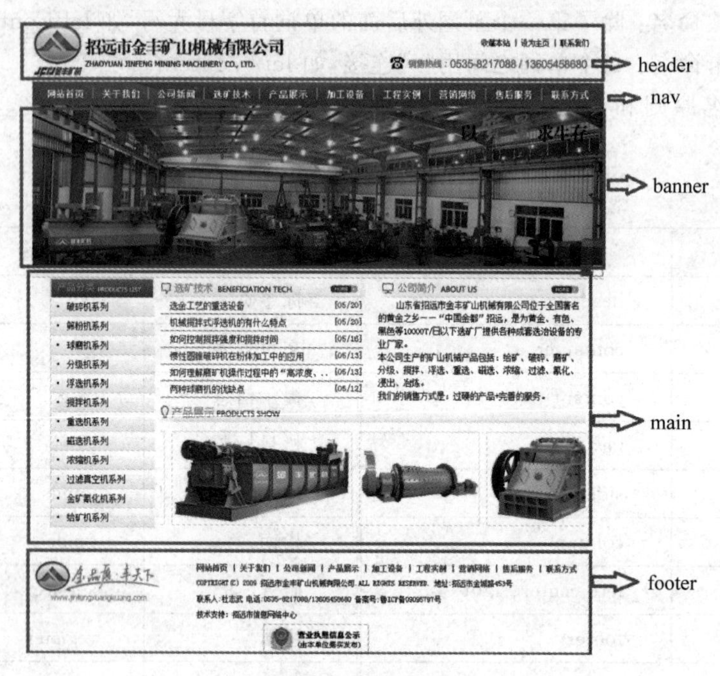

图 8.3 单列布局

将效果图转换为结构图，并标识每一部分，结构图如图 8.4 所示。

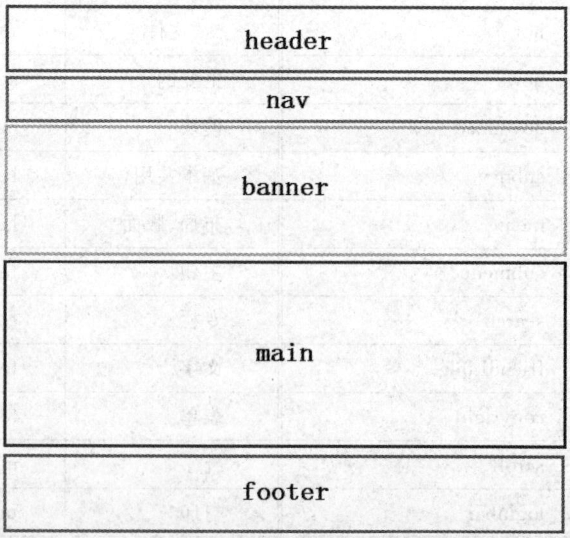

header
nav
banner
main
footer

图 8.4 单列布局的结构图

通过图 8.4 可以看出，这个页面从上到下分别为头部、导航栏、焦点图(广告图)、主体内容和页脚，每个模块单独占据一行，且宽度一致，为 960 像素。分析完结构图以后，下面使用 HTML 来搭建页面的结构。代码如下：

```
<!DOCTYPE html PUBLIC "-//W3C//DTD XHTML 1.0 Transitional//EN"
"http://www.w3.org/TR/xhtml1/DTD/xhtml1-transitional.dtd">
<html xmlns="http://www.w3.org/1999/xhtml">
<head>
<meta http-equiv="Content-Type" content="text/html; charset=utf-8" />
<title>单列布局的结构</title>
</head>
<body>
<div id="header"><!--头部部分 -->
    #header
</div>
<div id="nav"><!--导航栏 -->
    #nav
</div>
<div id="banner"><!--广告部分 -->
    #banner
</div>
<div id="main"><!--页面的主体-->
    #main
</div>
<div id="footer"><!--页面的脚注 -->
    #footer
</div>
</body>
</html>
```

实现以上单列排版布局，添加的 CSS 代码如下：

```
<style type="text/css">
#header{
    width: 960px;
    margin: 0px auto;            /* 设置在页面中居中 */
    height: 80px;
    border: 3px #FF0000 solid;
}
#nav{
    height: 40px;
    width: 960px;
    margin: 0px auto;
    border: 3px #0000FF solid;
}
#banner{
```

```
    height: 150px;
    width: 960px;
    margin: 0px auto;
    border: 3px #FF6600 solid;
}
#main{
    width: 960px;
    margin: 0 auto;
    height: 300px;
    border: 3px #339933 dotted;
    }
#footer{
    width: 960px;
    height: 80px;
    margin: 0px auto;
    margin-top: 5px;
    border: 3px #6666CC solid;
}</style>
```

实现效果如图 8.5 所示。

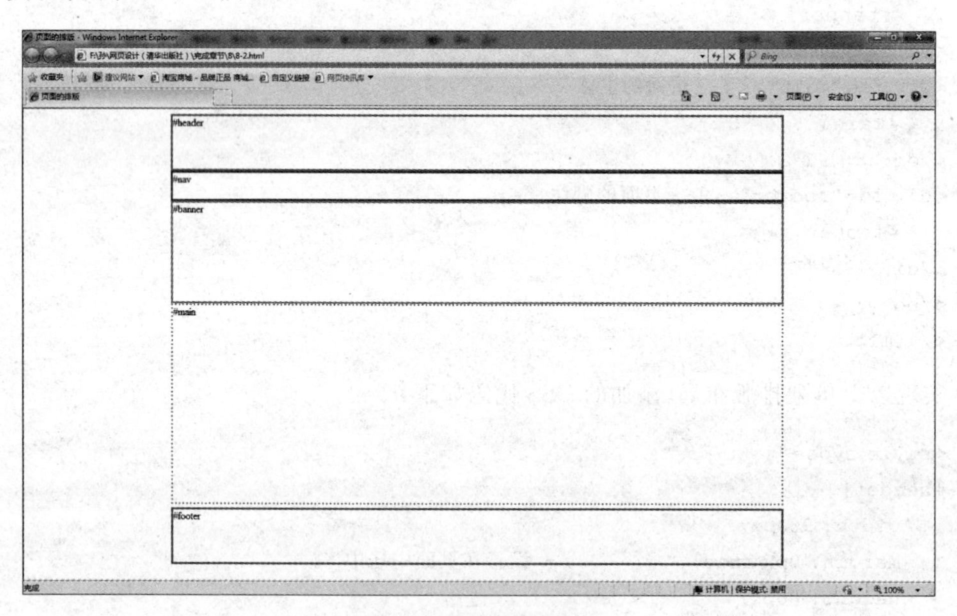

图 8.5　单列布局效果

如果页面中的所有模块居中，且宽度相同，还可以在页面中设定一个大的容器，把所有模块放进去，只要规定大的容器的宽度和居中就可以了，内容模块的宽度设定为 100%就可以了。大容器的 CSS 代码如下：

```
.container{
    width: 960px;                /*固定宽度*/
    margin: 0px auto;            /*在网页中居中*/
```

```
    padding: 0px;              /* 容器与内容的空隙为 0px */
}
```

有时候为了在不同的浏览器中都达到居中效果，往往会增加 body 的属性设置，代码如下：

```
body{
    margin: 0px ;
    text-align: center;        /* 使页面内容居中 */
}
.container{
    position: relative;
    width: 960px;              /* 固定宽度 */
    margin: 0px auto;          /* 在网页中居中 */
    padding: 0px;              /* 容器与内容的空隙为 0px */
    text-align: left;   /* 覆盖 body 中设置的对齐方式，使得容器中所有内容恢复左对齐 */
}
```

增加容器后，前面定义的 CSS 布局可进行相应修改，代码如下：

```
<style type="text/css">
#header{
    width: 100%;               /* 修改宽度为 100% */
    margin: 0px auto;          /* 设置在页面居中可以取消，通过大容器可以实现居中 */
    height: 80px;
    border: 3px #FF0000 solid;
}
#nav{
    height: 40px;
    width: 100%;
    margin: 0px auto;          /* 设置在页面居中可以取消，通过大容器可以实现居中 */
    border: 3px #0000FF solid;
}
#banner{
    width: 100%;               /* 修改宽度为 100% */
    margin: 0px auto;          /* 设置在页面居中可以取消，通过大容器可以实现居中 */
    height: 150px;
    border: 3px #FF6600 solid;
}
#main{
    width: 100%;               /* 修改宽度为 100% */
    margin: 0px auto;          /* 设置在页面居中可以取消，通过大容器可以实现居中 */
    height: 300px;
    border: 3px #339933 dotted;
    }
#footer{
    width: 100%;               /* 修改宽度为 100% */
    margin: 0px auto;          /* 设置在页面居中可以取消，通过大容器可以实现居中 */
```

```
    height: 80px;
    margin-top: 5px;
    border: 3px #6666CC solid;
}</style>
```

在这种结构下，如果整个页面需要调整宽度，只要修改大容器的宽度就可以了。

但是如果所有模块宽度不完全相同，那么就需要对每个模块分别设定不同的宽度。如图 8.6 所示的网页效果图，其中导航栏和脚注部分宽度是占满屏幕宽度的，即通栏的宽度。那么定义这两个模块时，可以设定宽度为 100%，并且不需要增加"margin: 0px auto"居中样式。

图 8.6 网页效果图

8.3 两列布局

单列布局是所有布局的基础，但在实际的网站中，很少有单列布局的，往往是两列布局或三列布局。两列布局可以看作是在单列布局的基础上，对某个模块进行分割，分割成左右两部分。如图 8.1 所示的网站首页中，就是将 main 模块进行了分割，分割成 left 和 right。网页结构图如 8.7 所示。

main 部分的 HTML 结构代码如下：

```
<div id="main"><!--页面的主体-->
<div class="left"><!--左边部分-->
    left
</div>
    <div class="right"><!--右边部分-->
    right
```

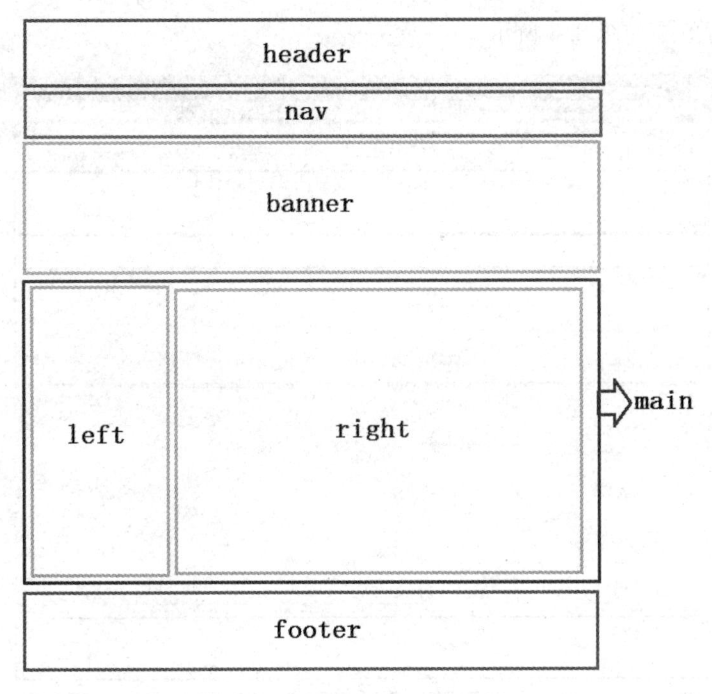

图 8.7 两列布局结构图

```
</div>
</div>
```

main 部分的 CSS 布局代码如下：

```
#main{
    width: 100%;            /*修改宽度为 100%*/
    margin: 0px auto;       /*设置在页面居中可以取消,通过大容器可以实现居中*/
    height: 300px;
    border: 3px #339933 dotted;
    overflow: hidden;       /*清除 main 中左右两栏浮动的影响*/
    }
#main .left{
    float: left;            /*向左浮动*/
    margin-left: 5px;       /*设置左栏与左边界之间的距离*/
    width: 260px;
    border: 1px #0099FF solid;
    height: 290px;
}
#main .right{
    float: left;            /*向左浮动*/
    width: 680px;           /*通过盒模型,计算右边栏的宽度*/
    border: 1px #0099FF solid;
    margin-left: 5px;       /*设置右栏与左栏之间的距离*/
    height: 290px;
}
```

页面的运行效果如图 8.8 所示。

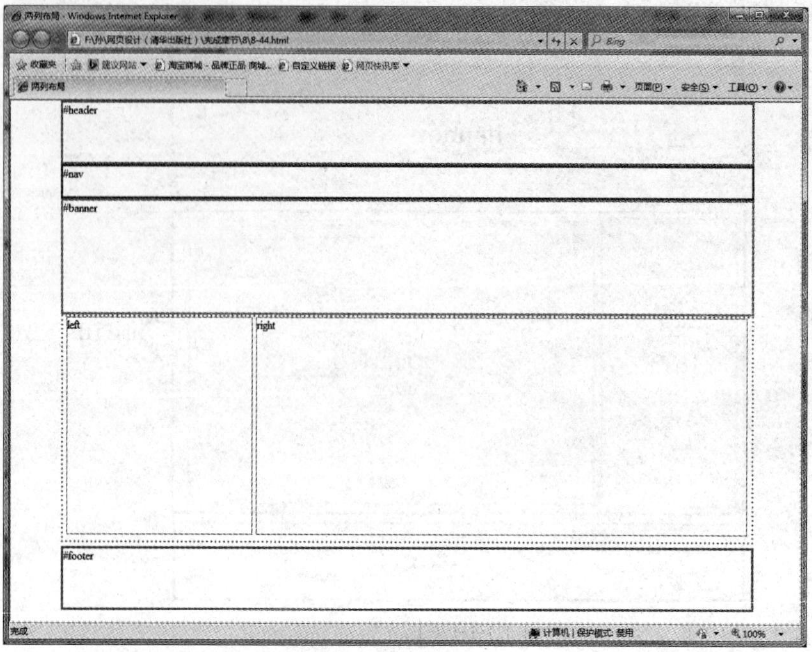

图 8.8　两列布局运行效果

注意：上面 CSS 代码中，main 部分的代码"overflow: hidden;"样式，用于清除左右栏浮动对父元素造成的影响，也可以采用 clear 方式来实现。读者可以考虑运用 clear 属性清除浮动的方法。

8.4　三列布局

对于一些大型网站，特别是电子商务类网站，由于内容分类比较多，通常需要采用三列布局。如图 8.9 所示的班级网站的首页，将主体内容 main 模块分割成了左、中、右三部分。在 main 区域，实现了三列布局。

该班级网站结构图如图 8.10 所示。

网站的 HTML 结构代码如下：

```
<body>
<div id="header">#header</div>
<!--end header -->
<div id="banner">#banner</div>
<!--end banner -->
<div id="menu">#menu</div>
<!--end menu -->
<div id="main">
    <div class="left">
  左边栏
```

图 8.9 班级网站首页布局图

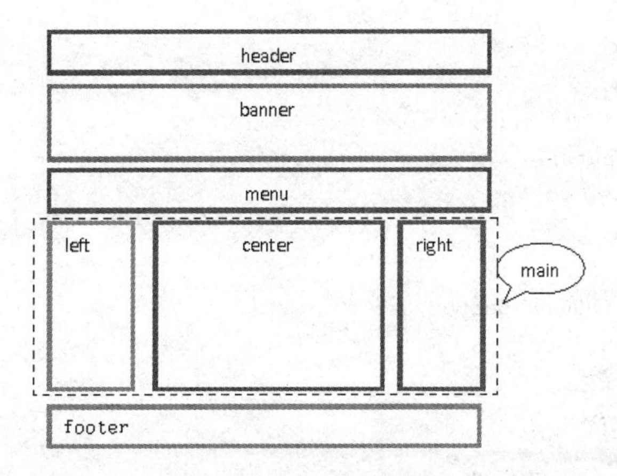

图 8.10 班级网站结构图

```
    </div>
    <div class="center">
  中间栏
    </div>
    <div class="right">
  右边栏
    </div>
<div class="clear"></div><!--增加空标签,实现清除浮动 -->
</div>
<!--end main -->
<div id="footer">#footer</div>
<!--end footer -->
</body>
```

案例中,main 区域实现三列布局,为了将左、中、右三列居中显示,把它们放进了 main 区域,只要定义 main 区域的宽度和居中,就可以实现三列的居中了。而这三列要在一行显示,就需要运用浮动。下面编写 CSS 样式,实现网站的布局。

```
<style type="text/css">
body{
    margin: 0px; padding: 0px; text-align: center;}
#header{
    width: 980px;
    margin: 0px auto;
    height: 48px;
    border: 3px #FF0000 solid;}
#banner{
    width: 980px;
    height: 230px;
    border: 3px #0000FF solid;
    margin: 5px auto;}
#menu{
    width: 980px;
    height: 48px;
    border: 3px #6C6 solid;
    margin: 5px auto;}
#main{
    width: 980px;
    margin: 5px auto;
    border: 3px #000000 dotted;
    padding: 5px;}
#main .left{
    width: 200px;
    float: left;
    border: 2px #6600CC solid;
    height: 400px;
    background-color: #06F;
```

```
    color: #FFF;}
#main .center{
    width: 540px;
    float: left;
    border: 2px #339999 solid;
    height: 400px;
    margin-left: 10px;
background-color: #C60;
    color: #FFF;}
#main .right{
    width: 200px;
    float: right;
    border: 2px #00FFFF solid;
    height: 400px;
background-color: #399;
    color: #FFF;    }
#footer{
    width: 980px;
    height: 86px;
    border: 3px #CC3300 solid;
    margin: 5px auto;}
.clear{
    clear: both;
    height: 0px;
    width: 100%;}
</style>
```

网页布局效果如图 8.11 所示。

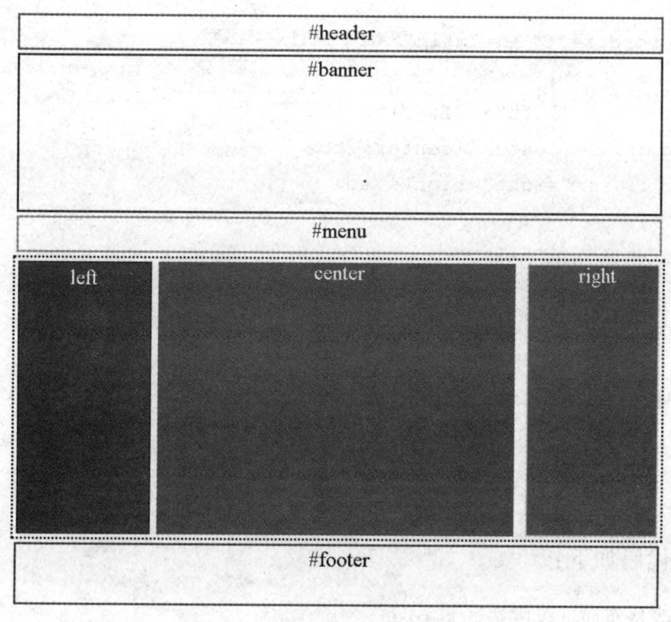

图 8.11　班级网站首页布局效果图

注意：上面 CSS 代码中，main 区域有三栏进行了浮动，为了清除浮动对父元素的影响，运用了 clear 方式来实现，即在 CSS 中定义清除浮动的样式.clear，还要在 HTML 结构中，增加一对空标签<div class="clear"></div><！--增加空标签，实现清除浮动 -->。增加空标签的位置，一定是在 main 模块结束之前，否则无法实现最终效果。

前面所讲的几种布局是网页的基本布局，在实际工作中，通常需要综合运用这几种布局，实现多行多列的布局样式。

8.5 CSS+DIV 布局与表格布局的差异

在表格布局中，使用标签<table>，并将 border 属性设置为 0，即表格可以不再显示边框。传统的表格布局也一直受到广大设计师的青睐，而且用表格划分页面思路很简单。

下面以三列布局为例，运用表格实现图 8.8 的布局效果，HTML 结构代码如下：

```
<body>
<table border="0">
  <tr>
    <td id="header">header</td>
  </tr>
    <tr>
    <td id="banner">banner</td>
  </tr>
    <tr>
    <td id="menu">menu</td>
  </tr>
    <tr>
    <td>
      <table border="0" id="main"><!--main -->
        <tr>
          <td class="left">left</td>
          <td class="center">center</td>
          <td class="right">right</td>
        </tr>
      </table><!--end main -->
    </td>
  </tr>
  <tr>
    <td id="footer">footer</td>
  </tr>
</table>
</body>
```

对应的 CSS 代码如下：

```
<title>运用表格布局班级网站</title>
<style type="text/css">
```

```
body{
    margin: 0px; padding: 0px; text-align: center;}
.w980{
    width: 980px;       /* 增加一个宽度为 980 像素的容器 */
    margin: 0px auto;   /* 设置容器在页面中居中 */
    padding: 5px;}
#header{
    width: 100%;        /* 宽度会根据容器宽度的变化而变化 */
    height: 48px;
    border: 3px #FF0000 solid;}
#banner{
    width: 100%;        /* 宽度会根据容器宽度的变化而变化 */
    height: 230px;
    border: 3px #0000FF solid;
    /* margin: 5px auto; */}
#menu{
    width: 100%;        /* 宽度会根据容器宽度的变化而变化 */
    height: 48px;
    border: 3px #6C6 solid;
    /* margin: 5px auto; */}
#main{
    width: 100%;        /* 宽度会根据容器宽度的变化而变化 */
    /* margin: 5px auto; */
    border: 3px #000000 dotted;
    padding: 5px;
    overflow: hidden;  /* 不再需要浮动,就不用清除浮动了 */}
#main .left{
    width: 20%;         /* 根据比例显示 */
    float: left;        /* 不需要浮动了 */
    border: 2px #6600CC solid;
    height: 400px;
    background-color: #06F;
    color: #FFF;    }
#main .center{
    width: 60%;         /* 根据比例显示 */
    float: left;        /* 不需要浮动了 */
    border: 2px #339999 solid;
    height: 400px;
    margin-left: 10px; /* 不需要设定两个模块的间隔 */
    background-color: #C60;
    color: #FFF;}
#main .right{
    width: 20%;         /* 根据比例显示 */
    float: left;        /* 不需要浮动了 */
    border: 2px #00FFFF solid;
```

```
    height: 400px;
    background-color: #399;
    color: #FFF;     }
#footer{
    width: 100%;          /* 宽度会根据容器宽度的变化而变化 */
    height: 86px;
    border: 3px #CC3300 solid;
    /* margin: 5px auto; */}
</style>
```

程序运行效果如图 8.12 所示。

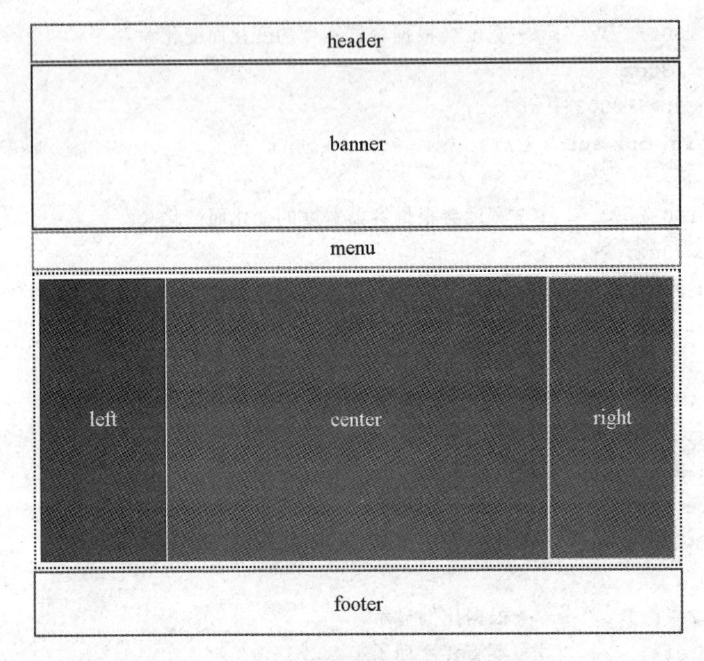

图 8.12 运用表格布局班级网站效果图

利用表格可以轻松地将整个页面划分成需要的各个模块，至于各个模块中的内容如果需要再划分，则可以通过再嵌套表格来实现。整体思路简单明了，无论是 HTML 的初学者还是熟手，制作起来都很容易。这相对于 CSS 排版中的浮动和定位，无疑是很大的优势，这也是网页中常用 table 布局排版的原因。

另外，由于表格中各个单元格都是随着表格的大小自动调整的，所以表格排版不存在类似 CSS 排版中盒模型的问题，需要计算每个模块的大小，如表格布局的班级网站，左、中、右三列通过比例划分，不存在哪个模块被挤下去的问题。而且对于表格中<tr>、<td>等标记，同样可以使用 CSS 的 padding、margin 和 border 等属性进行样式的调整。

但是表格排版也存在各种各样的问题。首先，利用表格排版的页面，升级困难。如图 8.9 所示的页面结构，当页面制作完成后，如果希望将 left 和 right 两个模块的位置对调，那么表格排版的工作量相当大。因为这两个模块里可能嵌套了多层表格，进行所有内容的移动是很麻烦的。而 CSS 排版的页面，只要利用 float 和 position 属性，就可以轻松移动整个模块，还能实现让用户动态选择界面的功能。

利用表格排版，在访问页面时，必须等整个表格的内容都下载完毕之后，才会一次性显示出来，而利用 DIV+CSS 布局的页面，在下载时就科学多了，各个子块可以分别下载显示，从而提高了页面的下载速度，搜索引擎的排名也会因此而提高。

DIV+CSS 的页面布局，使得数据与 CSS 文件完全分离，美工在修改页面时，不需要关心任何后台操作的问题，而表格排版由于依赖各个单元格，美工必须在大量的后台代码中寻找排版方式。

通过上面的分析，我们对于什么样的网站该选择哪样的排版方式已经心中有数了。一般来讲，布局简单的页面，可以采用表格来实现，而复杂的页面，需要改版和升级的网站，最好采用 DIV+CSS。

8.6 网页布局实战

通过前面的学习，读者应该了解基本的一列、两列、三列布局方法，在此基础上，来完成 8.1 节提到的网页结构图 8.2，并为每个区域命名。结构图如图 8.13 所示。下面实现该网页的整体布局。

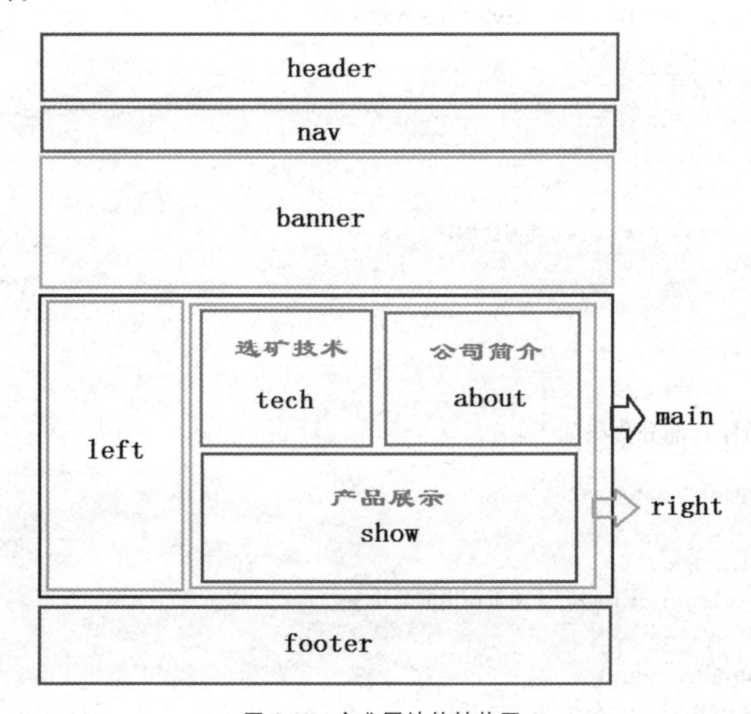

图 8.13 企业网站的结构图

HTML 结构部分代码如下：

```
<body>
<div class="container">
<div id="header"><!--头部部分 -->
    #header
  </div>
```

```
<div id="nav"><!--导航栏 -->
    #nav
  </div>
<div id="banner"><!--广告部分 -->
    #banner
</div>
<div id="main"><!--页面的主体-->
  <div class="left"><!--左边部分-->
    left
  </div>
  <div class="right"><!--右边部分-->
    <div class="tech">
        选矿技术
    </div>
    <div class="about">
        公司简介
    </div>
    <div class="clear"></div><!--清除浮动-->
    <div class="show">
        产品展示
    </div>
  </div>
  </div>
  <div id="footer"><!--页面的脚注 -->
    #footer
  </div>
</div>
</body>
```

CSS 布局样式部分代码如下：

```
<style type="text/css">
body{
    margin: 0px ;
    text-align: center;/*使页面内容居中*/
}
.container{
    position: relative;
    width: 960px;        /*固定宽度*/
    margin: 0px auto;    /*在网页中居中*/
    padding: 0px;        /*容器与内容的空隙为 0px*/
    text-align: left;    /*覆盖 body 中设置的对齐方式,使得容器中所有内容恢复左对齐*/
}
#header{
    width: 100%;         /*修改宽度为 100%*/
    margin: 0px auto;    /*设置在页面居中可以取消,通过大容器可以实现居中*/
```

```
    height: 80px;
    border: 3px #FF0000 solid;
}
#nav{
    height: 40px;
    width: 100%;
margin: 0px auto;       /*设置在页面居中可以取消,通过大容器可以实现居中*/
    border: 3px #0000FF solid;
}
#banner{
width: 100%;            /*修改宽度为100%*/
    margin: 0px auto;   /*设置在页面居中可以取消,通过大容器可以实现居中*/
    height: 150px;
    border: 3px #FF6600 solid;
}
#main{
    width: 100%;        /*修改宽度为100%*/
    margin: 0px auto;   /*设置在页面居中可以取消,通过大容器可以实现居中*/
    height: 300px;
    border: 3px #339933 dotted;
    overflow: hidden;   /*清除main中左右两栏浮动的影响*/
    }
#main .left{
    float: left;        /*向左浮动*/
    margin-left: 5px;   /*设置左栏与左边界之间的距离*/
    width: 260px;
    border: 1px #0099FF solid;
    height: 290px;
}
#main .right{
    float: left;        /*向左浮动*/
    width: 680px;       /*通过盒模型,计算右边栏的最大宽度*/
    border: 1px #0099FF solid;
    margin-left: 5px;   /*设置右栏与左栏之间的距离*/
    height: 290px;
}
#main .right .tech{     /*定义选矿技术部分的布局*/
    float: left;
    width: 330px;
    height: 150px;
    background-color: #09F;
    color: #FFF;
    margin-left: 5px;
}
#main .right .about{    /*定义公司介绍部分的布局*/
    float: left;
    width: 330px;
```

```
    height: 150px;
    background-color: #C63;
    color: #FFF;
    margin-left: 5px;
}
#main .right .show{      /* 定义产品展示部分的布局 */
    width: 670px;
    height: 130px;
    background-color: #C99;
    color: #FFF;
    margin-top: 3px;
    margin-left: 5px;
}
.clear{
    clear: both;
    width: 100%;
    height: 0px;
}
#footer{
    width: 100%;          /* 修改宽度为 100% */
    height: 80px;
    margin-top: 5px;
    border: 3px #6666CC solid;
}</style>
```

页面运行效果如图 8.14 所示。

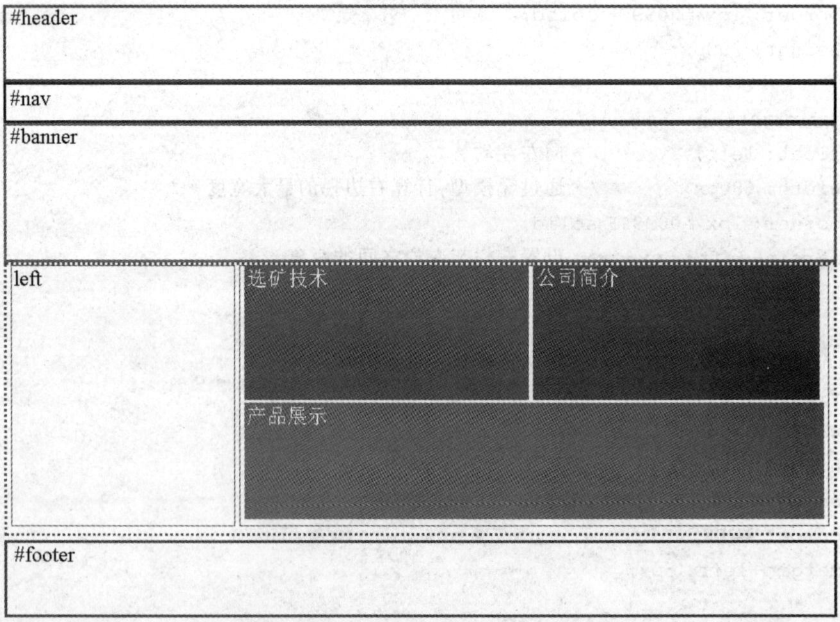

图 8.14　实现网页布局效果

8.7 本章小结

本章首先介绍了 CSS 排版理念，接着介绍了单列布局、两列布局和三列布局的方法，然后分析了表格布局和 CSS+DIV 布局的差异，最后完成了一个企业网站首页的布局。

通过本章的学习，读者应该熟悉布局网页的思路及网页的布局方法。在以后制作网页时，可以遵循这种思路，以实现复杂网页的布局和设计。

8.8 习题

操作题。完成图 8.15 所示的网页布局。

图 8.15 网页实例

第9章 JavaScript基础

本章学习目标

(1) 熟练掌握在页面中嵌入JavaScript脚本的方法。

(2) 了解JavaScript的基本语法。

(3) 熟练掌握定义和调用JavaScript函数的方法。

(4) 熟练掌握JavaScript对象的概念和使用方法。

(5) 熟练掌握JavaScript事件的概念和使用方法。

(6) 掌握访问和修改页面元素的方法。

JavaScript是开发网站时使用最多的一种脚本技术,可以为网页增添动态特效,并能提高网页响应速度。将JavaScript脚本代码嵌入到网页代码中,由浏览器解释并执行。合理地使用JavaScript,可以使网站更具吸引力。

9.1 JavaScript概述

ECMAScript即通常所说的JavaScript。为了在学习语法之前对JavaScript有很好的认识,方便书写代码和调试,下面介绍JavaScript的特点,以及JavaScript在HTML中的应用方式。

9.1.1 初识JavaScript

JavaScript是一种解释型语言,其源代码不经过编译,而是在运行时被“翻译”,所以称为脚本式语言。JavaScript是网景公司(Netscape)开发的,专门为制作Web网页而量身定做的一种简单的脚本语言,又称为描述语言。当前使用的浏览器基本都支持JavaScript脚本。

JavaScript代码短小精悍,又是在客户机上执行,大大提高了网页的浏览速度和交互能力。它的出现使得网页和用户之间实现了一种实时的、动态的、交互性的关系。JavaScript使有规律的重复的HTML文段简化,减少了下载时间。JavaScript能及时响应用户的操作,在客户端对提交的表单做即时检查,无须浪费时间交由服务器端验证。使用JavaScript可以开发交互式Web网页,使网页包含更多活跃的元素和更加精彩的内容。JavaScript的特点是无穷无尽的,只要你有创意。

JavaScript有以下几个特点。

1. JavaScript是基于对象的(Object-Based)

说它基于对象,而不是面向对象,主要是因为JavaScript没有提供抽象、继承、重载等有关面向对象的功能,而是把HTML对象、浏览器对象以及自身的内置对象统一起来,形成了一个非常强大的对象系统。

2. JavaScript 是事件驱动的(Event-Driven)

所谓事件驱动,简单地说就是你按什么按钮(即产生什么事件),计算机就执行什么操作(即调用什么函数)。事件不仅来自用户(如鼠标、键盘事件等),也有来自硬件的(如时钟事件等)和来自软件的(如操作系统、应用程序本身等)。

特定的 JavaScript 代码的功能要和相应的事件联系起来,当在页面上发生相应事件时由浏览器来解释执行。

3. JavaScript 是一种脚本语言

脚本语言的意思就是不需要编译,嵌入在 HTML 网页中,以源码形式存在,由浏览器解释执行。在代码形式上以小程序段的方式编程,提供了一个简易的开发过程。

4. 安全性

使用 JavaScript 代码不需访问本地硬盘,不需把数据存到服务器上,不允许对网络文档进行修改和删除。所以该语言具有很高的安全性。

5. 动态性

JavaScript 是动态的,可以直接对用户或客户的输入做出响应,无须经过 Web 服务程序。

6. 跨平台性

JavaScript 依赖于浏览器本身,与系统环境无关。所有主流的浏览器又都支持 JavaScript,所以跨平台性良好。

9.1.2 在 HTML 中使用 JavaScript 脚本

JavaScript 代码可以嵌入在网页中,主要有两种形式:直接加入到页面代码中和引入外部脚本文件。下面介绍这两种形式的用法。

1. 直接加入到页面代码中

在 HTML 文件的<script>和</script>标签中编写 JavaScript 脚本。<script>和</script>标签是配对使用的,可以出现在 HTML 文件的<head>和</head>标签之间,也可以出现在<body></body>标签之间的任意位置。

在一个 HTML 文档中,可以使用多个<script></script>标签,嵌入多段 JavaScript 代码,并且各段代码之间可以相互访问,如同将所有代码放在一对<script></script>标签之中的效果。

1) JavaScript 脚本放置在<body>和</body>中

```
<html>
    <body>
        <script language="javascript">
            Document.write("Hello world!");
        </script>
    </body>
</html>
```

放置在<body>和</body>中的脚本,当页面载入时,它会被执行,生成页面的内容。本例的运行结果如下:

```
Hello world!
```

说明：其中<！--和//-->的作用是，让不识别<script>标记的浏览器忽略 JavaScript 代码。具体见后面的 JavaScript 注释语句。

2）JavaScript 放置在<head>和</head>中

```
<html>
    <head>
    <script language="javascript">
    ⋮
    </script>
</head>
⋮
</html>
```

放置在 head 头部的脚本被调用时，或者事件被触发时，脚本就会被执行，因为它在需要执行前已经被载入了。

总之，可以在文档中放置一个或多个脚本，既可以放置在<head>和</head>中，也可以放置在<body>和</body>中。

2. 引入外部脚本文件

将 JavaScript 脚本代码另存为一个文件，文件名的格式为 *.js，一般可以在页面的头部<head>和</head>之间引入该脚本文件。假设外部脚本文件为 function.js，则引入脚本文件的语句为

```
<script src="路径\function.js" type="text/javascript"></script>
```

说明：一个文件的<head>与</head>之间可以导入多个.js 文件。

9.1.3 JavaScript 注释

为 JavaScript 脚本代码添加合适的注释，可以解释程序中某些语句的作用及功能，使程序更清晰，易于理解，注释将不会被浏览器执行。

也可以使用注释来屏蔽某些暂时不用的语句，使浏览器对其暂时忽略，等到需要这些语句时，再取消注释，这些语句就会重新发挥作用。

JavaScript 提供两种注释符号：//和/*…*/。其中//用于单行注释，即在某行的末尾添加，对该行语句进行说明。/*…*/用于多行注释，/*符号是注释的开始，*/是注释的结束，在其间的内容均为注释内容。

说明：在多行注释中，可以嵌套单行注释，但不可以嵌套多行注释。因为每一个/*符号和*/符号相匹配，如果存在嵌套，将使后面的注释不起作用，导致程序出错。

除了上述两种注释外，JavaScript 还能识别 HTML 注释的开始部分<！--，JavaScript 将其作为单行注释来看待，就像使用//一样。但 JavaScript 不能识别 HTML 注释的结束部分-->。所以，可以第一行以<！--开始，最后一行以//-->结束。这样，其间的程序就包含在整个的 HTML 注释中，可以被不支持 JavaScript 的浏览器忽略掉。

用这种方式可以对那些不识别 JavaScript 代码的浏览器隐藏其代码，而对那些可以识

别 JavaScript 代码的浏览器则不隐藏。例如下面的例子。

```
<html>
    <body>
        <script language="javascript">
        <!--
            Document.write("Hello world!");
        //-->
        </script>
    </body>
</html>
```

9.2 JavaScript 基本语法

下面来介绍 EMCAScript 标准所描述的 JavaScript 的标识符、数据类型、常量、变量、运算符、流程控制语句及函数等基本内容。

9.2.1 标识符和关键字

1. 标识符

标识符就是一个名称。可以用来命名变量和函数，或者用作 JavaScript 代码中某些循环的标签。在 JavaScript 中，标识符由大小写字母、数字、下画线和美元符号($)组成，但不能以数字开头。标识符分为关键字和自定义标识符两种。

说明：不允许将数字作为首字符，以便 JavaScript 能轻易地区分开标识符和数字。JavaScript 中区分大小写字母，而 HTML 代码中不区分。

2. 关键字

关键字由特定的字符组成，是系统预留出来的。它是一种特殊的标识符，有其固定的含义。所以，关键字不能作为变量名或函数名使用。若使用关键字作为自定义变量名或函数名，将会出现编译错误。JavaScript 关键字如表 9.1 所示。

表 9.1 JavaScript 关键字

abstract	continue	finally	instanceof	private	this
boolean	default	float	int	public	throw
break	do	for	interface	return	typeof
bytc	double	function	long	short	true
case	else	goto	native	static	var
catch	extends	implements	new	super	void
char	false	import	null	switch	while
class	final	in	package	synchronized	with

3. 自定义标识符

自定义标识符指用户自己起的名字，例如变量名或函数名。起名时要尽量做到见名知意，注意不能与系统预留出来的关键字重名。

9.2.2 数据类型

每一种计算机语言都有自己所支持的数据类型，JavaScript 有 5 种简单数据类型：数值类型、字符串类型、布尔类型、Undefined 和 Null；此外，还有一种复杂数据类型：对象类型(Object)，数组也是一种特别的对象。此外，JavaScript 还为特殊的目的定义了其他特殊的对象类型，如 Date 对象是一个日期时间类型。下面详细介绍基本数据类型。

1. 数值类型(Number)

JavaScript 的数值类型可以分为四类：整数、浮点数、内部常量和特殊值。

1）整数

整数可以是正数、0 或者负数，可以用十进制整数、八进制整数或十六进制整数表示。八进制整数用一个前导 0 标识，包含从 0～7 的数字。没有前导 0，直接写的数字是一个十进制数字。十六进制整数用前导 0x 或 0X 标识。包含从 0～9 的数字以及 A～F(或者 a～f)的字符。

说明：在十六进制的计数法中，允许出现字母 e，但它不表示这是一个指数。

八进制和十六进制可以是正数、0 和负数，但不能为小数。一个以单个 0 开头并包含一个小数点的数是一个十进制浮点数；如果以 0x 或者 00 开头并包含一个小数点，则该小数点右边的任何数都将被忽略。

2）浮点数

浮点数与整数不同，它含有小数部分，并可以通过指数来表示精确度。浮点数由十进制数、小数点和小数部分组成。在 JavaScript 中，采用 IEEE754 标准定义的 64 位浮点格式表示数字，这意味着它能表示的最大值是 $1.797\,631\,348\,623\,157\times10^{308}$（表示正值最大和负值最大），最小值是 5×10^{-324}。

3）内部常量

为了方便计算，程序中往往通过 Math 对象来引用一些数学上的数字常量，如表 9.2 所示。

表 9.2 常用的数字常量

数字常量	含　义	数字常量	含　义
Math. E	自然对数的底数	Math. lgE	以 10 为底的 e 的对数
Math. ln2	2 的自然对数	Math. PI	常数 π
Math. ln10	10 的自然对数	Math. SQRT1/2	0.5 的平方根
Math. lb2E	以 2 为底的 e 的对数	Math. SQRT2	2 的平方根

4）特殊值

下面列出了数学上需要用到的特殊值，这些值是通过 Number 对象得到的，如表 9.3 所示。

表 9.3　数学上需要用到的特殊值及其含义

特 殊 值	含 义	特 殊 值	含 义
Num. MAX_VALUE	可表示的最大值	Num. POSITIVE_INFINITY	正无穷大
Num. NaN	非数学字符	Num. NEGATIVE_INFINITY	负无穷小
Num. MIN_VALUE	可表示最小值		

2. 字符串类型(String)

字符串可以是一对单引号或双引号中的任意文本。引号中间的文本可以是任意多个字符,如果没有字符则是一个空字符串。一个字符串也是 JavaScript 中的一个对象,有专门的属性。

单引号定界的字符串中可以包含双引号,双引号定界的字符串中也可以包含单引号。在使用特殊字符时,JavaScript 提供了相应的转义字符与其匹配,如表 9.4 所示。

表 9.4　转义字符及其含义

转义字符	含 义	转义字符	含 义
\b	退格键	\v	纵向列表
\f	换页	\’	单引号
\n	换行	\”	双引号
\r	回车	\(	左括号
\t	制表符	\)	右括号
\\	反斜线	\{	左大括号
\/	正斜线	\}	右大括号
\xxx	3 位八进制	\[	左方括号
\xx	2 位八进制	\]	右方括号
\uxxxx	4 位十六进制表示的双字节字符	*	星号
\?	问号	\+	加号

3. 布尔类型(Boolean)

布尔类型(Boolean)是一个逻辑数值,用于表示两种可能的情况。逻辑真用 true,逻辑假用 false;或者 1 表示真,0 表示假。

在 JavaScript 程序中,布尔值通常用来表示比较所得的结果,例如:

```
x==0;
```

这行代码测试了变量 x 的值是否等于 0,如果为 0,则比较的结果就是布尔值 true,否则就是布尔值 false。

4. 未定义数据类型(Undefined)

数据类型都是有值的,未定义数据类型(Undefined)的值就是 undefined。注意,其中 u 是小写字母。未定义数据类型 Undefined,表示一个未定义的值。变量被创建但未被赋值时,其值就是 Undefined 类型。对于数值型变量,若创建后未定义数值,其值为 NaN;对于字符串变量,若创建后未定义数值,其值为 undefined;对于逻辑型变量,若创建后未定义数值,其值为 false。

5. 空类型(Null)

Null 在 JavaScript 中是一个特殊类型,其值为 null,表示一个空值,既没有值也不是 0。

9.2.3 常量和变量

1. 常量

常量是指在程序运行过程中,其值不发生改变的量。

在 JavaScript 中,常量有以下 5 种基本类型。

(1) 整型常量:34、510(十进制),0X31BF(十六进制),037(八进制)。

(2) 实型常量:12.32、0.1938(小数表示法),2.4e3(2.4×10^3,科学计数法,又称为指数计数法)。

(3) 布尔值:true 或 false。

(4) 字符型常量:使用单引号(')或双引号(")括起来的一个或几个字符,如"This is a book of JavaScript"、"3245"、"ewrt234234"等。

(5) 空值:JavaScript 中有一个空值 null,表示什么也没有。若试图引用没有定义的变量时,则返回一个 null 值。

2. 变量

变量是程序运行过程中,其值可发生改变的量。变量是存取数字、提供存放信息的容器。下面从变量的命名规则、变量的声明与赋值、变量的作用域 3 个方面进行介绍。

1) 变量的命名

在 JavaScript 中,变量的命名规则如下。

(1) 由字母、数字和下画线组成,不能以数字开头。

(2) 变量名不能包含空格、加号、减号等符号。

(3) 不能使用 JavaScript 中的关键字。

(4) 变量名严格区分大小写。

说明:虽然变量可以任意命名,但在使用时,最好采用具有一定意义、便于记忆的变量名称,以增加程序的可读性。

2) 变量的声明与赋值

所有的 JavaScript 变量都用关键字 var 声明,其语法格式如下:

```
var 变量名;
```

在声明变量的同时也可以对变量进行赋值,例如:

```
var a,b,c=1;
```

声明变量 a、b、c,同时对 c 赋值为 1。

说明:var 语句可以用作 for 循环和 for…in 循环的一部分,这样使循环变量的声明成为循环语句自身的一部分,使用起来比较方便。

另外,由于 JavaScript 采用弱类型的数据形式,即变量的数据类型可以不必先声明,在使用变量或进行赋值时再确定其数据类型,即可以把任意类型的数据赋值给变量。当然也可以先声明该数据类型,再赋值。

```
var num=23;          //num 为数值类型
num="Tom";           //num 变成字符串类型
```

3) 变量的作用域

变量的作用域是指某变量在程序中的有效范围。JavaScript 中的变量根据其作用域可以分为两种:全局变量和局部变量。全局变量是定义在所有函数之外,作用于整个程序的变量;局部变量是定义在函数体内,只作用于函数体的变量,函数的参数也是局部变量,它只在函数内部起作用。

说明:当给一个尚未声明的变量赋值时,JavaScript 会自动用该变量名创建一个全局变量。在一个函数内部,通常创建的只是一个仅在函数内部起作用的局部变量,而不是一个全局变量。

9.2.4 运算符和表达式

JavaScript 提供了丰富的运算符,有算术运算符和关系运算符、逻辑运算符、位运算符和赋值运算符等。由常量、变量、运算符和括号连接起来的符合 JavaScript 语法规则的式子称为表达式。

1. 算术运算符

算术运算符可以进行加、减、乘、除和其他算术运算。算术运算符如表 9.5 所示。

表 9.5 算术运算符

运算符	表达式	描述	示例
+	x+y	返回 x 加 y 的值	z=x+y,返回 z 值为 10
—	x—y	返回 x 减 y 的值	z=x—y,返回 z 值为 4
*	x*y	返回 x 乘以 y 的值	z=x*y,返回 z 值为 21
/	x/y	返回 x 除以 y 的值	z=x/y,返回 z 值为 2
%	x%y	返回 x 与 y 的模	z=x%y,返回 z 值为 1
++	x++、++x	自增运算符	x++结果值为 7;++x 结果值为 8
——	x——、——x	自减运算符	x——结果值为 7,——x 结果值为 6

注:表中 x 的值为 7,y 的值为 3。

2. 关系运算符

关系运算符又称为比较运算符,用于两个值之间的比较运算。比较运算的结果为布尔类型，其值为 true 或 false。关系运算符如表 9.6 所示。

表 9.6 关系运算符

运算符	表达式	描述	示例
＞	表达式 1＞表达式 2	判断表达式 1 的值是否大于表达式 2 的值	x＞2，返回结果为 false
＜	表达式 1＜表达式 2	判断表达式 1 的值是否小于表达式 2 的值	x＜2，返回结果为 true
＞＝	表达式 1＞＝表达式 2	判断表达式 1 的值是否大于等于表达式 2 的值	x＞＝2，返回结果为 false
＜＝	表达式 1＜＝表达式 2	判断表达式 1 的值是否小于等于表达式 2 的值	x＜＝2，返回结果为 true
＝＝	表达式 1＝＝表达式 2	判断左右两边表达式的值是否相等	x＝＝1，返回结果为 true
＝＝＝	表达式 1＝＝＝表达式 2	判断左右两边表达式是否类型和值都相等	x＝＝＝1 为 true，x＝＝＝"1"为 false
!＝	表达式 1!＝表达式 2	判断表达式 1 的值是否不等于表达式 2 的值	x!＝2，返回结果为 true

注：表中 x 的值为 1。

由常量、变量、关系运算符和括号连接起来的符合 JavaScript 语法规则的式子称为关系表达式，如 3＞5、7＜＝9、x＝＝4 等。

3. 逻辑运算符

逻辑运算符常用来连接多个关系表达式，运算结果是布尔类型。常与比较运算符一起使用，可进行复杂的比较运算。这些运算涉及的变量通常不止一个，常使用在 if、while、for 语句中。逻辑运算符如表 9.7 所示。

表 9.7 逻辑运算符

<table>
<tr><th>运算符</th><th>表达式</th><th>描述</th><th>示例</th></tr>
<tr><td>&&</td><td>表达式 1&&表达式 2</td><td>逻辑与。若两边表达式的值都为 true，则返回 true；若表达式的值任意一个为 false，则返回 false</td><td>x＞0&&y＞0，则该表达式的值为 true；
x＞0&&y＜0，则该表达式的值为 false</td></tr>
<tr><td>||</td><td>表达式 1||表达式 2</td><td>逻辑或。只有两边表达式的值都为 false，才返回 false</td><td>x＞0||y＜0，则该表达式的值为 true；
x＜0||y＜0，则该表达式的值为 false</td></tr>
<tr><td>!</td><td>!表达式</td><td>逻辑非。若表达式的值为 true，则返回 false；若表达式的值为 false，则返回 true</td><td>!(x＜y)，则该表达式的值为 false；
!(x＞y)，则该表达式的值为 true</td></tr>
</table>

注：表中 x 的值为 1，y 的值为 2。

4. 赋值运算符

"＝"是最基本的赋值运算符，用于对变量进行赋值，其他运算符都可以和赋值运算符联合使用，构成组合赋值运算符。常用的赋值运算符如表 9.8 所示。

表 9.8　赋值运算符

运　算　符	表　达　式	描　　述
＝	变量＝表达式	将右端表达式的值赋予变量
＋＝	变量＋＝表达式	将右端表达式的值与变量值执行加操作后赋予变量
－＝	变量－＝表达式	将右端表达式的值与变量值执行减操作后赋予变量
*＝	变量 *＝表达式	将右端表达式的值与变量值执行乘以操作后赋予变量
/＝	变量/＝表达式	将右端表达式的值与变量值执行除以操作后赋予变量
%＝	变量%＝表达式	将右端表达式的值与变量值执行模运算后赋予变量
＜＜＝	变量＜＜＝表达式	对变量按将表达式的值向左移
＞＞＝	变量＞＞＝表达式	对变量按表达式的值向右移
＞＞＞＝	变量＞＞＞＝表达式	对变量按表达式的值向右移，空位补 0
&＝	变量 &＝表达式	将表达式的值与变量的值执行与操作后赋予变量
｜＝	变量｜＝表达式	将表达式的值与变量的值执行或操作后赋予变量
^＝	变量^＝表达式	将表达式的值与变量的值执行异或操作后赋予变量

5. 字符串运算符

在 JavaScript 中，可以使用运算符“＋”对两个字符串进行连接运算，即将两个字符串连接起来。例如：

```
var string1="I";
var string2="love";
var string3="my";
var string4="class!";
var joinstring1=string1+string2+string3+string4;      //运行结果为 Ilovemyclass!
var joinstring2=string1+" "+string2+" "+string3+" "+string4;
//运行结果为 I love my class!
```

6. 条件运算符

JavaScript 支持 C、C++、Java 中使用的条件表达式“?：”。这个运算符是三元运算符，它有 3 个部分：一个逻辑表达式和两个根据条件返回的真假值。语法格式如下：

```
逻辑表达式?值 1: 值 2
```

如果逻辑表达式成立，则整个条件表达式的值为值 1，否则条件表达式的值为值 2。

9.2.5　流程控制语句

结构化程序设计有 3 种基本结构：顺序结构、选择结构和循环结构。流程控制语句主要有两种：条件语句和循环语句。条件判断语句包括 if 语句及其各种变形、switch 语句，这些语句各有各的特点，在一定条件下可以相互转换。JavaScript 的循环语句包括 while 语句、do…while 语句、for 语句、for…in 语句等。下面分别介绍这些语句。

1. if 语句

if 语句是最常用的条件判断语句，通过判断条件表达式的值为 true 或 false，来确定是否执行一段语句，或者决定执行哪段语句。

1) 简单 if 语句

格式如下：

```
if(条件表达式){
    程序语句;
}
```

其中，条件表达式用于指定 if 语句执行的条件，当表达式的值为 true 时，执行后面的程序语句；当表达式的值为 false 时，不执行后面的程序语句。

大括号{}的作用是将多条语句组成一个语句块，将其作为一个整体来进行处理。如果大括号中只有一条语句，则大括号可以省略。

2) if…else 语句

语法格式如下：

```
if(条件表达式){
    程序语句 1;
}else {
    程序语句 2;
}
```

执行过程：首先判断条件表达式的值，如果为 true，则执行程序语句 1 的内容，否则执行程序语句 2 的内容。

3) if…else if…else if…else 语句

在 if 语句中，如果判断条件不止一个，可以使用多个 if…else 语句。语法格式如下：

```
if(条件表达式 1){
    程序语句 1;}
else if(条件表达式 2){
        程序语句 2;}
else if(条件表达式 n){
        程序语句 n;}
else{
        程序语句 n+1;}
```

执行过程：首先判断条件表达式 1，如果为 true，则执行程序语句 1，否则继续判断条件表达式 2，如果为 true，则执行程序语句 2，依此类推，如果所有条件表达式均不成立，则执行最后的程序语句 n+1。

2. switch 语句

switch 语句用于将一个表达式的结果同多个值进行比较，并根据比较结果来选择执行哪条语句。语法格式如下：

```
switch(表达式)
```

```
{
    case 整型常量值 1:
        程序语句 1;
        break;
    case 整型常量值 2:
        程序语句 2;
        break;
    ⋮
    case 整型常量值 n:
        程序语句 n;
        break;
    default:
        程序语句 n+1;
        break;
}
```

执行过程：先求 switch 表达式的值，然后查找与该值相匹配的值所对应的 case 子句。找到匹配的子句后，执行其后的语句，最后执行 break 语句，跳出 switch 语句的执行，转移到 switch 语句后面的第一条语句；如果没有找到与表达式相匹配的 case 子句，则执行 default 后的语句；如果 switch 块中没有 default 语句，则跳过 switch 语句。

3. while 语句

while 语句的语法格式如下：

```
while(表达式){
    语句块;          //循环体
}
```

执行过程：首先求 while 的循环条件(表达式)的值，若值为 true，则执行语句块(循环体)，当循环体执行完毕，则完成第一次循环。第二次重新求循环条件是否为 true，若为 true，则再次执行循环体，这时第二次循环执行完毕，重复执行这个过程，直到循环条件为 false，退出 while 循环的执行。控制权将转到 while 语句后面的语句。

4. do…while 语句

do…while 语句的语法格式如下：

```
do{
    语句块;          //循环体
}while(表达式);
```

执行过程：首先执行循环体，当循环体执行完毕后，再求 while 表达式的值，如果为 true，则再执行循环体；如果 while 表达式的值为 false，则退出循环。循环体执行完毕后，重新求表达式的值。重复这个“先执行后判断”的过程，直到 while 表达式的值为 false 退出循环，将控制权交给 do…while 循环后的语句。

注意：在 do…while 循环中，因为首次循环是先运行再判断，所以无论条件是否满足，都会无条件地执行一次。

5. for 循环语句

for 循环语句的语法格式如下：

```
for(初始化表达式;循环条件表达式;循环后的操作表达式)
{
    语句块;            //循环体
}
```

初始化表达式用于定义一个循环变量，该变量可以在声明以前赋值，也可以在这里声明并赋值。

循环条件表达式用于判断是否满足循环条件，如果该条件表达式的值为 true，则进入循环体，否则结束循环。

循环后的操作表达式用于对循环变量的操作，每次执行完循环体都会执行该部分。执行该部分以后，再来判断循环条件是否成立。

注意：for 循环的括号内可以没有任何表达式，仅有 3 个"；"，此时 for 循环变成了一个无限循环语句，需要用 break 语句退出循环。

6. fo…in 循环语句

for…in 循环语句和 for 循环语句十分相似，for…in 循环语句用来遍历对象的每一个属性，每次都将属性名作为字符串保存在变量中。其语法格式如下：

```
for(变量 in 对象){
    语句块;
}
```

在该语法中，变量可以是声明一个变量的 var 语句、数组的某个元素或者对象的一个属性，对象是一个对象名或者是计算结果为对象的表达式。

7. 其他语句

除以上语句外，JavaScript 还提供了其他几种语句，如 break、continue、return 等，使用这些语句可以帮助人们更加精确地控制整个流程。

1) break 语句

break 语句可以无条件地从当前执行的循环体或 switch 语句块中中断并退出，用法很简单，如下所示：

```
break;
```

在之前的 switch 语句中已经使用过，这里不再赘述。

2) continue 语句

continue 语句的工作方式与 break 语句有些相似，都可以结束当前循环，也都可以作为语句标记，与 break 语句不同的是，continue 语句没有使应用程序退出循环，而是结束本次循环，跳到下一次循环开始的地方。

说明：continue 语句只能用在循环语句中，在其他类型的语句中不可使用，否则会引起语法错误。

3) return 语句

return 语句用于返回函数值。如果这个值是函数的表达式，则先执行表达式的运算，再将结果返回。

说明：return 语句仅用于函数中。

4）异常处理语句

异常处理语句是一个强大的、多用途的错误处理和恢复系统。JavaScript 中包括 try…catch…finally 语句和 throw 语句。

try…catch…finally 语句的语法格式如下：

```
try{
    语句块;
}catch(exception e){
    语句块;
}finally{
    语句块;
}
```

一个 try 语句包含了一组语句块，在这组语句块中，可能会发生异常，catch 子句定义了如何处理错误，finally 块中包括了始终被执行的代码。一般来说，代码要执行一组语句块，如果没有执行成功，就会跳转到 catch 语句块，如果没有错误发生，就会跳过 catch 语句块。finally 子句在 try 和 catch 子句执行完毕后才执行。在这个结构中，catch 和 finally 是可选的，但是如果没有 catch 块，异常处理语句就没有太大意义。

说明：JavaScript 与 Java 不同，try…catch 语句只能有一个 catch 语句，这是由于在 JavaScript 语言中，无法指定出现异常的类型。

throw 语句的作用是抛出一个异常。抛出异常就是信号通知系统发生了异常情况或错误。throw 语句的语法格式如下：

```
throw 表达式;
```

通常会结合上述的 try…catch 语句使用，在此不再赘述。

9.2.6 函数

函数是由事件驱动的或者当它被调用时执行的可重复使用的代码块。一个函数实现一个功能。下面将介绍函数的定义和函数的调用。

1. 函数的定义

按照函数是否有参数，将函数分为无参函数和有参函数。按照函数是否有返回值，将函数分为有返回值函数和无返回值函数。按照功能需求，将函数分为自定义函数和系统函数。系统函数如 alert("Welcome")、prompt("请输入您的姓名","姓名")、getTime()函数等。自定义函数就是用户根据功能需求，自己定义的函数。这里重点介绍自定义函数。

JavaScript 自定义函数遵循先定义、后调用的原则。自定义函数由关键字 function、自定义的函数名、参数以及置于花括号中需要执行的一段语句组成。自定义函数的定义格式如下：

```
function 函数名(参数 1, 参数 2,…)          //括号内的参数可有可无
{  语句段;
```

```
    ⋮
  return 表达式;                    //return 语句指明被返回的值,如果不需要,可以省略
}
```

说明：JavaScript 对大小写字母敏感。关键字 function 必须是小写的，并且必须用与函数名称相同的大小写来调用该函数。

2. 函数的调用

调用函数的语法格式如下：

```
函数名(参数 1,参数 2, …);                //括号内的参数可有可无
```

或

```
变量名=函数名(参数 1,参数 2, …);          //括号内有参数或无参数
```

说明：第一种函数无返回值，可以直接调用；第二种函数有返回值，可以将返回值赋值给变量，或放在表达式中使用。

1）带参数的函数

【例 9.1】 定义并调用带参数的 myFunction 函数，弹出欢迎信息。

代码如下：

```
<html>
<head>
<meta http-equiv="Content-Type" content="text/html; charset=utf-8" />
<script language="javascript">
   function myFunction(name,job)   //定义 myFunction 函数
   { alert("Welcome "+name+", the "+job); }
</script>
</head>
<body>
<!--调用 myFunction 函数 //-->
<button onclick="myFunction('Tom','Cooker')">请点击这里</button>
</body>
</html>
```

当单击“请点击这里”按钮时，会弹出带有“Welcome Tom, the Cooker”信息的对话框。程序运行效果如图 9.1 所示。

图 9.1 程序运行结果

函数的使用非常灵活，当使用不同的参数来调用该函数时，会给出不同的结果，示例如下：

```
<button onclick="myFunction('Spark',' Builder')">请点击这里</button>
<button onclick="myFunction('Lily','Baker')">请点击这里</button>
```

弹出的对话框内容分别是“Welcome Spark, the Builder”和“Welcome Lily, the Baker”。

说明：定义函数语句可以放在 HTML 文件的<head>和</head>标签之间，也可以出现在<body>和</body>标签之间。但调用函数的语句只能放在<body>和</body>标签之间。

2）不带参数的函数

【例 9.2】 定义并调用不带参数的 sayHello 函数，弹出欢迎对话框。

代码如下：

```
<html>
<head>
<meta http-equiv="Content-Type" content="text/html; charset=utf-8" />
<script language="javascript">
    function sayHello(){ alert("Hello World!"); }
</script>
</head>
<body>
    <button onclick="sayHello()">请点击这里</button>
<p>通过单击这个按钮,可以调用一个函数。该函数会弹出提示对话框。</p>
</body>
</html>
```

当单击“请点击这里”按钮时，调用 sayHello 函数，弹出带有“Hello World!”信息的对话框。程序运行效果如图 9.2 所示。

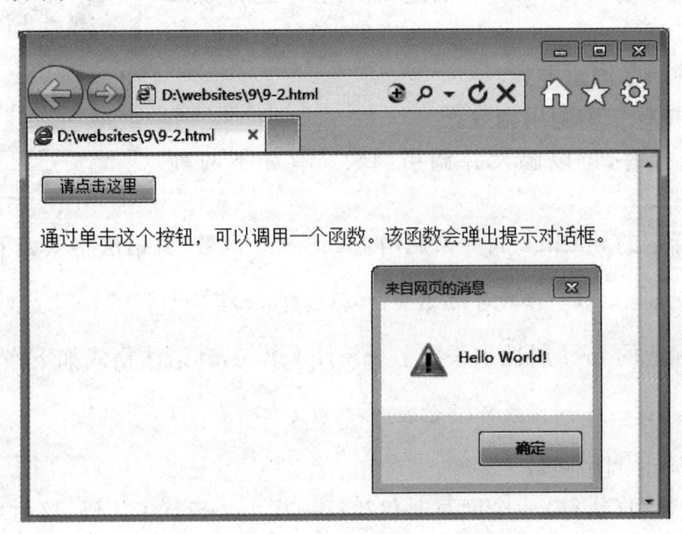

图 9.2　程序运行效果

3）无返回值的函数

以上两个例子中的 myFunction 函数和 sayHello 函数都是无返回值的。

4）有返回值的函数

如果调用函数的程序需要函数的返回结果，则用下面的格式调用所定义的函数：

```
变量名=函数名(参数 1,参数 2, …);        //括号内有参数或无参数
```

【例 9.3】 定义并调用一个带返回值的 add 函数，弹出运算结果对话框。

程序代码如下：

```
<html >
<head>
<meta http-equiv="Content-Type" content="text/html; charset=utf-8" />
<title>有返回值的函数调用</title>
<script language="javascript">
  function add(x,y)
  {
      sum=x+y;
      return sum;
  }
</script>
</head>
<body>
  <script language="javascript">
    alert("显示求和函数所得的值"+add(5,10));
  </script>
</body>
</html>
```

在本例中，直接显示 add(5,10)的返回值，程序运行效果如图 9.3 所示。

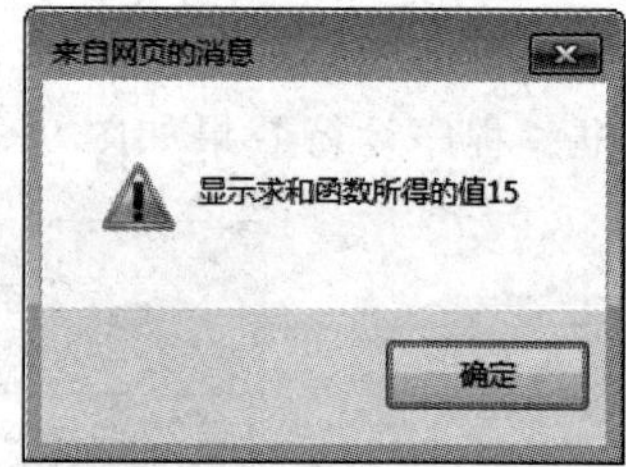

图 9.3 程序运行效果

5）其他几种函数调用方式

（1）在超链接标记中调用函数。

当单击超链接时，可以触发并调用函数。有如下两种方法。

使用<a>标记的 onClick 属性来调用 JavaScript 函数，其语法格式如下：

```
<a href="#" onClick="函数名(参数表)">热点文本</a>
```

使用<a>标记的 href 属性来添加 JavaScript 语句，其语法格式如下：

```
<a href="javascript: 函数名(参数表)">热点文本</a>
```

（2）装载网页时调用函数。

有时希望在装载（执行）一个网页时仅执行一次 JavaScript 代码，这时可使用<body>标记的 onLoad 属性，其代码形式如下：

```
<head>
<script language="JavaScript">
  function 函数名(参数表){
    当网页装载完成后执行的代码;
  }
</script>
</head>
```

```
<body onLoad="函数名(参数表)">网页的内容
</body>
```

说明：一个函数可以调用另一个函数来实现自身功能，但函数不能嵌套定义。

9.3 JavaScript 对象

JavaScript 是一种基于对象(object)的语言，它支持 3 种对象：内置对象、浏览器对象以及用户自定义对象。其中内置对象和浏览器对象统称为预定义对象。本节主要介绍常用的内置对象和浏览器对象。

9.3.1 JavaScript 对象概述

JavaScript 是基于对象的脚本语言。ECMA-262 把对象定义为"属性的无序集合，每个属性存放一个原始值、对象或函数"。严格来说，这意味着对象是无特定顺序的值的数组。

在 JavaScript 中，不会创建类，也不会像在其他面向对象的语言中那样通过类来创建对象。JavaScript 基于 prototype(属性)，而不是基于类。ECMAScript 并没有正式的类。相反，ECMA-262 把对象定义描述为对象的配方。这是 ECMAScript 逻辑上的一种折中方案，因为对象定义实际上是对象自身。即使类并不真正存在，人们也把对象定义称为类，因为大多数开发者对此术语更熟悉，而且从功能上说，两者是等价的。由于 ECMAScript 满足一种面向对象语言需要向开发者提供如下 4 种基本能力，所以可被是看作面向对象的。

(1) 封装——把相关的信息(无论数据或方法)存储在对象中的能力。

(2) 聚集——把一个对象存储在另一个对象内的能力。

(3) 继承——由另一个类(或多个类)得来类的属性和方法的能力。

(4) 多态——编写能以多种方法运行的函数或方法的能力。

一个对象应该包含两个要素，即属性和方法。属性是用来描述对象特性的一组数据，即若干变量；方法是用来操作对象的若干动作，即若干函数。在 JavaScript 中，对象就是属性和方法的集合，方法作为对象成员的函数，表明对象所具有的行为，而属性作为对象成员的变量，表明对象的状态。通过访问或设置对象的属性，并调用对象的方法，就可以对对象进行各种操作，从而实现相应的功能。

下面介绍 JavaScript 对象的创建和使用。

1. 创建对象

在使用对象之前，首先要创建对象。在 JavaScript 中，除了 Math 等个别对象之外，其他对象都使用 new 运算符来创建对象。new 运算符是一个常用并且十分重要的运算符。使用 new 运算符创建对象变量的格式如下：

```
变量名=new 对象名();
```

例如，创建一个时间对象 mydate，其代码如下：

```
<script language="javascript">
var mydate;
```

```
mydate=new Date();
document.write("现在的时间是: "+mydate.getHours()+"时"+mydate.getMinutes()+"
分"+mydate.getSeconds()+"秒");
</script>
```

2. 访问对象的属性和方法

1）访问对象的属性

常用以下4种方法可以得到对象的属性值。

（1）通过下圆点(.)运算符，其语法格式如下：

```
对象名.属性名
```

（2）通过属性名，取得属性值。其语法格式如下：

```
对象名["属性名"]
```

（3）在循环语句中，取得属性值。其语法格式如下：

```
for(var 变量 in 对象变量){
    …对象变量[变量]…
    }
```

（4）通过with语句，取得属性值。其语法格式如下：

```
with(对象变量){
    …直接使用对象属性名、方法名…
}
```

2）访问对象的方法

使用with语句或通过圆点(.)运算符就可以得到对象的方法了。其语法格式如下：

```
对象变量.对象方法()
```

例如，使用String对象的length属性来获得字符串的长度，通过String内置对象的方法toUpperCase()转换大写。

```
var message="Hello World!";
var x=message.length;
var y=message.toUpperCase();
```

以上代码执行后，x的值将是12，y值是“HELLO WORLD!”。

9.3.2 JavaScript内置对象

JavaScript将一些常用功能预先定义成对象，用户可以直接使用，这种对象就是内置对象。内置对象可以帮助用户在设计脚本时，实现一些最常用、最基本的功能。JavaScript中常用的内置对象有Date、Math、String、Number、Boolean、Function、Global、Object、RegExp和Event。下面介绍常用的几种内置对象。

1. String对象

String对象所提供的方法都是用来处理字符串。String对象的属性和方法及其说明如

表 9.9 所示。

表 9.9 String 对象的属性和方法及其说明

	名　　称	说　　明
属 性	length	返回字符串的长度
	prototype	为对象添加属性和方法
方 法	big()	增加字符串文本的大小
	bold()	将字符串文本设为粗体
	fontcolor()	确定字体的颜色
	italics()	以斜体显示字符串
	small()	减小文本的大小
	strike()	显示加了删除线的文本
	sub()	将文本显示为下标
	sup()	将文本显示为上标
	toLowerCase()	将字符串转换为小写
	toUpperCase()	将字符串转换为大写
	charAt(index)	返回位于指定索引位置的字符
	indexOf(searchtext [,startindex])	该方法用来确定一个字符串是否包含在另一个中。它返回一个数值,表示 searchtext 在主字符串中起始位置的索引值

【例 9.4】 运用 String 对象的属性和方法,实现统计指定字符在文章中出现的次数。

```
<!DOCTYPE html PUBLIC "-//W3C//DTD XHTML 1.0 Transitional//EN"
"http://www.w3.org/TR/xhtml1/DTD/xhtml1-transitional.dtd">
<html xmlns="http://www.w3.org/1999/xhtml">
    <head>
        <meta http-equiv="Content-Type" content="text/html; charset=gb2312" />
        <title>统计字符出现次数</title>
    </head>
    <body>
        统计字符串"I am a student,i have a computer"中 a 出现的次数是:
        <script language="JavaScript">
            var str="I am a student,i have a computer"
            var iCount=0;
            for( i=0; i<str.length; i++)
            {
                if(str.charAt(i)=="a")
                {
                    iCount++;
                }
            }
```

```
            document.write(iCount);
        </script>
    </body>
</html>
```

2. Math 对象

内置的 Math 对象可以用来处理各种数学运算。其中定义了一些常用的数学函数，例如圆周率 PI＝3.141 592 6，可以通过 Math.PI 获取圆周率的值，这是应用了 Math 对象的 PI 属性值。Math 对象包含的属性和方法及其说明如表 9.10 所示。

表 9.10　Math 对象包含的属性和方法及其说明

	名　称	说　明
属 性	PI	π 值，该值约等于 3.141 6
	LN10	10 的自然对数值，该值约等于 2.302
	E	Euler 的常数值，该值约等于 2.718，Euler 的常数用作自然对数的底数
方 法	abs(y)	返回 y 的绝对值
	sin(y)	返回 y 的正弦值，y 值的单位为弧度
	cos(y)	返回 y 的余弦值，y 值的单位为弧度
	tan(y)	返回 y 的正切值，y 值的单位为弧度
	min(x,y)	返回 x 和 y 两个数字中较小的一个
	max(x,y)	返回 x 和 y 两个数字中较大的一个
	round(y)	将参数四舍五入到最接近的整数
	sqrt(y)	返回 y 的平方根
	ceil(y)	返回大于或等于 y 的最小整数
	floor(y)	返回小于或等于 y 的最大整数
	random()	产生随机数(0,1)

3. Date 对象

Date 对象是 JavaScript 的一种内部数据类型，该对象没有可以直接读写的属性，所有对日期和时间的操作都是通过方法完成的。Date 对象的主要方法及其说明如表 9.11 所示。

表 9.11　Date 对象的主要方法及其说明

方　法	说　明
Date()	返回系统当前的日期和时间
setDate()	设置 Date 对象的日期(1～31)
setHours()	设置 Date 对象的小时数(0～23)
setMinutes()	设置 Date 对象的分钟数(0～59)
setSeconds()	设置 Date 对象的秒数(0～59)

方　法	说　明
setTime()	设置 Date 对象的时间值
setMonth()	设置 Date 对象的月份(0～11)
setFullYear()	设置 Date 对象的年份
getDate()	返回 Date 对象的日期(1～31)
getDay()	返回 Date 对象的星期(0～6)
getHours()	返回 Date 对象的小时数(0～23)
getMinutes()	返回 Date 对象的分钟数(0～59)
getSeconds()	返回 Date 对象的秒数(0～59)
getMonth()	返回 Date 对象的月份(0～11)
getFullYear()	返回 Date 对象的年份(四位数)
getTime()	返回自 1970 年 1 月 1 日 00:00:00 以来的毫秒数
toGMTString()	把 Date 对象转换为字符串
toUTCString()	根据世界时间,把 Date 对象转换为字符串
toLocaleString()	用本地时间规范将 Date 对象转换为字符串表示形式
UTC()	根据世界时间,获得一个日期,然后返回自 1970 年 1 月 1 日以来的毫秒数
valueOf	返回 Date 对象的原始值

【例 9.5】 运用 Date 对象,实现在一个网页上显示实时时钟。

实现代码如下:

```
<!DOCTYPE html PUBLIC "-//W3C//DTD XHTML 1.0 Transitional//EN"
"http://www.w3.org/TR/xhtml1/DTD/xhtml1-transitional.dtd">
<html xmlns="http://www.w3.org/1999/xhtml">
<head>
  <meta http-equiv="Content-Type" content="text/html; charset=utf-8" />
  <title>显示实时时钟</title>
  <script language="JavaScript">
    var webTime, webDate;
    function webClock(){
        var dNow=new Date();
        var dHours=dNow.getHours();
        var dMinutes=dNow.getMinutes();
        var dSeconds=dNow.getSeconds();
        webTime=dHours;
        webTime+=((dMinutes<10) ?": 0" : ": ")+dMinutes;
        webTime+=((dSeconds<10) ?": 0" : ": ")+dSeconds;
        clock.time.value=webTime;
        var dDate=dNow.getDate();
```

```
        var dMonth=dNow.getMonth() +1;
        var dYear=dNow.getYear();
        webDate=dMonth;
        webDate+=((dDate<10) ? "/0" : "/")+dDate;
        webDate+="/"+dYear;
        clock.date.value=webDate;
        setTimeout("webClock()",1000);
    }
    </script>
</head>
<body onload="webClock()">
    <form name="clock">
        当前时间:<input type="text" name="time" size="10"/><br />
        当前日期:<input type="text" name="date" size="10"/><br />
    </form>
</body>
</html>
```

上述实例中,setTimeout()方法用于在指定的毫秒数后调用函数或计算表达式。其中,1s=1 000ms,语法如下:

```
setTimeout(code,millisec)
```

括号内的两个参数都是必需的,code 为要调用的函数后要执行的 JavaScript 代码串,这个语句可能诸如"alert('5 seconds! ')",或者对函数的调用,诸如 alertMsg()"。millisec 为在执行代码前需等待的毫秒数。

setTimeout()只执行 code 一次。如果要多次调用,请使用 setInterval()或者让 code 自身再次调用 setTimeout()。

4. Array 对象

可以把数组看作一个单行表格,该表格的每个单元格都可以存储数据,而且各个单元格中存储的数据类型可以不同,这些单元格称为数组。每个数组元素都有一个索引号,通过索引号可以方便地引用数组元素。数组是 JavaScript 中唯一用来存储和操作有序数据集的数据结构。Array 对象提供数组的功能。下面简单介绍创建数组的基本方法。

可以用静态的 Array 对象创建一个数组对象,以记录不同类型的数据。其基本语法格式如下:

```
arrayObj=new Array()
arrayObj=new Array([size])
arrayObj=new Array([element0,element1,….elementN])
```

说明:

arrayObj:是必选项,表示赋值为 Array 对象的变量名。

size:是可选项,设置数组的大小。数组下标是从零开始的,创建元素的下标将从 0～size－1。

elementN:可选项,表示数组中的元素,使用该语法,可以为数组元素赋值。

Array 对象的属性和方法及其说明如表 9.12 所示。

表 9.12　Array 对象的属性和方法及其说明

属性和方法	说　明
length	返回数组的长度。唯一的一个属性
toString()	把数组转换成一个字符串
pop()	删除并返回数组的最后一个元素
push()	向数组的末尾添加一个或多个元素，并返回新的长度
concat()	用于连接两个或多个数组
sort()	对数组的元素进行排序
setMonth()	设置 Date 对象的月份(0～11)
setFullYear()	设置 Date 对象的年份
getDate()	返回 Date 对象的日期(1～31)

【例 9.6】 使用数组输出学生成绩表。

```
<!DOCTYPE html PUBLIC "-//W3C//DTD XHTML 1.0 Transitional//EN"
"http://www.w3.org/TR/xhtml1/DTD/xhtml1-transitional.dtd">
<html xmlns="http://www.w3.org/1999/xhtml">
<head>
    <meta http-equiv="Content-Type" content="text/html; charset=utf-8" />
    <title>运用数组输出成绩表</title>
</head>
<body >
<pre>
姓名 英语 计算机
________________________________
<script language="JavaScript">
    var students,i,j;
    students=new Array();
    students[0]=new Array("张三",80,90);
    students[1]=new Array("李四",78,84);
    students[2]=new Array("王武",88,94);
    students[3]=new Array("柳岩",81,67);
    students[4]=new Array("高峰",77,70);
    document.writeln();
    for(i=0;i<students[i].length;i++)
    {
        for(j=0;j<students[i].length;j++)
        {//"\t"为转义字符,即 TAB 键盘
         document.write(students[i][j]+"\t");
        }
        document.writeln();
```

```
    }
    </script>
</pre>
</body>
</html>
```

程序运行效果如图 9.4 所示。

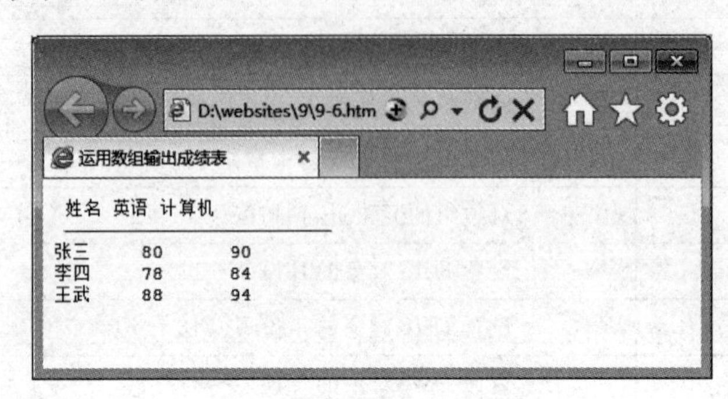

图 9.4 运用数组输出成绩表

9.3.3 浏览器对象

本节主要介绍 JavaScript 客户端浏览器对象模型(简称 BOM)。在 W3C 组织推出标准的 DOM 之前,各大浏览器都已经约定俗成地支持一种初级的文档对象模型,这种模型称为传统文档对象模型,简称为 0 级 DOM。它是相对于 W3C 所推荐的文档对象模型而言的一种文档脚本化处理模式,虽然没有统一的规范,但是得到了所有主流浏览器的支持。

浏览器对象模型的层次结构如图 9.5 所示。

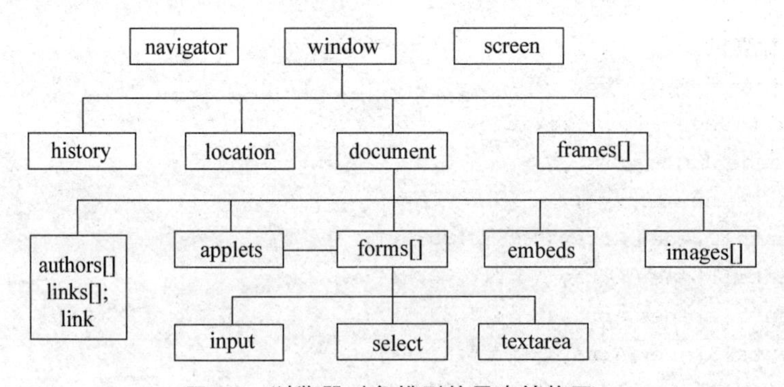

图 9.5 浏览器对象模型的层次结构图

下面对结构图中的常用对象做简单介绍。

1. 浏览器对象(navigator)

管理当前使用的浏览器的版本号、运行平台以及浏览器使用的语言等信息。在编写 JavaScript 代码时,有时要对不同的版本写少量不同的代码。

navigator 对象的属性一般都是只读的,只用来读取或显示。navigator 对象的属性及其说明如表 9.13 所示。

表 9.13　navigator 对象的属性及其说明

属　　性	说　　明
appName	返回浏览器的名称。举例：IE 浏览器的值为'Microsoft Internet Explorer'；Navigator 浏览器的值为'Netscape'。其他浏览器可以正确地表示自己或者伪装成其他的浏览器以达到兼容性
appVersion	返回浏览器的版本，包括大版本号、小版本号、语言、操作平台等信息
appCodeName	指当前浏览器的代码名称。例如，Navigator 浏览器的代码名为'Mozilla'

2. 屏幕对象(screen)

反映了当前用户的屏幕设置，如分辨率。screen 对象的属性及其说明如表 9.14 所示。

表 9.14　screen 对象的属性及其说明

属　　性	说　　明
width	返回屏幕的宽度(单位：像素)
height	返回屏幕的高度(单位：像素)
availWidth	返回屏幕的可用宽度(除去不自动隐藏的东西所占的宽度，如任务栏)
availHeight	返回屏幕的可用高度(同上)
colorDepth	返回屏幕色彩位数，如－1(黑白)、8(256 色)、16(增强色)、24/32(真彩色)

3. 窗口对象(window)

window 对象表示浏览器中打开的窗口。通过使用 window 对象打开新窗口、用页面实现类似对话框的效果。

window 对象的属性和方法及其说明如表 9.15 所示。

表 9.15　window 对象的属性和方法及其说明

属性和方法	说　　明
width	返回窗口的宽度(单位：像素)
height	返回窗口的高度(单位：像素)
outerwidth、outerheight	返回窗口的外部宽度和外部高度(单位：像素)
status	返回状态栏的内容。通过对 status 赋值，可以改变状态栏的显示结果
opener	返回对创建此窗口的引用
self	指窗口本身，跟 window 对象是一样的。最常用的是 self. Close()。返回对当前窗口的引用，跟 window 对象是一样的。最常用的是 self. close()，关闭当前窗口
parent	返回父窗口
top	返回最顶层的窗口
document	对 Document 对象的只读引用
screenLeft、screenTop、screenX、screenY	只读整数。声明了窗口的左上角在屏幕上的 x 坐标和 y 坐标。IE、Safari 和 Opera 浏览器支持 screenLeft 和 screenTop，而 Firefox 和 Safari 浏览器支持 screenX 和 screenY

续表

属性和方法	说　明
open()	打开一个新窗口,返回的就是它所打开的窗口对象
close()	关闭一个已打开的窗口。窗口对象.close()就可以关闭指定的窗口。window.close()或 self.close()都可以关闭本窗口
focus()	使窗口获得焦点,变为"活动窗口"
blur()	把键盘焦点从顶层窗口移走,使顶层窗口变为"非活动窗口"
scrollTo()	把内容滚动到指定的坐标
scrollBy()	按照指定的像素值来滚动内容
resizeTo()	把窗口的大小调整到指定的宽度和高度
resizeBy()	按照指定的像素调整窗口的大小
alert()	弹出一个警告对话框,上面有一段提示信息和一个确认按钮
confirm()	弹出一个确认对话框,上面有一段提示信息以及确认按钮和取消按钮
prompt()	弹出一个可提示用户输入的对话框
clearInterval()	取消由 setInterval()方法设置的 timeout
clearTimeout()	用于取消 setTimeout()函数设定的定时执行操作
setInterval()	设置时间间隔,按照指定的周期(单位：毫秒)来调用 JavaScript 函数或计算表达式
setTimeout()	设置延时时间,在指定的毫秒数后调用 JavaScript 函数或计算表达式

例如,打开一个 400×100 像素的干净窗口。

```
open("","_blank","width=400,height=100,menubar=no,toolbar=no,location=no,
directories=no,status=no,scrollbars=yes,resizable=yes");
```

参数说明如下：

top：窗口顶部离开屏幕顶部的像素值。

left：窗口左端离开屏幕左端的像素值。

width：窗口的宽度。

height：窗口的高度。

menubar：窗口是否有菜单,取值为 yes 或 no。

toolbar：窗口是否有工具条,取值为 yes 或 no。

location：窗口是否有地址栏,取值为 yes 或 no。

directories：窗口是否有链接栏,取值为 yes 或 no。

scrollbars：窗口是否有滚动条,取值为 yes 或 no。

status：窗口是否有状态栏,取值为 yes 或 no。

resizable：是否允许调整窗口的大小,取值为 yes 或 no。

再如：

```
var newWindow=open('','_blank');
```

这样，就把一个新窗口赋值到 newWindow 变量中，以后可以通过 newWindow 变量来控制该窗口了。

4. 文档对象(document)

描述当前窗口或指定窗口对象的文档。它包含文档从<head>到<body>的内容。

用法：document(指当前窗口)或<窗口对象>.document(指定窗口)。

document 对象的属性及其说明如表 9.16 所示。

表 9.16　document 对象的属性及其说明

属　　性	说　　明
title	<title>…</title>定义的文字
linkColor	指<body>…</body>标记内的 link 属性所表示的链接颜色
fgColor	指<body>…</body>标记内的 text 属性所表示的文本颜色
bgColor	指<body>…</body>标记内的 bgcolor 属性所表示的背景颜色
cookie	文本串形式的 cookie
lastModified	当前文档的最后修改日期，是一个 Date 对象

5. 表单对象(form)

form 对象是文档对象的一个元素，它含有多种格式的对象存储信息。可以使用 JavaScript 脚本来访问或控制某个具体的 HTML 控件。通过 document.forms[]数组来获得同一个页面中的多个表单，要比使用表单的名字方便得多。后面有具体的章节来讲述，这里不多讲。

6. 浏览历史对象(history)

history 对象能够记录当前窗口的历史，它以简单列表的形式存储最近访问过的 Web 页面和 URL。但是，为了客户端浏览器的信息安全和个人隐私的保护，浏览器将禁止 JavaScript 脚本直接访问 history 对象存储的信息列表。

不过，用户可以利用其属性和方法来访问 URL 列表。history 对象的属性和方法及其说明如表 9.17 所示。

表 9.17　history 对象的属性和方法及其说明

属性和方法	说　　明
length	存储记录清单中的网页数目
back()	回到客户端查看过的上一页
forward()	回到客户端查看过的下一页
go(整数或 URL 字符串)	前往历史记录中的某个网页

9.4 JavaScript 事件

9.4.1 JavaScript 事件概述

事件是发生并被处理的操作。举个最常见的关于事件的例子——日常生活中打电话，则事件为电话铃响，处理事件为接电话，只需编写一个接电话的函数即可。

网页中的每个元素都可以产生某些个可以触发 JavaScript 函数的事件。例如，用户单击某按钮时产生一个 onClick 事件来触发某个函数。

事件(event)：鼠标或键盘的动作称为事件。

事件驱动(event driver)：由事件引发的一连串程序的动作称为事件驱动。

事件处理程序(event handler)：对事件进行处理的程序或函数。

JavaScript 事件处理程序是指诸如单击、鼠标移动、键盘动作等事件发生时执行的一组语句。通常把这组语句编写到一个函数中。

9.4.2 JavaScript 常用事件

JavaScript 常用事件有鼠标事件、键盘事件、页面事件、表单相关事件、滚动字幕事件和编辑事件。常用事件列表如表 9.18 所示。

表 9.18 常用事件

分类	事件	描述
鼠标事件	onClick	单击时触发此事件
	onDblClick	双击时触发此事件
	onMouseDown	鼠标按钮被按下时触发此事件
	onMouseUp	鼠标按键被松开时触发此事件
	onMouseOver	鼠标移动到某元素之上时触发此事件
	onMouseMove	鼠标移动时触发此事件
	onMouseOut	鼠标离开某元素范围时触发此事件
键盘事件	onKeyDown	按下某个按键时触发此事件
	onKeyUp	松开某个按键时触发此事件
	onKeyPress	按下并松开某个按键时触发此事件
页面事件	onLoad	一张页面或一副图像完成加载时触发此事件
	onUnload	用户退出页面时触发此事件
	onResize	窗口或框架被重新调整大小时触发此事件
	onScroll	浏览器的滚动条位置发生变化时触发此事件
	onMove	浏览器的窗口被移动时触发此事件
	onStop	浏览器的停止按钮被按下或正在下载的文件被中断时触发此事件

续表

分　类	事　件	描　述
表单相关事件	onFocus	元素获得焦点时触发此事件
	onBlur	元素失去焦点时触发此事件
	onChange	元素的输入域内容发生改变时触发此事件
	onSubmit	确认按钮被单击时触发此事件
	onReset	重置按钮被单击时触发此事件
滚动字幕事件	onStart	marquee 元素开始显示内容时触发此事件
	onFinish	marquee 元素完成需要显示的内容后触发此事件
	onBounce	滚动的内容移动至 marquee 显示范围之外时触发此事件
编辑事件	onSelectStart	文本刚要被选中时触发此事件
	onSelect	文本被选中时触发此事件
	onBeforeCopy	页面所选择的内容要复制时触发此事件
	onContextMenu	浏览者按鼠标或键盘出现上下文菜单时触发此事件
	onCopy	当页面所选择的内容被复制后触发此事件
	onCut	当页面所选择的内容被剪切时触发此事件

9.4.3　常用事件处理程序

1. 事件处理程序语法

(1) 将事件处理程序直接嵌入 HTML 标记符中。

语法格式如下：

```
<body onload="alert('这是事件处理程序')">
```

(2) 将事件处理程序直接写在对象的后面。

语法格式如下：

```
<script>
   document.onload=alert('这是事件处理程序');
</script>
```

2. 常用事件处理程序举例

1) onClick 事件

【例 9.7】 单击按钮，引发 onClick 事件，调用 JavaScript 脚本程序。

源代码如下：

```
<!DOCTYPE html PUBLIC "-//W3C//DTD XHTML 1.0 Transitional//EN"
"http://www.w3.org/TR/xhtml1/DTD/xhtml1-transitional.dtd">
<html xmlns="http://www.w3.org/1999/xhtml">
   <head>
```

```
        <meta http-equiv="Content-Type" content="text/html; charset=utf-8" />
        <title>onClick 事件</title>
        <script language="JavaScript">
        <!--
            function activeform()
            {
                alert("单击按钮时,就激活了该程序!");
            }
        //-->
        </script>
    </head>
    <body>
        <form>
        <input type="button" name="btclick" value="单击" onClick="activeform()"/>
        </form>
    </body>
</html>
```

本例中,单击 btclick 按钮时,调用函数 activeform(),弹出消息框。程序运行效果如图 9.6 所示。

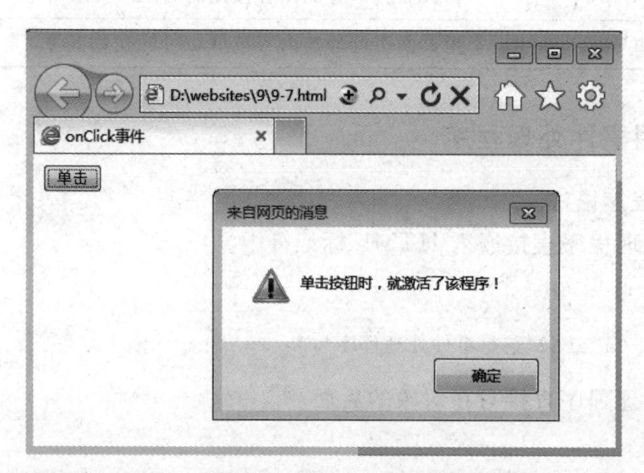

图 9.6　onClick 单击事件

2) onChange 事件

【例 9.8】 给下拉列表 gradename 添加 onChange 事件,当下拉列表框的选项发生改变时,调用 choose()方法。

程序代码如下:

```
<!DOCTYPE html PUBLIC "-//W3C//DTD XHTML 1.0 Transitional//EN"
"http://www.w3.org/TR/xhtml1/DTD/xhtml1-transitional.dtd">
<html xmlns="http://www.w3.org/1999/xhtml">
    <head>
        <meta http-equiv="Content-Type" content="text/html; charset=utf-8" />
        <title>onChange 事件</title>
```

```
        <script language="JavaScript">
            function choose()
            {
                var newValue;
                newValue=grade.gradename.value;
                alert ("您已将选项更改为 " +newValue);
            }
        </script>
    </head>
    <body>
        <form name="grade">
            <select name="gradename" onChange="choose()">
                <option value="第一学年">第一学年</option>
                <option value="第二学年">第二学年</option>
                <option value="第三学年">第三学年</option>
            </select>
        </form>
    </body>
</html>
```

程序运行效果如图 9.7 所示。

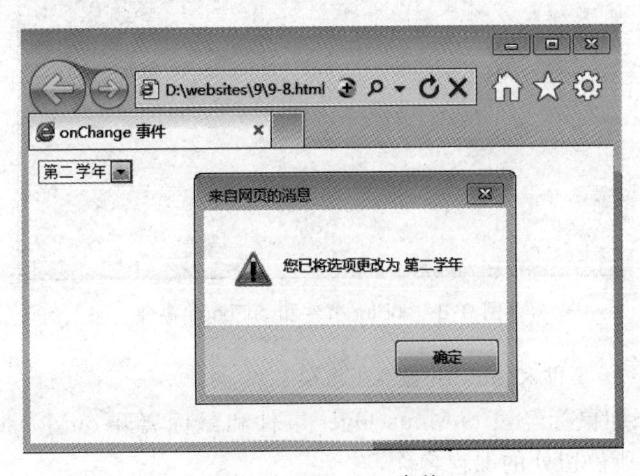

图 9.7　onChange 事件

3）onFocus 事件和 onBlur 事件

能够触发 onFocus 事件的窗体元素有 button、text、textarea、password、checkbox、layer window、select、submit 和 reset。

能够触发 onBlur 事件的窗体元素有 button、text、textarea、password、checkbox、layer、window、select、submit 和 reset。

【例 9.9】 运用 onFocus 和 onBlur 事件来改变网页背景颜色。

程序代码如下：

```
<!DOCTYPE html PUBLIC "-//W3C//DTD XHTML 1.0 Transitional//EN"
"http://www.w3.org/TR/xhtml1/DTD/xhtml1-transitional.dtd">
```

```
<html xmlns="http://www.w3.org/1999/xhtml">
    <head>
        <meta http-equiv="Content-Type" 'content='text/html; charset=utf-8" /
>
        <title>onBlur 事件和 onFocus 事件</title>
    </head>
    <body>
        <form>
            <input type="text" name="color" value="改变网页背景颜色" onBlur=
            "(document.bgColor='dimgray')" onFocus="(document.bgColor='aqua')"/>
        </form>
    </body>
</html>
```

本程序中给文本框添加获得焦点事件 onFocus 和失去焦点事件 onBlur,来控制并改变网页背景颜色。程序运行效果如图 9.8 所示。

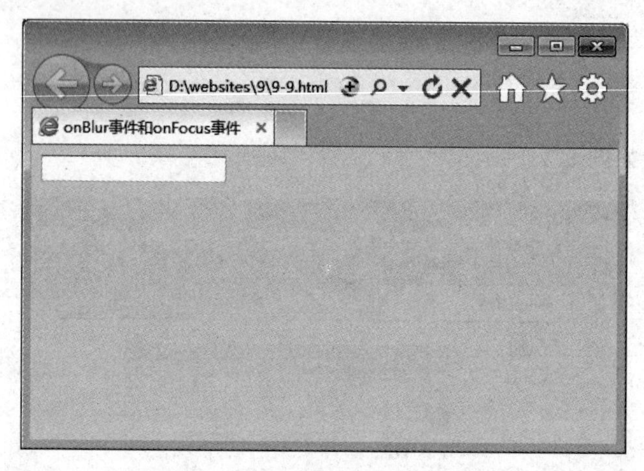

图 9.8 onBlur 事件和 onFocus 事件

4) onMouseOver 事件和 onMouseOut 事件

【例 9.10】 添加鼠标经过 onMouseOver 事件和鼠标离开 onMouseOut 事件,实现在文本框中显示鼠标所停留处的课程名称。

```
<!DOCTYPE html PUBLIC "-//W3C//DTD XHTML 1.0 Transitional//EN"
"http://www.w3.org/TR/xhtml1/DTD/xhtml1-transitional.dtd">
<html xmlns="http://www.w3.org/1999/xhtml">
    <head>
        <meta http-equiv="Content-Type" content="text/html; charset=utf-8" />
        <title>onMouseOver 事件和 onMouseOut 事件</title>
        <script language="JavaScript">
            var num=0;
            function choose_course(num){
                if (num==0) {
                    document.forms[0].elements[0].value="什么都没有选择";
```

```
            }
            if (num==1){
                document.forms[0].elements[0].value="选修 C 语言";
            }
            if (num==2){
                document.forms[0].elements[0].value="选修 Java 语言";
            }
            if (num==3){
                document.forms[0].elements[0].value="选修 C#";
            }
        }
    </script>
</head>
<body>
    <form>
        <input type="text" size=60/><br>
        <a href="#" onmouseover="choose_course(1)"
onmouseout="choose_course(0)" >C 语言</a><br/>
        <a href="#" onmouseover="choose_course(2)"
onmouseout="choose_course(0)" >选修 Java 语言</a><br/>
        <a href="#" onmouseover="choose_course(3)"
onmouseout="choose_course(0)" >选修 C#</a><br/>
    </form>
</body>
</html>
```

本程序中，在超链接标签中添加鼠标移入事件 onMouseOver 和鼠标离开事件 onMouseOut，当鼠标经过超链接时，将超链接的内容显示在文本框中。程序运行效果如图 9.9 所示。

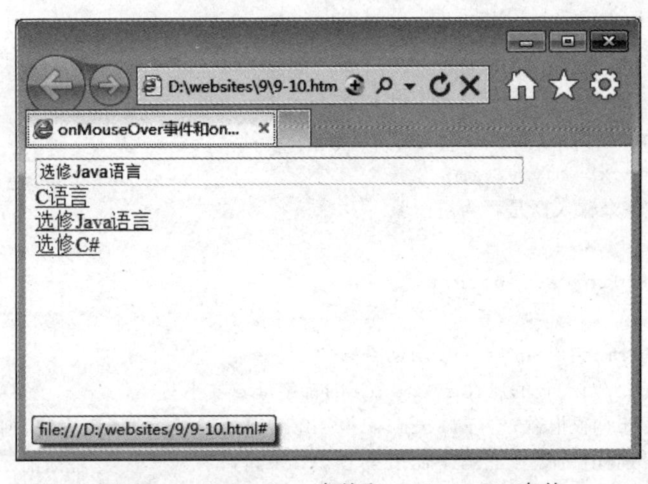

图 9.9　onMouseOver 事件和 onMouseOut 事件

5）onSubmit 事件

【例 9.11】 运用 onSubmit 事件注册验证(见图 9.10)。

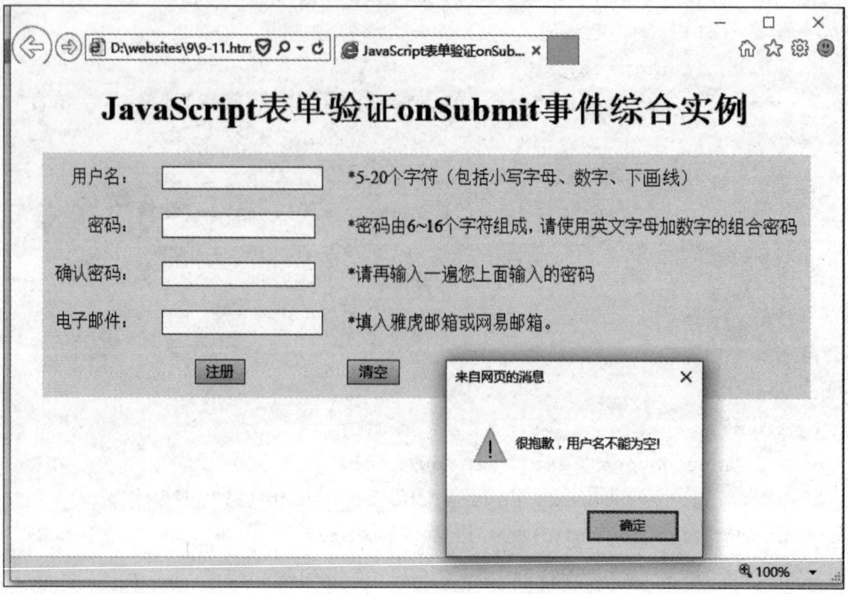

图 9.10 注册验证页面

```
<!DOCTYPE html PUBLIC "-//W3C//DTD XHTML 1.0 Transitional//EN" "http://www.w3.
org/TR/xhtml1/DTD/xhtml1-transitional.dtd">
<html xmlns="http://www.w3.org/1999/xhtml">
<head>
<meta http-equiv="Content-Type" content="text/html; charset=utf-8" />
<title>JavaScript 表单验证 onSubmit 事件综合实例</title>
  <style type="text/css">
    span{
        color:# FF0000;
        }
  </style>
  <script type="text/javascript">
  function checkForm(myForm)
  {  //表单中各个输入框是否为空校验
    for(i=0;i<4;i++)
     for(i=0;i<form1.length;i++)
     {
       if(myForm.elements[i].value=="")
         {        //form 的属性 elements 的首字母 e 要小写
          alert("很抱歉," +myForm.elements[i].title +"不能为空!");
          document.myForm.elements[i].focus();             //当前元素获取焦点
          return false;
         }
     }
```

```
//用户名长度合法性校验
var userValue=document.myForm.user.value;
if(userValue.length<5||userValue.length>20)
        { alert("您输入的用户名长度不合法,请重新输入!");
          document.myForm.user.focus();
          return false;
        }
//用户名字符合法性校验
for(var i=0;i<userValue.length;i++)
    {
      if (! ((userValue. charAt (i) > = 0) && (userValue. charAt (i) < = 9)) &&!
      ((userValue.charAt (i) > = 'a') && (userValue. charAt (i) < = 'z')) &&!
      (userValue.charAt(i)=='_'))
      {
      alert("您输入的用户"+userValue+"名不合法,请重新输入");
       document.myForm.user.focus();
      return false;
      }
    }
   //密码长度合法性校验
  var pwdValue=document.myForm.pwd1.value;
  if(pwdValue.length<6||pwdValue.length>16)
  {
    alert("您输入的密码长度不合法,请重新输入!");
    document.myForm.pwd2.focus();
    return false;
  }
  //密码字符组成合法性校验
   for(var i=0;i<pwdValue.length;i++)
  {
   if(!(((pwdValue.charAt(i)>=0)&&(pwdValue.charAt(i)<=9))||((pwdValue.
   charAt(i)>='a')&&(pwdValue.charAt(i)<='z'))||((pwdValue.charAt(i)>='
   A')&&(pwdValue.charAt(i)<='Z')) )  )
   {
        alert("您输入的密码不合法,请重新输入");
        document.myForm.pwd2.focus();
        return false;
   }
  }
 //校验两次输入的密码是否一致
 var pwdValue2=document.myForm.pwd2.value;
 if(pwdValue!=pwdValue2)
 {
   alert("您输入的确认密码和原来的密码不一致,请重新输入!");
   document.myForm.pwd2.focus();
```

```
      return false;
    }
   //电子邮件合法性校验
   var emailValue=document.myForm.mail1.value;
   if((emailValue.indexOf("@ yahoo.com")==-1)&&(emailValue.indexOf("@ 163.
   com")==-1))
   {
    alert("邮箱地址"+emailValue+"不合法,请重新输入!");
    document.myForm.mail1.focus();
    return false;
   }
  }
 </script>
</head>
<body>
 < form name =" myForm "   action =" success. htm " onSubmit =" return checkForm
(myForm)">
   <h1 align="center">JavaScript 表单验证 onSubmit 事件综合实例</h1>
   <table align="center" bgcolor="# F4F4F4" cellpadding="10px">
    <tr>
      <td align="right">用户名:</td><td><input type="text" name="user" title
="用户名"/></td><td align="left"><span>* </span>5~20 个字符(包括小写字母、数字、
下画线)</td>
    </tr>
    <tr>
      <td align="right">密码:</td><td><input type="password" name="pwd1"
title="密码"/></td>
      <td align="left"><span>* </span>密码由 6~16 个字符组成,请使用英文字母加数
字的组合密码</td>
    </tr>
    <tr>
      <td align="right">确认密码:</td><td><input type="password" name="pwd2"
title="确认密码"/></td><td align="left"><span >* </span>请再输入一遍您上面输入
的密码</td>
    </tr>
    <tr>
      <td align="right">电子邮件:</td><td><input type="text" name="mail1"
title="电子邮件"/></td><td align="left"><span>* </span>填入雅虎邮箱或网易邮箱。
</td>
    </tr>
    <tr>
      <td></td>
      <td>        <input type="
submit" value="注册"/></td><td><input type="reset" name="button" id="button"
value="清空" /></td>
```

```
      </tr>
    </table>
  </form>
</body>
</html>
```

本程序表单中添加 onSubmit 事件，提交表单时调用 checkForm(myForm)实现用户注册验证。程序运行效果如图 9.11 所示。

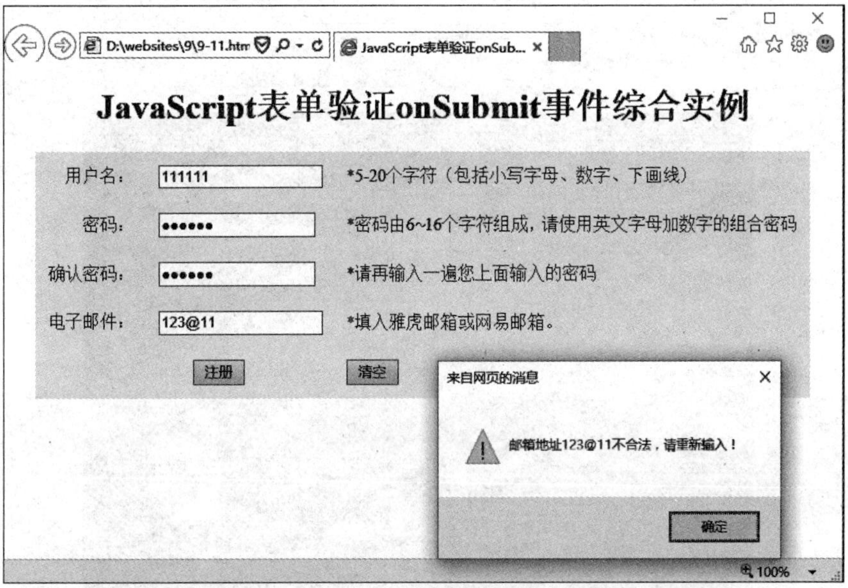

图 9.11　onSubmit 事件

注册成功会跳转到页面 success. htm 页面，success. htm 页面代码如下：

```
<!DOCTYPE html PUBLIC "-//W3C//DTD XHTML 1.0 Transitional//EN" "http://www.w3.
org/TR/xhtml1/DTD/xhtml1-transitional.dtd">
<html xmlns="http://www.w3.org/1999/xhtml">
<head>
<meta http-equiv="Content-Type" content="text/html; charset=utf-8" />
<title>注册成功页面</title>
<style type="text/css">
<!--
.STYLE1 {
    font-size: x-large;
    font-weight: bold;
    color: #0000FF;
}
-->
</style>
</head>
<body>
```

```
<div align="center" class="STYLE1">
  <p>恭喜您,注册成功! </p>
  <p><img src="lansky.JPG" alt="蓝天" width="800" height="600" /></p>
</div>
</body>
</html>
```

注册成功后效果如图 9.12 所示。

图 9.12 注册成功页面

9.5 引用页面元素的方法

可以使用 JavaScript 来访问页面上的元素(如图像、一段文字、按钮、文本框和下拉列表等),以便读取或修改元素的属性,或者创建页面元素。一般通过 document 对象进行访问,常用的访问方法有以下 3 种。

```
(1) document.getElementById()方法          //访问页面元素的 id 属性
(2) document.getElementSByName()方法        //访问页面元素的 name 属性
(3) document.getElementSByTagName()方法     //访问指定的 HTML 标签
```

9.5.1 访问页面元素的 id 属性

基本使用方法如下:

```
Document.getElementById("ID")
```

例如:

```
var name=document.getElementById ("name").value
```

即访问页面中 id 值为 name 的那个页面元素。大多数时候，这种方法是人们用 JavaScript 代码访问页面元素的首选。

如果要给页面中某个元素添加动态特效，或进行访问和修改其属性，最好给该元素添加一个 id 属性，为它指定一个(在文档中)唯一的名称，这样就可以通过该 id 值查找到想要指定的页面元素。

【例 9.12】 使用 getElementById 访问页面元素。

```
<!DOCTYPE html PUBLIC "-//W3C//DTD XHTML 1.0 Transitional//EN"
"http://www.w3.org/TR/xhtml1/DTD/xhtml1-transitional.dtd">
<html xmlns="http://www.w3.org/1999/xhtml">
<head>
  <meta http-equiv="Content-Type" content="text/html; charset=utf-8"/>
<title>使用 getElementById 访问页面元素</title>
<script type="text/javascript">
function getValue()
    {
        var x=document.getElementById("test")
        alert(x.innerHTML)
    }
</script>
</head>
<body>
<h1 id="test" onclick="getValue()">这是一个测试,请单击</h1>
</body>
</html>
```

在本程序中，通过单击网页中的文本，调用 getValue()方法，可以实现通过 ID 得到 h1 元素的内容。程序运行效果如图 9.13 所示。

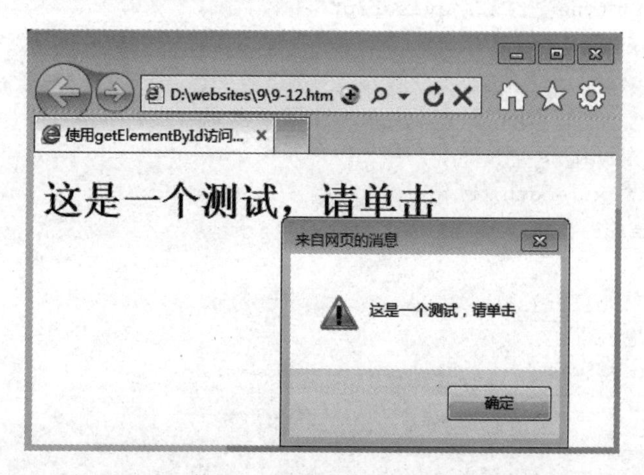

图 9.13　使用 getElementById 访问表单元素

9.5.2 使用 name 属性访问

基本使用方法如下：

```
Document.getElementsByName("name")
```

该方法与 getElementById() 方法相似，但是它查询元素的 name 属性，而不是 id 属性。另外，因为一个文档中的 name 属性可能不唯一(如 HTML 表单中的单选按钮通常具有相同的 name 属性)，所有 getElementsByName() 方法返回的是元素的数组，而不是一个元素。

例如，页面中存在 name 值相同的 3 个文本框，

```
<input type="text" name="abc" value="1"/>
<input type="text" name="abc" value="2"/>
<input type="text" name="abc" value="3"/>
```

可使用以下代码获取这 3 个控件的值

```
var txtArr=document.getElementsByName("abc");    //定义存放结果的数组 txtArr
for (var i=0; i<txtArr.length; i++) {
alert(txtArr.value);
}
```

【例 9.13】 使用 getElementsByName 访问页面元素。

```
<!DOCTYPE html PUBLIC "-//W3C//DTD XHTML 1.0 Transitional//EN"
"http://www.w3.org/TR/xhtml1/DTD/xhtml1-transitional.dtd">
<html xmlns="http://www.w3.org/1999/xhtml">
    <head>
        <meta http-equiv="Content-Type" content="text/html; charset=utf-8"/>
        <title>使用 HTML 标记访问页面元素</title>
        <script type="text/javascript">
function getTxt()
            {
                var x=document.getElementsByName("txt");
                var ss="";
for (var i=0; i<x.length; i++) {
ss=ss+x[i].value+" ";
}
                alert(ss);
            }
</script>
</head>
    <body>
        <form name="myForm">
            <input type="text" name="txt" value="1"/><br/>
            <input type="text" name="txt" value="2"/><br/>
```

```
            <input type="text" name="txt" value="3"/><br/>
            <input type="button" onclick="getTxt()" value="得到文本框的值"/>
        </form>
    </body>
</html>
```

本程序中包含 3 个 name 值为 txt 的文本框，通过 getTxt()方法可以得到 3 个文本框的内容。程序运行效果如图 9.14 所示。

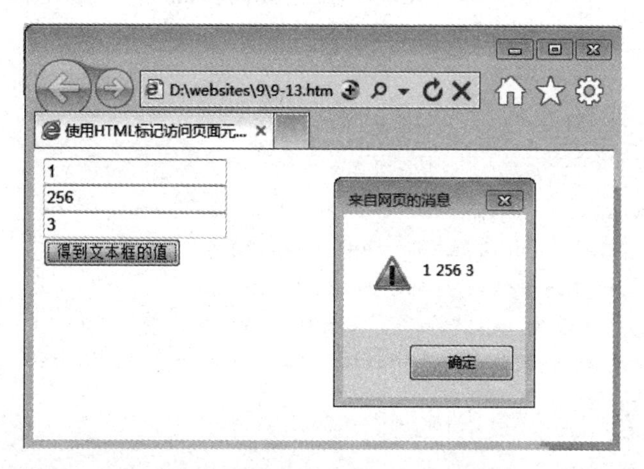

图 9.14　使用 getElementsByName 访问表单元素

9.5.3　使用 HTML 标记访问

基本使用方法如下：

```
Document.getElementsByTagName ("ID")
```

该方法返回的复数个对象，使用范围比 getElementsByName 广，除了可以使用 document 调用该方法，还可以使用元素的 id 来调用。

例如，网页中有如下代码：

```
<div id='aaa'>
    <input/><input/>
    ⋮
</div>
```

获取 div 层里面的所有 input 按件，可以使用如下代码：

```
aaa.getElementsByTagName ('input')
var x=document.getElementsByTagName("p");
for (var i=0;i<x.length;i++) { //循环语句组 }
```

【例 9.14】 使用 HTML 标记访问页面元素。

```
<!DOCTYPE html PUBLIC "-//W3C//DTD XHTML 1.0 Transitional//EN"
"http://www.w3.org/TR/xhtml1/DTD/xhtml1-transitional.dtd">
```

```
<html xmlns="http://www.w3.org/1999/xhtml">
    <head>
        <meta http-equiv="Content-Type" content="text/html; charset=utf-8"/>
        <title>通过 HTML 标记访问页面元素</title>
        <script type="text/javascript">
        function getElements()
            {
                var x=document.getElementsByTagName("input");
                alert(x.length);
            }
</script>
</head>
    <body>
        <form name="myForm">
          <input type="text" name="txt1"/><br/>
          <input type="text" name="txt2"/><br/>
          <input type="text" name="txt3"/><br/>
          <input type="button" onclick="getElements()" value="多少个 input 元素"/
>
        </form>
    </body></html>
```

本程序中,页面中含有 4 个 input 元素,提交表单时调用 getElements(),通过 getElementsByTagName 方法获得 input 元素数组,通过数组.length 获得并显示元素个数。程序运行效果如图 9.15 所示。

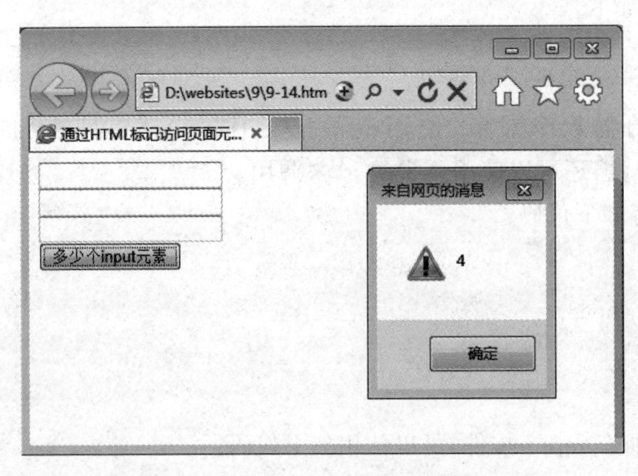

图 9.15 使用 HTML 标记访问表单元素

9.6 本章小结

通过本章学习,读者可以掌握 JavaScript 的基本语法,了解 JavaScript 的对象和事件,并能够运用对象访问页面元素,为实现更多的页面效果奠定基础。

9.7 习题

9.7.1 选择题

1. 在 IE 浏览器中，要想获得当前窗口的位置可以使用 window 对象的(　　)方法。

   A. windowX　　B. screenX　　C. screenLeft　　D. windowLeft

2. 分析下面的 JavaScript 代码段：

```
a=new Array(2,3,4,5,6);
sum=0;
for(i=1;i<a.length;i++)
    sum +=a[i];
document.write(sum);
```

输出结果是(　　)

   A. 20　　B. 18　　C. 14　　D. 12

3. 下面对于 JavaScript 中的单选按钮(radio)的说法，正确的是(　　)。

   A. 单选按钮可以通过单击“选中”和“未选中”选项来进行切换

   B. 单选按钮没有 checked 属性

   C. 单选按钮支持 onClick 事件

   D. 单选按钮的 Length 属性返回一个选项组中单选项的个数

4. 下面(　　)选项中的对象与浏览列表有关。

   A. location,history　　B. window,location

   C. navigator,window　　D. historylist,location

5. 在某一页面下载时，要自动显示出另一页面，可通过在<body>中使用(　　)事件来完成。

   A. onload　　B. onunload　　C. onclick　　D. onchange

6. 在 HTML 中，Location 对象的(　　)属性用于设置或检索 URL 的端口号。

   A. hostname　　B. host　　C. pathname　　D. href

7. 下列语句中，(　　)能实现单击一个按钮时弹出一个消息框。

   A. <BUTTON VALUE="鼠标响应" onClick=alert("确定")></BUTTON>

   B. <INPUT TYPE="BUTTON" VALUE="鼠标响应" onClick=alert("确定")>

   C. <INPUT TYPE="BUTTON" VALUE="鼠标响应" onChange=alert("确定")>

   D. <BUTTON VALUE="鼠标响应" onChange=alert("确定")></BUTTON>

8. 在 HTML 页面中，下面关于 window 对象的说法不正确的是(　　)。

   A. window 对象表示浏览器的窗口，可用于检索有关窗口状态的信息

   B. window 对象是浏览器所有内容的主容器

C. 浏览器打开 HTML 文档时，通常会创建一个 window 对象

D. 如果文档定义了多个框架，浏览器只为原始文档创建一个 window 对象，无须为每个框架创建 window 对象

9. 分析下面的 JavaScript 代码：

```
x=11;
y="number";
m=x+y ;
```

m 的值为(　　)。

A. 11number　　B. number　　C. 11　　D. 程序报错

10. 在 HTML 页面中使用外部 JavaScript 文件的正确语法是(　　)。

A. <language="javascript"src="scriptfile.js">

B. <script language="javascript"src="scriptfile.js"></script>

C. <script language="javascript"=scriptfile.js></script>

D. < language src="scriptfile.js">

11. 分析如下的 JavaScript 代码段，则运行后在页面上输出(　　)。

```
var c="10",d=10;
document.write(c+d);
```

A. 10　　B. 20　　C. 1010　　D. 页面报错

12. 在 JavaScript 中，命令按钮(Button)支持的事件包括(　　)。

A. onClick　　B. onChange　　C. onSelect　　D. onSubmit

13. 在当前页面的同一目录下有一名为 show.js 的文件，下列(　　)代码可以正确访问该文件。

A. <script language= "show.js"></script>

B. <script type="show.js"></script>

C. <script src="show.js"></script>

D. <script runat="show.js"></script>

14. 在 JavaScript 中，可以使用 Date 对象的(　　)方法返回该对象的日期。

A. getDate　　B. getYear　　C. getMonth　　D. gerTime

15. (　　)对象可以获得屏幕的大小。

A. window　　B. screen　　C. navigator　　D. screenX

16. 代码“setInterval("alert('welcome');",1000);”的意思是(　　)。

A. 等待 1000s 后，再弹出一个对话框　　B. 等待 1s 后弹出一个对话框

C. 语句报错，语法有问题　　D. 每隔 1s 弹出一个对话框

17. 要求用 JavaScript 实现下面的功能：在一个文本框中内容发生改变后，单击页面的其他部分将弹出一个消息框显示文本框中的内容，下面语句正确的是(　　)。

A. <input type="text" onChange="alert(this.value)">

B. <input type="text" onClick="alert(this.value)">

C. <input type="text" onChange="alert(text.value)">

D. <input type="text" onClick="alert(value)">

18. window 对象的 open 方法返回的是(　　)。

A. 没有返回值

B. boolean 类型,表示当前窗口是否打开成功

C. 返回打开新窗口的对象

D. 返回 int 类型的值,开启窗口的个数

19. HTML 页面中,下面有关 document 对象的描述错误的是(　　)。

A. document 对象用于检查和修改 HTML 元素和文档中的文本

B. document 对象用于检索浏览器窗口中的 HTML 文档的信息

C. document 对象提供客户最近访问的 URL 的列表

D. document 对象的 location 属性包含有关当前 URL 的信息

9.7.2 简答题

1. 文档对象常见的属性和方法有哪些?
2. 试列举至少 5 种常见的表单元素。
3. 文本框有哪些属性、方法和事件?
4. 什么是表单?它有哪些方法和属性?
5. 可以用哪些方法来刷新文档?

第 10 章　JavaScript 运用

本章学习目标

(1) 能够综合运用对象和事件的概念实现网站中的常见效果。

(2) 能够将 CSS 结合 JavaScript 实现网站中的常见效果。

(3) 了解 JQuery,并能运用相关插件实现网站效果。

JavaScript 在 Web 前端技术中是不可或缺的,运用 JavaScript,可以实现网页的交互、前台页面绚丽的展现效果、结合 CSS 实现动态的样式、制作网页游戏等。可以说 JavaScript 在前台页面的功能是丰富而强大的。本章主要介绍 JavaScript 在网页中常见的应用。

10.1　JavaScript 对象和事件的综合运用

通过前面章节的学习,了解了 JavaScript 的对象和事件的相关概念及用法。在网站中,需要将两者结合起来,才能实现相应的效果。下面通过案例介绍 JavaScript 对象和事件的综合运用。

10.1.1　制作级联菜单

级联菜单是网页中的常见效果,例如第一个菜单选择省份,第二个菜单就会出现该省份下的城市。要实现级联菜单,需要用到表单中的下拉菜单,组织两级菜单的内容;运用 JavaScript 二维数组,存储级联菜单中的数据;通过触发 onChange 事件,进行相关函数的调用,实现动态呈现二级菜单的内容。

【例 10.1】 实现级联菜单。

实现代码如下:

```
<!DOCTYPE html PUBLIC "-//W3C//DTD XHTML 1.0 Transitional//EN"
"http://www.w3.org/TR/xhtml1/DTD/xhtml1-transitional.dtd">
<html xmlns="http://www.w3.org/1999/xhtml">
<head>
<meta http-equiv="Content-Type" content="text/html; charset=utf-8" />
<title>级联菜单</title>
<body>
<form name="frm">
<!--单击一级菜单时,获取一级菜单对应的值,并将该值作为参数,传递给联动函数,确定调用二级菜单中哪一行数组的值-->
  <select name="s1" onChange="redirec(document.frm.s1.options.selectedIndex)">
  <option selected>请选择</option>
  <option value="1">脚本语言</option>
  <option value="2">高级语言</option>
```

```
  <option value="3">其他语言</option>
</select>
<select name="s2">
  <option value="请选择" selected>请选择</option>
</select>
</form>
<script language="javascript">
//获取一级菜单长度
var select1_len=document.frm.s1.options.length;
var select2=new Array(select1_len);
//把一级菜单都设为数组
for (i=0; i<select1_len; i++)
{
    select2[i]=new Array();
}
//定义基本选项
select2[0][0]=new Option("请选择", " ");
select2[1][0]=new Option("PHP", " ");
select2[1][1]=new Option("ASP", " ");
select2[1][2]=new Option("JSP", " ");
select2[2][0]=new Option("C/C++", " ");
select2[2][1]=new Option("Java", " ");
select2[2][2]=new Option("C#", " ");
select2[3][0]=new Option("Perl", " ");
select2[3][1]=new Option("Ruby", " ");
select2[3][2]=new Option("Python", " ");
//联动函数
function redirec(x)
{
    var temp=document.frm.s2;
    for (i=0;i<select2[x].length;i++)
    {
        temp.options[i]=new Option(select2[x][i].text,select2[x][i].value);
    }
    temp.options[0].selected=true;
}</script></body></html>
```

程序运行效果如图 10.1 所示。

10.1.2 制作下拉菜单

在网页中,经常看到导航栏下的子菜单,当鼠标经过时,子菜单出现;当鼠标离开时,相应的子菜单消失。下拉菜单的效果如图 10.2 所示。

实现下拉菜单,需要运用鼠标事件,当鼠标经过某个菜单时,触发事件,调用 displaySubMenu(li),显示其子菜单;当鼠标离开某个菜单时,触发事件,调用 hideSubMenu(li) 隐藏其子菜单。JavaScript 在进行函数调用时,运用 getElementsByTagName()方法,获取菜

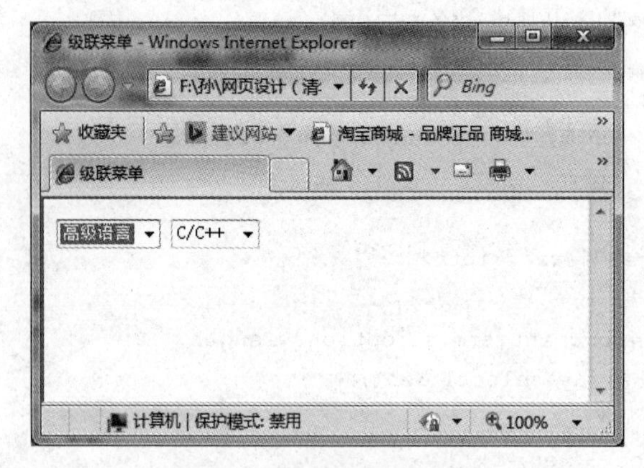

图 10.1　级联菜单运行效果

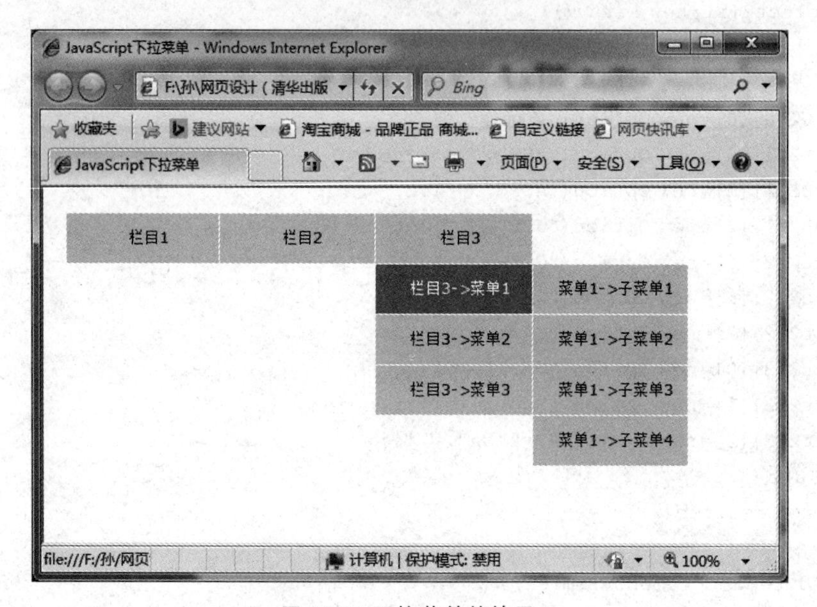

图 10.2　下拉菜单的效果

单下的子菜单内容，进行子菜单的显示。在 CSS 方面，为了配合显示效果，设定了鼠标经过 a：hover 时的样式，进行背景文字的高亮显示。还有一点也很重要，就是对下拉菜单显示位置的定位。栏目下的一级子菜单的显示，是在栏目的下方显示，而二级子菜单，是在一级子菜单的右方显示，具体的定位方法，我们看程序的源代码。

【例 10.2】 动态下拉菜单。

实现代码如下：

```
<!DOCTYPE html PUBLIC "-//W3C//DTD XHTML 1.0 Transitional//EN"
"http://www.w3.org/TR/xhtml1/DTD/xhtml1-transitional.dtd">
<html xmlns="http://www.w3.org/1999/xhtml">
<head>
<meta http-equiv="Content-Type" content="text/html; charset=utf-8" />
<title>JavaScript 下拉菜单</title>
<style type="text/css">
```

```
* {
    padding: 0;
    margin: 0;
}
body {
    font-family: verdana, sans-serif;
    font-size: small;
}
#navigation, #navigation li ul {
    list-style-type: none;
}
#navigation {
    margin: 20px;
}
#navigation li {
    float: left;
    text-align: center;
    position: relative;
}
#navigation li a: link, #navigation li a: visited {
                              /*定义超链接在存在链接时和访问过的链接时的样式*/
    display: block;                     /*设定超链接为块状显示*/
    text-decoration: none;
    color: #000;
    width: 120px;
    height: 40px;
    line-height: 40px;
    border: 1px solid #fff;
    border-width: 1px 1px 0 0;
    background: #c5dbf2;
    padding-left: 10px;
}
#navigation li a: hover {               /*定义鼠标经过时超链接的样式*/
    color: #fff;
    background: #2687eb;
}
#navigation li ul li a: hover {
    color: #fff;
    background: #6b839c;
}
#navigation li ul {                     /*定义一级子菜单的显示方式*/
    display: none;                      /*子菜单默认状态为隐藏*/
    position: absolute;                 /*定义子菜单的定位方式为绝对定位*/
    top: 40px;
    left: 0;
    margin-top: 1px;
    width: 120px;                       /*子菜单的宽度*/
```

```
        }
        #navigation li ul li ul {                    /*定义二级子菜单的显示方式*/
            display: none;
            position: absolute;
            top: 0px;
            left: 130px;
            margin-top: 0;
            margin-left: 1px;
            width: 120px;
        }
</style>
<script type="text/javascript">
        function displaySubMenu(li) {
            var subMenu=li.getElementsByTagName("ul")[0];
            subMenu.style.display="block";
        }
        function hideSubMenu(li) {
            var subMenu=li.getElementsByTagName("ul")[0];
            subMenu.style.display="none";
        }
</script>
</head>
<body>
    <ul id="navigation">
        <li onmouseover="displaySubMenu(this)" onmouseout="hideSubMenu(this)">
            <a href="#">栏目 1</a>
            <ul>
                <li><a href="#">栏目 1->菜单 1</a></li>
                <li><a href="#">栏目 1->菜单 2</a></li>
                <li><a href="#">栏目 1->菜单 3</a></li>
                <li><a href="#">栏目 1->菜单 4</a></li>
            </ul>
        </li>
        <li onmouseover="displaySubMenu(this)" onmouseout="hideSubMenu(this)">
            <a href="#">栏目 2</a>
            <ul>
                <li><a href="#">栏目 2->菜单 1</a></li>
                <li><a href="#">栏目 2->菜单 2</a></li>
                <li><a href="#">栏目 2->菜单 3</a></li>
                <li><a href="#">栏目 2->菜单 4</a></li>
                <li><a href="#">栏目 2->菜单 5</a></li>
            </ul>
        </li>
        <li onmouseover="displaySubMenu(this)" onmouseout="hideSubMenu(this)">
            <a href="#">栏目 3</a>
            <ul>
                <li onmouseover="displaySubMenu(this)" onmouseout="hideSubMenu
```

```
            (this)">
                <a href="#">栏目 3->菜单 1</a>
                <ul>
                    <li><a href="#">菜单 1->子菜单 1</a></li>
                    <li><a href="#">菜单 1->子菜单 2</a></li>
                    <li><a href="#">菜单 1->子菜单 3</a></li>
                    <li><a href="#">菜单 1->子菜单 4</a></li>
                </ul>
            </li>
            <li><a href="#">栏目 3->菜单 2</a></li>
            <li onmouseover="displaySubMenu(this)" onmouseout="hideSubMenu
            (this)">
                <a href="#">栏目 3->菜单 3</a>
                <ul>
                    <li><a href="#">菜单 3->子菜单 1</a></li>
                    <li><a href="#">菜单 3->子菜单 2</a></li>
                    <li><a href="#">菜单 3->子菜单 3</a></li>
                </ul>
            </li>
        </ul>
    </li>
</ul>
</body>
</html>
```

10.1.3 树形菜单

在网页中,经常看到树形菜单,效果如图 10.3 所示。它的实现比较简单,用到单击事件 onclick 和文档对象 document,当单击事件在该对象上发生时,设定该对象显示或隐藏。隐藏的方法是 document. all. child1. style. display=='none'。

【例 10.3】 实现树形菜单。

实现代码如下:

```
<!DOCTYPE html PUBLIC "-//W3C//DTD XHTML 1.0 Transitional//EN"
"http://www.w3.org/TR/xhtml1/DTD/xhtml1-transitional.dtd">
<html xmlns="http://www.w3.org/1999/xhtml">
<head>
<meta http-equiv="Content-Type" content="text/html; charset=utf-8" />
<title>树形菜单</title>
<style>
ul { padding: 0; margin: 0;}
#main1,#main2 {
    width: 100px;
    height: 28px;
    line-height: 28px;
    padding-left: 5px;
```

图 10.3 树形菜单效果图

```
    background: #ccc;
    cursor: pointer;
    border-bottom: 1px solid #fff;}
#child1,#child2 {
    width: 105px;
    background: #eee;}
#child1 ul li,#child2 ul li {
    padding-left: 5px;
    border-bottom: 1px solid #fff;
    line-height: 180%;}
#child1 ul li a,#child2 ul li a {
    color: #666;
    text-decoration: none;
    display: block;}
#child1 ul li a: hover,#child2 ul li a: hover {
    color: #FFF;
    background-color: #666}
</style>
</head>
<body>
<div id="main1" onClick="document.all.child1.style.display= (document.all.
child1.style.display=='none')?'': 'none'" >+菜单 1</div>
<div id="child1" style="display: none">
<ul>
<li><a href="#">-子菜单 1</a></li>
<li><a href="#">-子菜单 2</a></li>
<li><a href="#">-子菜单 3</a></li>
```

```
<li><a href="#">-子菜单 4</a></li>
</ul>
</div>
<div id="main2" onClick="document.all.child2.style.display=(document.all.
child2.style.display=='none')?'': 'none'" >+菜单 2</div>
<div id="child2" style="display: none">
<ul>
<li><a href="#">-子菜单 1</a></li>
<li><a href="#">-子菜单 2</a></li>
<li><a href="#">-子菜单 3</a></li>
<li><a href="#">-子菜单 4</a></li>
</ul>
</div>
</body>
</html>
```

在网页应用中,可以运用 CSS 样式,将菜单项的效果做得更好,更适合网页的风格。

10.1.4 浮动的广告

在网页中,经常看到浮动广告,当广告浮动到屏幕边界时自动弹走,能够平滑自动适应屏幕的大小,效果如图 10.4 所示。要实现这样的效果,需要充分理解 JavaScript 中对象的概念,为对象添加事件,了解浏览器窗口的属性,判定浏览器窗口的状态等相关知识。

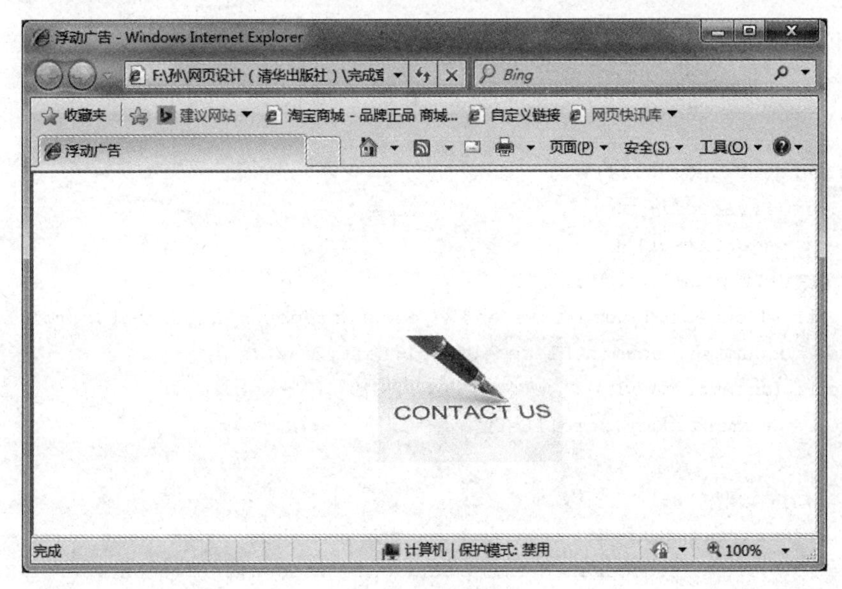

图 10.4 浮动广告效果

初学者可以参考以下代码实现相应效果,在将来需要时使用。该代码兼容多种浏览器,是个不错的实现方法。

【例 10.4】 实现浮动广告。

实现代码如下:

```
<!DOCTYPE html PUBLIC "-//W3C//DTD XHTML 1.0 Transitional//EN"
"http://www.w3.org/TR/xhtml1/DTD/xhtml1-transitional.dtd">
<html xmlns="http://www.w3.org/1999/xhtml">
<head>
<meta http-equiv="Content-Type" content="text/html; charset=utf-8" />
<title>浮动广告</title>
<style type="text/css">
img{border: 0;}
</style>
<SCRIPT type=text/javascript>
function addEvent(obj,evtType,func,cap){
cap=cap||false;
if(obj.addEventListener){
obj.addEventListener(evtType,func,cap);
return true;
}else if(obj.attachEvent){
if(cap){
obj.setCapture();
return true;
}else{
return obj.attachEvent("on" +evtType,func);
}
}else{
return false;
}
}
function getPageScroll(){
var xScroll,yScroll;
if (self.pageXOffset) {
xScroll=self.pageXOffset;
} else if (document.documentElement && document.documentElement.scrollLeft){
xScroll=document.documentElement.scrollLeft;
} else if (document.body) {
xScroll=document.body.scrollLeft;
}
if (self.pageYOffset) {
yScroll=self.pageYOffset;
} else if (document.documentElement && document.documentElement.scrollTop){
yScroll=document.documentElement.scrollTop;
} else if (document.body) {
yScroll=document.body.scrollTop;
}
arrayPageScroll=new Array(xScroll,yScroll);
return arrayPageScroll;
}
```

```
function GetPageSize(){
var xScroll, yScroll;
if (window.innerHeight && window.scrollMaxY) {
xScroll=document.body.scrollWidth;
yScroll=window.innerHeight +window.scrollMaxY;
} else if (document.body.scrollHeight >document.body.offsetHeight){
xScroll=document.body.scrollWidth;
yScroll=document.body.scrollHeight;
} else {
xScroll=document.body.offsetWidth;
yScroll=document.body.offsetHeight;
}
var windowWidth, windowHeight;
if (self.innerHeight) {
windowWidth=self.innerWidth;
windowHeight=self.innerHeight;
} else if (document.documentElement && document.documentElement.clientHeight) {
windowWidth=document.documentElement.clientWidth;
windowHeight=document.documentElement.clientHeight;
} else if (document.body) {
windowWidth=document.body.clientWidth;
windowHeight=document.body.clientHeight;
}
if(yScroll<windowHeight){
pageHeight=windowHeight;
} else {
pageHeight=yScroll;
}
if(xScroll<windowWidth){
pageWidth=windowWidth;
} else {
pageWidth=xScroll;
}
arrayPageSize=new Array(pageWidth,pageHeight,windowWidth,windowHeight)
return arrayPageSize;
}
var AdMoveConfig=new Object();
AdMoveConfig.IsInitialized=false;
AdMoveConfig.ScrollX=0;
AdMoveConfig.ScrollY=0;
AdMoveConfig.MoveWidth=0;
AdMoveConfig.MoveHeight=0;
AdMoveConfig.Resize=function(){
var winsize=GetPageSize();
AdMoveConfig.MoveWidth=winsize[2];
```

```
AdMoveConfig.MoveHeight=winsize[3];
AdMoveConfig.Scroll();
}
AdMoveConfig.Scroll=function(){
var winscroll=getPageScroll();
AdMoveConfig.ScrollX=winscroll[0];
AdMoveConfig.ScrollY=winscroll[1];
}
addEvent(window,"resize",AdMoveConfig.Resize);
addEvent(window,"scroll",AdMoveConfig.Scroll);
function AdMove(id){
if(!AdMoveConfig.IsInitialized){
AdMoveConfig.Resize();
AdMoveConfig.IsInitialized=true;
}
var obj=document.getElementById(id);
obj.style.position="absolute";
var W=AdMoveConfig.MoveWidth-obj.offsetWidth;
var H=AdMoveConfig.MoveHeight-obj.offsetHeight;
var x=W*Math.random(),y=H*Math.random();
var rad=(Math.random()+1)*Math.PI/6;
var kx=Math.sin(rad),ky=Math.cos(rad);
var dirx=(Math.random()<0.5?1: -1), diry=(Math.random()<0.5?1: -1);
var step=1;
var interval;
this.SetLocation=function(vx,vy){x=vx;y=vy;}
this.SetDirection=function(vx,vy){dirx=vx;diry=vy;}
obj.CustomMethod=function(){
obj.style.left=(x +AdMoveConfig.ScrollX) +"px";
obj.style.top=(y +AdMoveConfig.ScrollY) +"px";
rad=(Math.random()+1)*Math.PI/6;
W=AdMoveConfig.MoveWidth-obj.offsetWidth;
H=AdMoveConfig.MoveHeight-obj.offsetHeight;
x=x +step*kx*dirx;
if (x<0){dirx=1;x=0;kx=Math.sin(rad);ky=Math.cos(rad);}
if (x >W){dirx=-1;x=W;kx=Math.sin(rad);ky=Math.cos(rad);}
y=y +step*ky*diry;
if (y<0){diry=1;y=0;kx=Math.sin(rad);ky=Math.cos(rad);}
if (y >H){diry=-1;y=H;kx=Math.sin(rad);ky=Math.cos(rad);}
}
this.Run=function(){
var delay=10;
interval=setInterval(obj.CustomMethod,delay);
obj.onmouseover=function(){clearInterval(interval);}
obj.onmouseout=function(){interval=setInterval(obj.CustomMethod, delay);}
```

```
}
}
</SCRIPT>
</head>
<body>
<div id=ad1 style="Z-INDEX: 5">
<!--漂浮开始-->
<a href="#" target="_blank"><IMG src="images/contact.jpg"></a>
<!--漂浮结束-->
</div>
<SCRIPT type=text/javascript><!--
var ad1=new AdMove("ad1");
ad1.Run();
//继续构建对象,可以实现多个对象漂浮
//var ad2=new AdMove("ad2");
//ad2.Run();
//-->
</SCRIPT>
</body>
</html>
```

10.1.5 跑马灯效果

JavaScript 中的跑马灯是一种很吸引眼球的特效,通常是通过改变<input>来实现的。如果能更好地配合 CSS,便能做得更加完美。实现效果如图 10.5 所示。

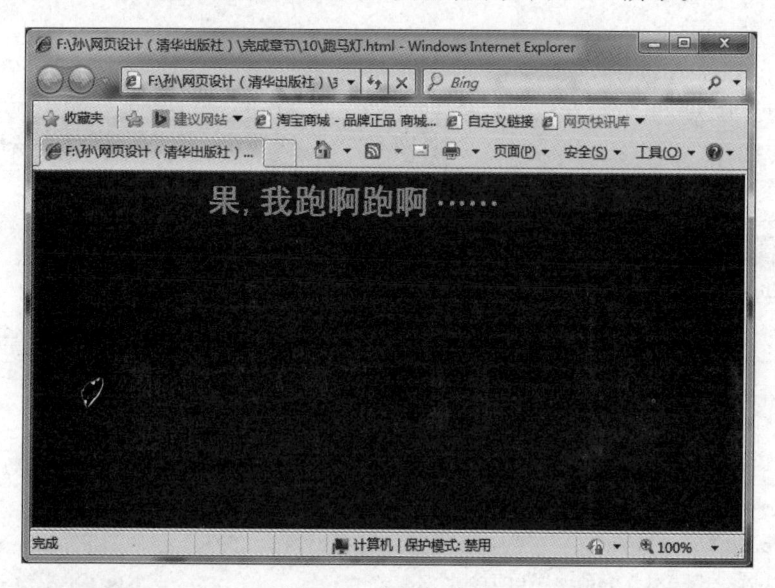

图 10.5 跑马灯效果

要实现该效果,首先按照传统的 JavaScript 方法制作跑马灯效果,包括设置文字内容、跑动速度,以及相应的输入框。然后进行 CSS 修饰,对页面的<body>和<input>标记加入相关的 CSS 属性，页面背景设置为黑色，将输入框的背景设为透明，边框进行隐藏，再设置其他文字属性。

【例 10.5】 实现跑马灯效果。

实现代码如下：

```
<!DOCTYPE html PUBLIC "-//W3C//DTD XHTML 1.0 Transitional//EN"
"http://www.w3.org/TR/xhtml1/DTD/xhtml1-transitional.dtd">
<html xmlns="http://www.w3.org/1999/xhtml">
<head>
<meta http-equiv="Content-Type" content="text/html; charset=utf-8" />
<title>跑马灯效果</title>
<style type="text/css">
body{background-color: #000;}
input{
    background: transparent;
    border: none;
    color: #F00;
    font-size: 30px;
    font-weight: bold;
    font-family: "黑体";
}
</style>
<script language="javascript">
var msg="演示跑马灯效果,我跑啊跑啊……";          /*跑马灯文字*/
var interval=400;                             /*跑马灯速度*/
var seq=0;
function LenScroll(){
    document.nextForm.lenText.value=msg.substring(seq,msg.length)+" "+msg;
                                              /*将跑马灯文字写进文本框*/
    seq++;
    if(seq>msg.length)
     seq=0;
    window.setTimeout("LenScroll()",interval);
                         /*每隔 400ms 重新调用 LenScroll(),实现文字的滚动*/
}
</script>
</head>
<body onload="LenScroll()"><!--运用 onload 事件,页面加载时调用相关函数-->
<center>
<form name="nextForm">
<input type="text" name="lenText" />
</form>
</center>
</body>
</html>
```

通过 CSS 属性对页面和输入框进行美化，整个跑马灯显得流畅很多，不是简单的文字在输入框滚动的效果了。

10.2 JavaScript 与 CSS 的综合运用

CSS 和 JavaScript 两者结合，可以实现网页更加绚丽的效果。下面介绍在网页中常用到的一些特效案例，体现 CSS 和 JavaScript 在网页设计中的强大功能。

10.2.1 运用 CSS 滤镜实现 PPT 幻灯片

CSS 具有滤镜的功能，不过只有在 IE 浏览器中，才能体现出效果。所以在前面的 CSS 介绍中，没有做过多介绍。但是在网页中，却能经常见到横幅广告图片不停切换的效果，切换方式也多种多样。实现图片的切换，方法也有很多，这里先通过 JavaScript 结合 CSS 滤镜来实现图片的切换效果，在 10.3 节，通过添加 JQuery 包来实现。

实现图片的切换，需要用到 BlendTrans 滤镜。语法如下：

```
filter: RevealTrans(transition=变换方式,duration=秒数)
```

其中，duration 是图片之间的切换时间，以秒为单位；transition 是切换方式，共有 24 种，如表 10.1 所示。

表 10.1 RevealTrans 滤镜的切换方式

序号	切换方式	序号	切换方式	序号	切换方式	序号	切换方式
0	矩形从大至小	6	向右推开	12	随即溶解	18	向左上剥开
1	矩形从小至大	7	向左推开	13	垂直向内裂开	19	向右下剥开
2	圆形从大至小	8	垂直型百叶窗	14	垂直向外裂开	20	向右上剥开
3	圆形从小至大	9	水平型百叶窗	15	水平向内裂开	21	随机水平细纹
4	向上推开	10	水平棋盘	16	水平向外裂开	22	随机垂直细纹
5	向下推开	11	垂直棋盘	17	向左下剥开	23	随机选一种特效

从表 10.1 中不难发现，各种切换效果与微软公司的另外一个产品 PPT 非常相似。下面通过案例演示 PPT 幻灯片的实现方法。幻灯片切换效果如图 10.6 所示。

【例 10.6】 运用滤镜实现图片的幻灯片切换效果。

实现代码如下：

```
<!DOCTYPE html PUBLIC "-//W3C//DTD XHTML 1.0 Transitional//EN"
"http://www.w3.org/TR/xhtml1/DTD/xhtml1-transitional.dtd">
<html xmlns="http://www.w3.org/1999/xhtml">
<head>
<meta http-equiv="Content-Type" content="text/html; charset=utf-8" />
<title>PPT 幻灯片效果</title>
<style type="text/css">
body{background-color: #000;}
```

图 10.6　幻灯片切换效果

```
img{
    filter: RevealTrans(Duration=3,Transition=23);     /* 随机切换效果 */
    border: none;
}
</style>
</head>
<body>
<script language="javascript">
function img2(x){this.length=x;}
  jname=new img2(5);
  jname[0]="images/1.jpg";
  jname[1]="images/2.jpg";
  jname[2]="images/3.jpg";
  jname[3]="images/4.jpg";
  jname[4]="images/5.jpg";
  var j=0;
function play2(){
    if(j==4){j=0;}
    else{j++;}
    tp2.filters[0].apply();
    tp2.src=jname[j];
    tp2.filters[0].play();
    mytimeout=setTimeout("play2()",4000);
 }
```

```
</script>
<p><img src="images/1.jpg" name="tp2"/></p>
<script language="javascript">play2();</script>
</body>
</html>
```

这个效果只能在IE浏览器中看到，但在火狐浏览器中，图片是静止的。在大量的网站中，都能看到幻灯片切换的效果，这如何解决呢？下面推荐一个开源的js包，myfocus-2.0.1.min.js，也称为焦点图库，它是目前唯一的js焦点图幻灯轮播库，兼容绝大多数浏览器，myFocus v2.0.min版只有9.89KB，本插件自带27种幻灯片效果，3种自定义幻灯片效果。使用方法非常简单，扩展方便。如将该案例通过焦点图库来实现，下面演示一下使用方法。

【例10.7】 运用焦点图库实现图片的幻灯片切换效果。

```
<!DOCTYPE html PUBLIC "-//W3C//DTD XHTML 1.0 Transitional//EN"
"http://www.w3.org/TR/xhtml1/DTD/xhtml1-transitional.dtd">
<html xmlns="http://www.w3.org/1999/xhtml">
<head>
<meta http-equiv="Content-Type" content="text/html; charset=utf-8" />
<title>myFocus 实现幻灯片效果</title>
<script type="text/javascript" src="js/myfocus-2.0.1.min.js"></script>
<style type="text/css">
body { background: #fff; padding: 20px;}
h2{height: 42px; line-height: 42px; background: #f1f1f1; margin-bottom: 20px; font-
size: 12px; color: #666; font-weight: normal;}
#myFocus{ width: 600px; height: 337px;}          /*设定幻灯片区域的大小*/
</style>
<script type="text/javascript">
//设置
myFocus.set({
    id: 'myFocus',                               //设定相应的id
    pattern: 'mF_slide3D'                        //幻灯片的切换风格
});
</script>
</head>
<body>
<h2>提示：可以修改 pattern 参数以更换不同的风格</h2>
<div id="myFocus"><!--焦点图盒子-->
    <div class="loading"><img src="img/loading.gif" alt="请稍候…" /></div>
    <!--载入画面(可删除)-->
    <div class="pic"><!--图片列表-->
      <ul>
        <li><a href="#"><img src="img/1.jpg" width="600" height="337" /></a>
</li>
        <li><a href="#"><img src="img/2.jpg" /></a></li>
```

```
        <li><a href="#"><img src="img/3.jpg" /></a></li>
        <li><a href="#"><img src="img/4.jpg" /></a></li>
        <li><a href="#"><img src="img/5.jpg" /></a></li>
      </ul>
    </div>
</div></body></html>
```

设定幻灯片的切换效果为 3D,在火狐浏览器中的运行效果如图 10.7 所示。

图 10.7 焦点图库的幻灯片切换效果

注意:在选择幻灯片的切换效果时,实际上是运用了 js 文件夹里面包含的 myfocus-2.0.1.min.js 文件和 mf-pattern 文件夹。myfocus-2.0.1.min.js 为 myfocus 的脚本库,mf-pattern 文件夹为不同的幻灯轮播效果所使用到的 js 文件、css 文件以及按钮等图片素材。当选择其中的切换效果时,需要在 mf-pattern 文件夹中选择相应的 js 文件即可。例如 pattern:'mF_slide3D',即设定了幻灯片的切换效果为 3D。

10.2.2 层的切换

在网页中,经常看到类似选项卡的切换,效果如图 10.8 所示。

要实现这个效果,首先准备需要显示的 div 和选项卡。当鼠标经过某个选项卡时,触发鼠标事件 onMouseOver,并调用相应的事件处理程序。当鼠标经过选项卡时,事件处理程序通过 JavaScript 的 getElementById()方法取到对应的 div,并设置相应 div 的显示方式 display:block。还有一点,运用了 JavaScript 动态修改网页元素样式。如 document.getElementById(divName+i).style.display="none",动态设置指定 id 对象隐藏,document.getElementById(i).style.backgroundColor="#FFF",动态设置指定 id 的背景色为白色。正因为通过 JavaScript 动态修改相应的背景色,人们才能够看到选项卡被选中和未被选中时的状态。

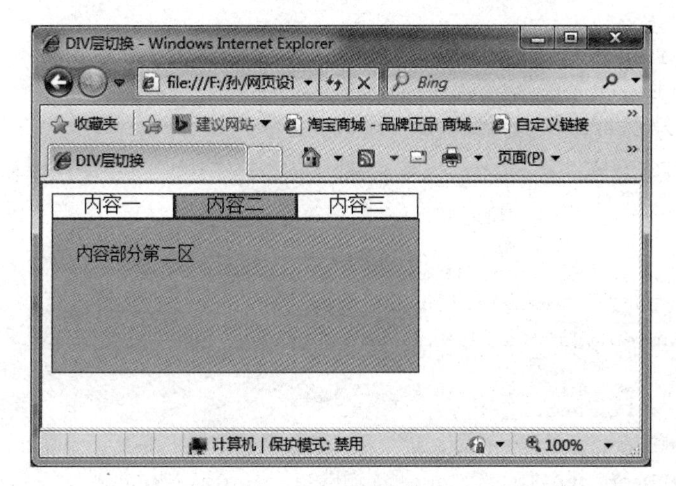

图 10.8　层切换效果

【例 10.8】 实现层的切换效果。

实现代码如下：

```
<!DOCTYPE html PUBLIC "-//W3C//DTD XHTML 1.0 Transitional//EN"
"http://www.w3.org/TR/xhtml1/DTD/xhtml1-transitional.dtd">
<html xmlns="http://www.w3.org/1999/xhtml">
<head>
<meta http-equiv="Content-Type" content="text/html; charset=utf-8" />
<title>DIV 层切换</title>
<style>
ul{
    margin: 0px;
    padding: 0px;
    overflow: hidden;
}
ul li{
    float: left;
    display: block;
    width: 100px;
    text-align: center;
    border: 1px #0033FF solid;
    list-style-type: none;
}
ul li a{
    text-decoration: none;
    color: #000;
    display: block;
}
.tab{
    background-color: #CCC;
    border: 1px #0033FF solid;
```

```
    width: 265px;
    height: 150px;
    margin: 0px;
    font-size: 14px;
    display: none;
    padding: 20px;
}
</style>
<script language="JavaScript" type="text/javascript">
function ChangeDiv(divId,divName,zDivCount)
{
for(i=0;i<=zDivCount;i++)
{
document.getElementById(divName+i).style.display="none";      //将所有的层都隐藏
document.getElementById(i).style.backgroundColor="#FFF"; //将所有的层背景色设为白色
}
document.getElementById(divName+divId).style.display="block";//显示当前层
document.getElementById(divId).style.backgroundColor="#CCC";
                                                    //设置单击的选项卡的背景色为灰色
}
</script>
</head>
<body>
<div>
<ul >
<li id="0" onclick="JavaScript: ChangeDiv('0','JKDiv_',2)" ><a href="#">内容一
</a></li>
<li id="1" onclick="JavaScript: ChangeDiv('1','JKDiv_',2)" ><a href="#">内容二
</a></li>
<li id="2" onclick="JavaScript: ChangeDiv('2','JKDiv_',2)"><a href="#">内容三
</a></li>
</ul>
</div>
<div id="JKDiv_0" class="tab" style="display: block">内容部分第一区</div><!--设
置第一区默认为显示-->
<div id="JKDiv_1" class="tab">内容部分第二区</div>
<div id="JKDiv_2" class="tab">内容部分第三区</div>
</body></html>
```

10.3 jQuery 在网页中的应用

jQuery 是一个兼容多款浏览器的 JavaScript 库，核心理念是“write less, do more”(写得更少，做得更多)。jQuery 在 2006 年 1 月由美国人 John Resig 在纽约的 barcamp 发布，吸引了来自世界各地的众多 JavaScript 高手加入，由 Dave Methvin 率领团队进行开发。如今，jQuery 已经成为最流行的 JavaScript 库，在世界前 10 000 个访问最多的网站中，有超过

55%的网站在使用jQuery。下面先来了解jQuery的相关信息。

10.3.1 jQuery简介

jQuery是免费、开源的,使用MIT许可协议。jQuery的语法设计可以使开发者更加便捷,例如操作文档对象、选择DOM元素、制作动画效果、事件处理、使用Ajax以及其他功能。除此以外,jQuery提供API让开发者编写插件,其模块化的使用方式使开发者可以很轻松地开发出功能强大的静态或动态网页。

jQuery的版本有很多,人们可以从jQuery的官方网站(jquery.com)上下载,也可以通过CDN访问jQuery。因为jQuery存储在CDN公共库上,目的是加快网站载入速度。CDN公共库是指将常用的JS库存放在CDN节点,以方便广大开发者直接调用。与将JS库存放在服务器单机上相比,CDN公共库更加稳定、高速。国外的有Google、Microsoft等多家公司给jQuery提供CDN服务,国内由新浪云计算(SAE)、百度云(BAE)等提供许多用户在访问其他站点时,已经从谷歌或微软加载过jQuery。所有结果是,当用户访问您的站点时,会从缓存中加载jQuery,这样可以减少加载时间。同时,大多数CDN都可以确保当用户向其请求文件时,会从离用户最近的服务器上返回响应,这样也可以提高加载速度。

jQuery库为Web脚本编程提供了通用的抽象层,使得它几乎适用于任何编程的情形。因此容易扩展而且不断有新插件面世增强它的功能,所以人们涵盖它所有可能的用途和功能。就网页设计而言,jQuery能够满足下列需求。

1. 取得页面中的元素

如果不使用JavaScript库,遍历DOM树,以及查找HTML文档结构中某个特殊的部分,必须编写很多代码。jQuery为准确获取需要操纵的文档元素,提供了可靠而富有效率的选择符机制。

2. 修改页面的外观

CSS虽然为呈现方式提供了一种强大的手段,但当所有浏览器不完全支持相同的标准时,单纯使用CSS就会显得力不从心。jQuery可以弥补这一不足,它提供了跨浏览器的标准来解决方案。而且即使在页面已经呈现之后,jQuery仍然能够改变文档中某个部分的类或者个别的样式属性。

3. 改变页面的内容

jQuery能够影响的范围并不局限于简单的外观变化,使用少量的代码,jQuery就能改变文档的内容,可以改变文本、插入或翻转图像、对列表重新排序,甚至对HTML文档的整个结构都能重写和扩充,所有这些只需要一个简单易用的API。

4. 响应用户的页面操作

即使是最强大和最精心的设计行为,如果人们无法控制它何时发生,那它也毫无用处。jQuery提供了截取形形色色的页面事件(例如用户单击一个链接)的适当方式,而不需要使用事件处理程序搞乱HTML代码。此外,它的事件处理API也消除了经常困扰Web开发人员的浏览器不一致性。

5. 为页面添加动态效果

为了实现某种交互式行为,设计者也必须向用户提供视觉上的反馈。jQuery中内置的一批淡入、擦除之类的效果,以及制作新效果的工具包,为此提供了便利。

6. 无须刷新页面

无须刷新页面即可从服务器获取信息，这种编程模式就是众所周知的 AJAX(Asynchronous JavaScript and XML)，它能辅助 Web 开发人员创建出反应灵敏、功能丰富的网站。jQuery 通过消除这一过程中的浏览器特定的复杂性，使开发人员得以专注于服务器端的功能设计。

在本节，运用 jQuery 包和相关插件，来实现常用的网页效果。

10.3.2 页面边栏的浮动窗口

运用 jquery-1.4.2.min.js 和插件 float.js 来实现页面边栏的浮动窗口，实现效果如图 10.9 所示。

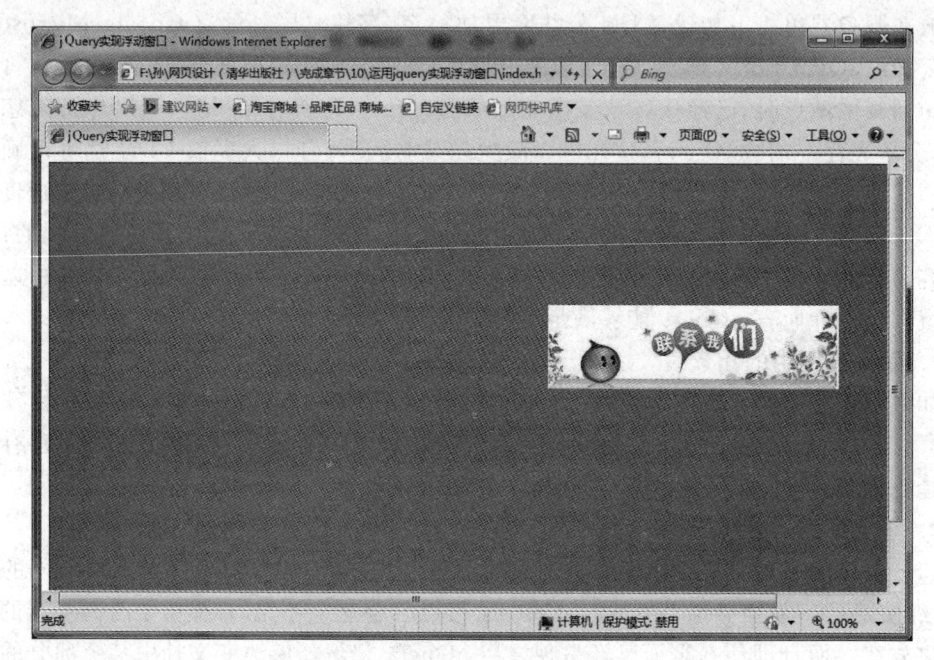

图 10.9　页面右边的浮动窗口

【例 10.9】 运用 jQuery 实现页面边栏的浮动窗口。

实现方法如下：

```
<!DOCTYPE html PUBLIC "-//W3C//DTD XHTML 1.0 Transitional//EN"
"http://www.w3.org/TR/xhtml1/DTD/xhtml1-transitional.dtd">
<html xmlns="http://www.w3.org/1999/xhtml">
<head>
<meta http-equiv="Content-Type" content="text/html; charset=utf-8" />
<title>jQuery实现浮动窗口</title>
<link href="style.css" type="text/css" rel="stylesheet" />
<script language="javascript" type="text/javascript" src="jquery-1.4.2.min.js">
</script>
<script language="javascript" type="text/javascript" src="float.js"></script>
<script language="javascript" type="text/javascript">
```

```
$(document).ready(function(){
    $("#contect").smartFloat();
});
</script>
</head>
<body>
<div id="contect">
</div>
<div class="main">
</div>
</body>
</html>
```

值得注意的是，jquery-1.4.2.min.js 和 float.js 之间的关系。float.js 相当于 jquery-1.4.2.min.js 的插件，是对 jQuery 功能的扩展。必须加载 jquery-1.4.2.min.js，才能运用 jQuery 写 float.js。当需要设定浮动窗口所指定的区域时，运用以下 JavaScript 语句：

```
<script language="javascript" type="text/javascript">
$(document).ready(function(){
    $("#contect").smartFloat();
});
</script>
```

在 float.js 中，定义的 smartFloat()代码如下：

```
$.fn.smartFloat=function() {
var position=function(element) {
var top=element.position().top, pos=element.css("position");
$(window).scroll(function() {
var scrolls=$(this).scrollTop();
if (scrolls >top) {
if (window.XMLHttpRequest) {
element.css({
position: "fixed",
top: 0
});
} else {
element.css({
top: scrolls
});
}
}else {
element.css({
position: "absolute",
top: top
});
}
});
```

```
};
return $(this).each(function() {
position($(this));
});
};
```

通过设定读取的 id 为"contect",就可以让该区域在页面边栏浮动,具体的浮动位置通过相应的 CSS 语句指定。例如本例中,指定浮动的位置语句如下:

```
#contect{
    width: 300px;
    height: 84px;
    background-image: url(../images/con_us.jpg);
    background-repeat: no-repeat;
    position: absolute;
    top: 150px;
    right: 50px;
    z-index: 99;
}
```

10.3.3 动态显示密码强弱

在网页中,当输入密码时,经常看到提示密码强、中等、弱等,这样的效果可以运用 jQuery 来实现。下面先看效果图 10.10。

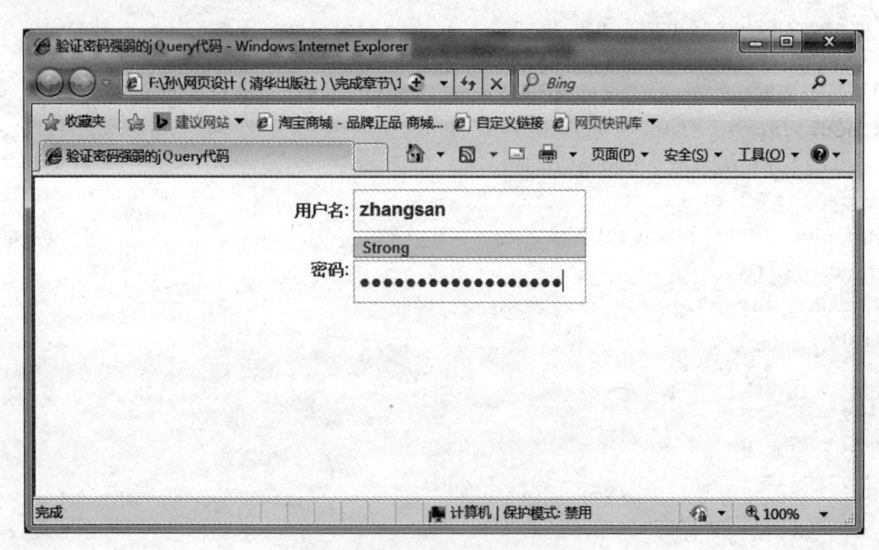

图 10.10 动态显示密码强弱

【例 10.10】 运用 jQuery 实现密码强弱的验证。

HTML 页面中的代码如下:

```
<!DOCTYPE html PUBLIC "-//W3C//DTD XHTML 1.0 Transitional//EN"
"http://www.w3.org/TR/xhtml1/DTD/xhtml1-transitional.dtd">
```

```
<html xmlns="http://www.w3.org/1999/xhtml">
<head>
<meta http-equiv="Content-Type" content="text/html; charset=utf-8" />
<title>验证密码强弱的 jQuery 代码</title>
<script type="text/javascript" src="jquery-1.4.2.min.js"></script>
<!--验证密码强弱的插件.js -->
<script type="text/javascript" src="password_strength_plugin.js"></script>
<!--显示密码强弱时用到的 CSS 样式 -->
<link rel="stylesheet" type="text/css" href="password_streng.css">
<!--显示密码强弱时用到的 CSS 样式 -->
<script>
$(document).ready( function() {
//验证用户名密码重复
$(".password_adv").passStrength({
userid: "#user_id_adv"
});
//验证密码强弱
$(".password_adv").passStrength({
shortPass: "top_shortPass",
badPass: "top_badPass",
goodPass: "top_goodPass",
strongPass: "top_strongPass",
baseStyle: "top_testresult",
userid: "#user_id_adv",
messageloc: 0
});
});
</script>
<body>
<table border="0" align="center" cellpadding="2" cellspacing="0">
<tr>
<td align="right"><label>用户名:</label></td>
<td><input type="text" name="user_name" id="user_id_adv"/></td>
</tr>
<tr>
<td align="right"><label>密码:</label></td>
<td><input type="password" name="pass_word" class="password_adv"/></td>
</tr>
</table>
</body>
</html>
```

除了 HTML 页面代码之外,还需要插件 password_strength_plugin.js。在插件中实现了 passStrength()方法。显示密码强弱时,显示样式用到 password_streng.css 样式表。插件和样式表中的内容,大家可以参考源代码来学习。

10.4 本章小结

本章从 3 方面介绍了 JavaScript 在网页中的应用。首先结合第 9 章的学习，运用对象和事件实现页面中的常见效果；然后介绍 JavaScript 结合 CSS，实现网页效果；最后介绍目前流行的 jQuery，通过案例体现 jQuery 在网页中的应用。

通过本章学习，大家可以了解 JavaScript 在网页中的应用方法，熟悉一些常见网页效果的实现方式。更重要的是，能够通过网络资源，查找并运用适合的. js 包来实现更好更多的网页效果。

10.5 习题

1. 运用焦点图库实现网页中的图片切换效果。
2. 从网上寻找 jQuery 插件，实现导航菜单。

第 11 章　企业网站制作实例

本章学习目标

(1) 熟悉网站的建设流程。

(2) 运用布局理念完成首页布局。

(3) 运用 CSS 进行页面内容的定位和美化。

(4) 运用 JavaScript 完成网页效果。

通过前面章节的学习，应该熟练掌握 XHTML 相关标记、CSS 样式属性、CSS 布局、JavaScript 基本语法及在网页中的应用。为了有效巩固所学知识，下面以一个企业网站首页为例，来强化知识的综合运用。

11.1　准备工作

作为一名专业的网页制作人员，当拿到一个页面的效果图时，首先要做的就是准备工作，主要包括素材的准备、建设站点、效果图分析等。素材包括公司方面提供的材料，例如公司的 logo、图片、简介、联系方式、产品分类和产品图片等，还要有网页素材，例如用于网页的 gif 小图标、通过公司提供材料制作的图片等。素材的准备过程就不多讲了，下面进行站点的建立。

站点对于制作维护一个网站很重要，它能够帮人们系统地管理网站文件。在第 2 章讲到站点的创建。下面运用 Dreamweaver 进行站点的创建，如图 11.1 所示。

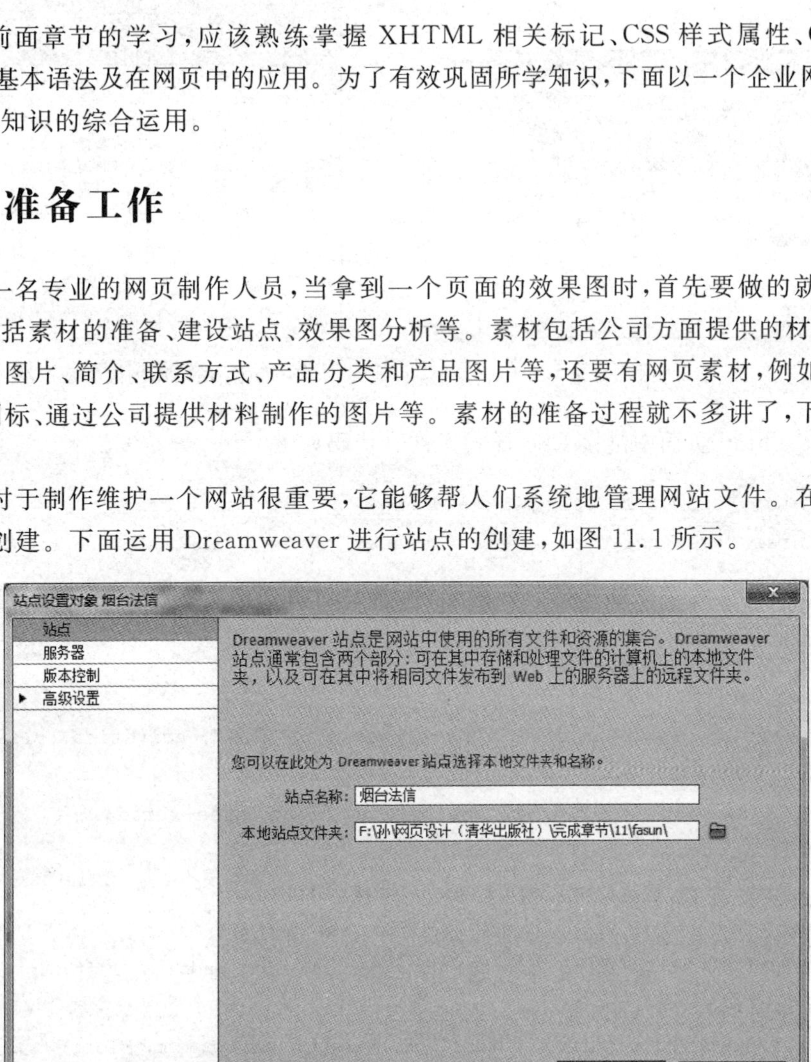

图 11.1　创建站点

打开网站根目录，在根目录下新建 css 文件夹、images 文件夹和 js 文件夹，分别用于存放网站所需的 CSS 样式表、图像文件和 JavaScript 文件。建立之后，在右边的文件面板中显示网站的目录，如图 11.2 所示。

接着，在文件夹下准备相应的文件。例如在站点根目录下创建 index. html 页面；在 css 文件夹中创建 base. css 样式表文件和 style. css 样式表文件。base. css 样式表文件将清除各浏览器的默认样式，使得网页在各浏览器中的显示效果一致，style. css 样式表文件将用于首页样式的定义。

创建完毕后，文件面板如图 11.3 所示。

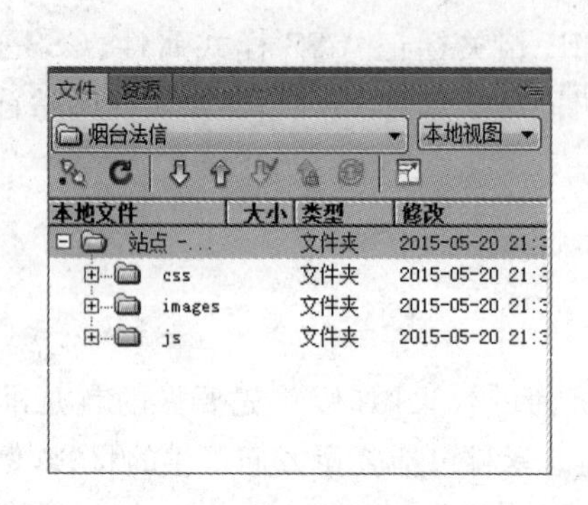

图 11.2　网站目录

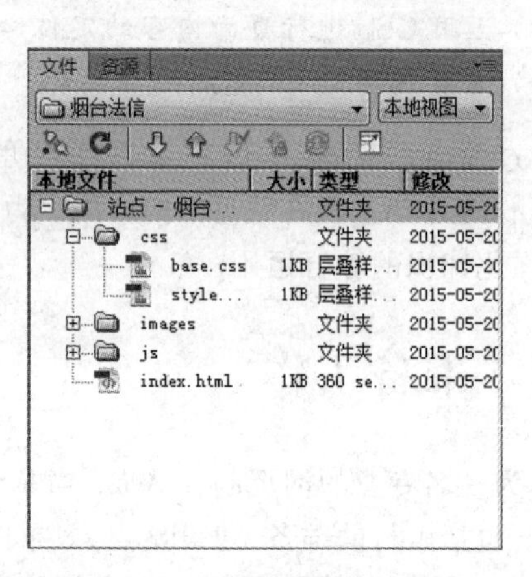

图 11.3　在站点创建相应文件

在 index. html 页面中链接 CSS 样式文件。代码如下：

```
<link href="css/style.css" rel="stylesheet" type="text/css" />
<link href="css/base.css" rel="stylesheet" type="text/css" />
```

对 base. css 样式表添加代码。一般来讲，都是对页面中所有标签样式进行重定义，代码如下：

```
@charset "utf-8";
body { margin: 0px auto; font: 12px/150%arial, "宋体", helvetica, clean, sans-serif; color: #333;}
td {font: 12px/150%"宋体",arial , helvetica, clean, sans-serif;}
select {font-size: 12px;}
input {font-size: 12px;border: #cccccc solid 1px;}
textarea {font-size: 12px;border: #cccccc solid 1px;}
h1,h2,h3,h4,h5,h6 {padding-bottom: 0px; margin: 0px; padding-left: 0px; padding-right: 0px; padding-top: 0px;}
ul ,ol,li,dl,dt,dd{padding-bottom: 0px; margin: 0px; padding-left: 0px; padding-right: 0px; padding-top: 0px;}
form {padding-bottom: 0px; margin: 0px; padding-left: 0px; padding-right: 0px; padding-top: 0px;}
table {border - bottom: 0px; border - left: 0px; border - spacing: 0px; border -
```

```
collapse: collapse; border-top: 0px; border-right: 0px;}
h1,h2,h3,h4,h5,h6 {font-size: 100%; font-weight: normal;}
p {margin: 5px 0px 15px;}
ul {list-style-type: none; list-style-image: none;}
li {list-style-type: none; list-style-image: none;}
img {border-bottom: 0px; border-left: 0px; border-top: 0px; border-right: 0px;}
a {display: inline-block; vertical-align: baseline;}
a: link ,a: visited,a: active{color: #000; text-decoration: none;}
a: hover {color: #376684; text-decoration: none; text-decoration: underline;}
.clear {clear: both; line - height: 0px; font - size: 0px; zoom: 1; height: 0px;
display: block; width: 100%; overflow: hidden; }
```

如果在网站中还有一些公用样式,可以在 base. css 样式表中继续增加。

素材的准备过程就不多讲了,这里看一下本网站的素材,如图 11.4 所示,为后面页面布局做好准备。

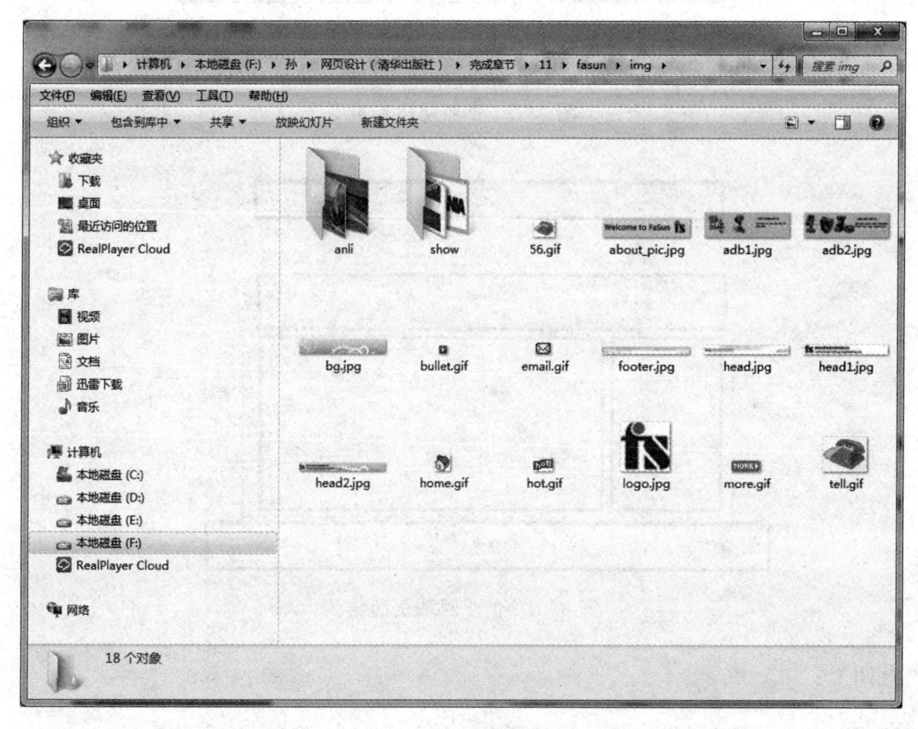

图 11.4 网站素材

11.2 布局页面

只有熟悉页面的结构及版式,才能更加高效地完成网页的布局和排版。企业网站首页效果如图 11.5 所示,分析首页的效果图,确定页面结构。

页面结构如图 11.6 所示。

根据结构图 11.6,可以完成 XHTML 结构代码。

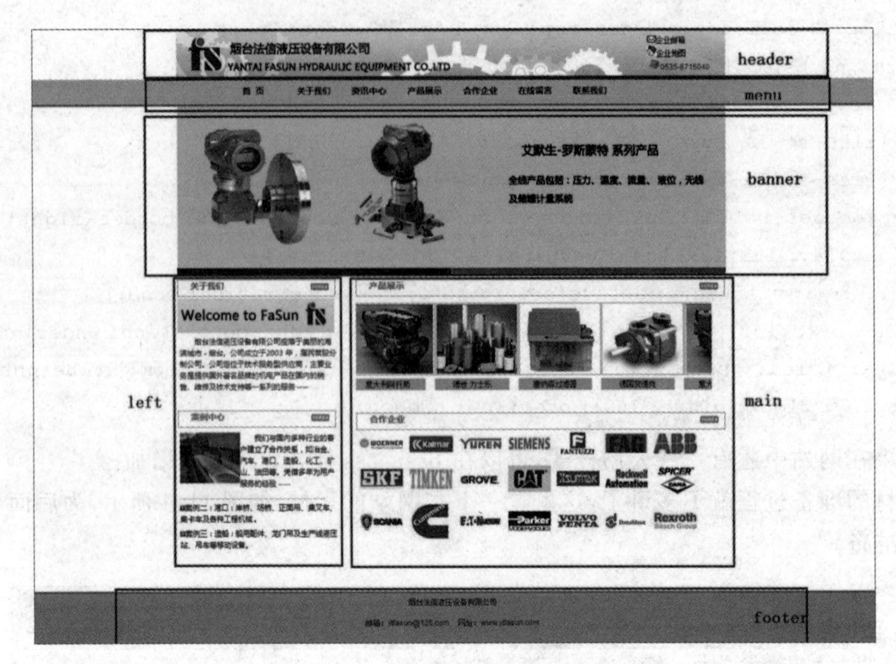

图 11.5　企业网站首页

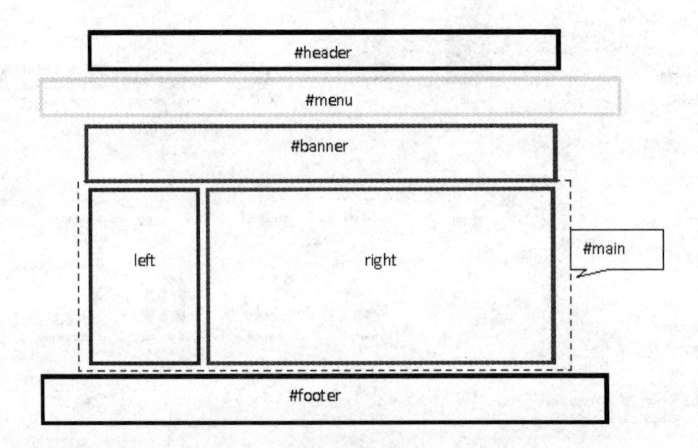

图 11.6　企业网站页面结构

代码如下：

```
<!DOCTYPE html PUBLIC "-//W3C//DTD XHTML 1.0 Transitional//EN"
"http://www.w3.org/TR/xhtml1/DTD/xhtml1-transitional.dtd">
<html xmlns="http://www.w3.org/1999/xhtml">
<head>
<meta http-equiv="Content-Type" content="text/html; charset=utf-8" />
<title>页面的结构设计</title>
</head>
<body>
<div id="header"><!--头部部分 -->
    #header
```

```
    </div>
<div id="menu"><!--菜单栏 -->
      #menu
    </div>
  <div id="banner"><!--广告部分 -->
      #banner
    </div>
    <div id="main"><!--页面的主体-->
      <div class="left"><!--主体的左边部分-->
  left
</div>
<div class="right"><!--主体的右边部分-->
  right
</div>
    </div>
    <div id="footer"><!--页面的脚注 -->
      #footer
    </div>
</body>
</html>
```

实现如上结构的CSS代码如下，将代码写进style.css。

```
<style type="text/css">
#header{
    width: 900px;
    margin: 0px auto;                              /* 设置在页面中居中 */
    height: 80px;
    border: 3px #FF0000 solid;
}
#menu{
    height: 40px;
    width: 100%;
    border: 3px #FFFF00 solid;
}
#banner{
    height: 250px;
    width: 900px;
    margin: 0px auto;
    border: 3px #FF6600 solid;
}
#main{
    width: 900px;
    margin: 0 auto;
    border: 1px #FF0000 dotted;
    overflow: hidden;                              /* 清除浮动 */
```

```
}
#main . left{
    width: 280px;
    height: 500px;
    float: left;
    margin-top: 20px;
    border: 2px #3399FF solid;
}
#main. right{
    width: 600px;
    float: left;
    margin-left: 10px;
    height: 500px;
    margin-top: 20px;
    border: 2px #66CC33 solid;
}
#footer{
    width: 100%;
    height: 80px;
    background-color: #ADADAD;
    margin-top: 15px;
    border: 2px #0000FF solid;
}</style>
```

布局代码中的边框线起到观察效果的作用，在后面的详细页面制作中，所有的边框线将被取消。main 内容块的高度也会被取消，由实际内容高度决定。其他块的高度，基本由素材的高度决定，不再发生变化。

11.3 详细页面制作

大块的布局做好以后，就可以进行区域的详细设计了，当然还有一个前提，需要准备好相应的素材。准备素材的过程就不多讲了，下面分区域介绍每一部分的制作过程。

11.3.1 header 区域

header 区域的效果如图 11.7 所示。

图 11.7 header 区域效果

具备的素材如图 11.8 所示。

根据素材可以确定，header 区域将以大图片为背景，在右边添加企业邮箱、企业地图和电话即可。要确定右边的内容，可以运用列表的结构来实现，内容的定位可以采用浮动定

图 11.8　素材图片

位，并增加边距来实现。

header 区域结构实现如下：

```
<div id="header" class="w900">
  <div class="email">
  <ul>
  <li><span><img src="img/email.gif" /><a href="#">企业邮箱</a></span></li>
  <li><span><img src="img/home.gif" /><a href="#">企业地图</a></span></li>
  <li><img src="img/56.gif" />0535-6715040</li>
  </ul>
  </div>
</div>
```

对应的 CSS 样式如下：

```
.w900{                                          /* 约束区域的宽度及实现居中 */
    width: 900px;
    margin: 0px auto;
}
#header{
    height: 80px;                               /* 定义 header 区域的高度和宽度 */
    width: 900px;
    background: url(../img/head2.jpg) no-repeat;  /* 定义 header 区域的背景图片 */
    margin: 0px auto;
}
#header .email{                                 /* 定位列表内容的显示位置 */
    float: right;
    margin-right: 25px;
    margin-top: 10px;
    }
```

11.3.2　menu 区域

menu 区域的宽度为 100%，没有素材，所有的样式需要 CSS 来实现。分析该区域，我们要实现文字的居中，并且，当鼠标经过时，menu 菜单上的文字颜色和背景色发生变化。为了能够让菜单栏的内容居中，就需要确定菜单栏内容的宽度，多宽合适呢？首先要确定每个菜单项的宽度，还要确定菜单项的内边距和外边距，有了这些，才能计算整个菜单栏的宽度。要实现鼠标的效果，可以通过定义超链接的伪类 a：hover 的样式，但仅定义 a：hover 的样式还是不够的，还需要将超链接的显示模式修改为 display：block，否则超链接也没有块状的响应。

实现代码如下。

HTML 结构部分：

```
<div id="menu">
  <div class="menu_c">
  <ul>
    <li><a href="#">首   页</a></li>
    <li><a href="#">关于我们</a></li>
    <li><a href="#">资讯中心</a></li>
    <li><a href="#">产品展示</a></li>
    <li><a href="#">合作企业</a></li>
    <li><a href="#">在线留言</a></li>
    <li><a href="#">联系我们</a></li>
  </ul>
  </div>
</div>
```

CSS 样式部分：

```
#menu{
    height: 40px;
    background-color: #C8C8C8;
    width: 100%;
    border-bottom: 3px #C63 solid;          /* menu 区域的橙色底线 */
}
#menu .menu_c{
    width: 630px;                           /* 每个列表项宽度 90px×7=630px */
    margin: 0px auto;
    overflow: hidden;                       /* 清除列表项浮动对它的影响 */
}
#menu ul{
    margin: 0px auto;
}
#menu ul li{
    float: left;
    width: 70px;                            /* 每个列表项的内容宽度为 70px */
    height: 30px;
    display: block;
    margin: 10px 10px;
                /* 列表项之间的间距为 10×2=20(px),这样每个列表项实际宽度为 90px */
    list-style-type: none;
    font-family: "微软雅黑";
    font-size: 14px;
    font-weight: bold;
    text-align: center;
}
#menu ul li a: hover{
```

```
    background-color: #3CF;
    color: #FFF;
    text-decoration: none;
    display: block;                          /*响应鼠标效果为块状显示*/
}
```

11.3.3 banner 区域

在效果图中,banner 区域的内容是最简单的,就是一些图片的轮换显示。但如何实现图片的轮换呢?在第 10 章介绍了 JavaScript 的运用,其中一点是幻灯片的切换,为了能够兼容更多的浏览器,可以运用焦点图库的 js 代码来实现幻灯片的切换效果。

HTML 结构部分代码:

```
<div id="adbanner"><!--定义 banner,确定区域的大小-->
  <div id="myFocus">
    <div class="pic">
      <ul>
        <li><img src="img/adb1.jpg" /></li>
        <li><img src="img/adb2.jpg" /></li>
      </ul>
    </div>
  </div>
</div>
```

CSS 部分代码:

```
#adbanner{                                    /*定义 banner 的大小及居中*/
    height: 250px;
    width: 900px;
    margin: 0px auto;
}
#myFocus{                                     /*定义幻灯片切换区域的大小*/
    width: 900px;
    height: 250px;
}
```

要运用的 js 代码如下:

```
<script src="js/myfocus-2.0.1.min.js" type="text/javascript"></script>
<script type="text/javascript">
//设置
myFocus.set({
    id: 'myFocus',//ID
    pattern: 'mF_fancy'//风格
});
</script>
```

11.3.4 main 区域

main 区域是页面的主要区域，分左右两部分，即 left 和 right。分析效果图 11.9，在完成这两部分时，首先也要确定每部分的宽度，如何确定呢？

图 11.9 main 区域效果

看图 11.9 中左边栏，"关于我们"下方有个图片，整个左边栏的宽度和该图片宽度一致，那么可以根据素材图片的宽度来决定 left 部分的宽度。素材宽度为 261px，右边 right 的宽度可以计算出来，即 900－左栏宽度－左右两栏之间的距离。有了两栏的宽度，分别实现两栏内容的填充。

1. left 部分

left 部分有两个内容，一个是"关于我们"，另一个是"案例中心"。这两部分的标题的样式基本相同，可以为它们定义公用的 CSS 样式。下面先写"关于我们"模块的结构。

```
<div id="left">
    <div class="about"><!--关于我们-->
      <div class="about_tit">
      <div class="tit"><!--标题-->
        <span>关于我们</span><span class="more"><a href="#"><img src="img/
more.gif" /></a></span>
        </div>
      </div>
      <div class="about_pic"><!--标题图片-->
        <img src="img/about_pic.jpg" width="260" />
      </div>
      <div class="about_con"><!--内容-->
      <span>
      烟台法信液压设备有限公司坐落于美丽的海滨城市——烟台。公司成立于 2003 年，属民营
股份制公司。公司定位于技术服务型供应商，主要业务是提供国外著名品牌的机电产品在国内的销
售、维修及技术支持等一系列的服务……
```

```
        </span>
        </div><!--end about_con-->
</div><!--end about-->
  </div><!--end left-->
```

在“关于我们”的标题部分，有文字和小图片在同一行上，所以使用行间对象 span 进行结构的书写。

下面完成“关于我们”的 CSS 样式。

```
#left{                                  /*定义左边栏*/
    width: 261px;
    float: left;
    margin-top: 20px;
}
#left .about{
    width: 100%;                        /*“关于我们”的区域宽度，将由左边栏宽度决定*/
    margin-top: 5px;
}
#left .about .about_pic{
    width: 261px;
    margin: 0px auto;
}
#left .about .about_tit{
    width: 100%;                        /*标题的宽度与 left 宽度一致*/
}
#left .about .about_con{
    text-indent: 24px;                  /*首行缩进 2 个字*/
    font-size: 12px;
    font-family: "微软雅黑";
    padding: 3px;
    width: 100%;
}
```

还要定义标题相同的样式：

```
.tit{
    height: 25px;
    line-height: 25px;
    border: 1px #A7A7A7 solid;
    padding: 0px 20px;          /*标题文字的显示位置，距离左边 20 像素，垂直方向居中*/
    font-family: "微软雅黑";
    color: #09F;
    font-weight: bold;
    font-size: 14px;
    position: relative;                 /*相对定位，成为 more 的父元素*/
}
.tit .more{
```

```
    position: absolute;                /*绝对定位,参照父元素进行定位*/
    top: 8px;
    right: 15px;
}
```

在这部分代码中,对 more 小图标的定位参照父元素进行了绝对定位,大家也可以尝试其他方法,使得小图标出现在标题栏的右侧。

接下来,再来分析“案例分析”模块。案例分析上半部分,可以看作是图文混排,下半部分是列表,所以在结构上可以分标题、图文、列表三部分。

HTML 代码部分:

```
<div class="news"><!--行业资讯-->
    <div class="news_tit"><!--标题部分-->
    <div class="tit">
        <span>案例中心</span><span class="more"><a href="#"><img src="img/more.
        gif" /></a></span>
    </div>
    </div>
    <div class="news_con"><!--图文部分-->
        <span class="a"><img src="img/anli/image001.jpg" width="100" height="80" />
</span><span class="b">我们与国内多种行业的客户建立了合作关系,如冶金、汽车、港口、造
船、化工、矿山、油田等。凭借多年为用户服务的经验,我们在业内多种进口设备配件供应及技术服
务方面获得了客户的认可。</span>
        <hr class="c"/>
        <ul>    <!--列表部分-->
        <li>案例二:港口:岸桥、场桥、正面吊、集叉车、集卡车及各种工程机械。</li>
        <li>案例三:造船:船用配件、龙门吊及生产线液压站、吊车等移动设备。</li>
    </ul>
    </div>
</div>
```

相应的 CSS 代码如下:

```
#left .news{
    width: 100%;
    margin-top: 25px;
}
#left .news .news_tit{
    width: 100%;
}
#left .news .news_con{
    font-size: 12px;
    font-family: "微软雅黑";
    padding: 3px;
    width: 260px;
}
```

```
#left .news .news_con .a{                          /*定义图片部分,进行浮动*/
    float: left;
    width: 100px;
    height: 80px;
    margin-right: 9px;
}
#left .news .news_con .c{
    border-style: dotted;
    width: 100%;
}
#left .news .news_con ul li{
    list-style-image: url(../img/bullet.gif);    /*定义项目符号为图片*/
    list-style-position: inside;                 /*在内部显示*/
    margin-top: 5px;
}
```

2. right 部分

右边部分有两个模块,分别是“产品展示”和“合作企业”,产品展示中有图片滚动,需要考虑运用什么结构组织内容及如何实现图片滚动效果;而合作企业是一些企业 logo 的图片,主要问题就是运用什么结构来组织图片。

下面分别看这两个模块的实现方法。

产品展示模块,可以运用列表的结构组织内容,也可以运用表格实现。下面分别用两种方法组织内容。

1) 运用列表组织内容

```
<div class="show"><!--产品展示-->
      <div class="tit">
         <span>产品展示</span><span class="more"><a href="#"><img src="img/
         more.gif" /></a></span>
      </div>
      <div class="show_con">
         <div id="show_pic" >
         <ul id="userul" class="userul" >
         <li><a href="#"><img src="img/show/image060.jpg" width="130" height
         = "110" /><span>博世力士乐</span></a></li>
         <li><a href="#"><img src="img/show/image066.jpg" width="130" height
         = "110" /><span>唐纳森过滤器</span></a></li>
         <li><a href="#"><img src="img/show/image070.jpg" width="130" height
         = "110" /><span>德国贺德克</span></a></li>
         <li><a href="#"><img src="img/show/图片 1.jpg" width="130" height=
         "110" /><span>意大利阿托斯</span></a></li>
       </ul>
      </div>
    </div>
```

效果如图 11.10 所示。

图 11.10　列表结构的效果

2）运用表格组织内容

```
<div class="show"><!--产品展示-->
      <div class="show_tit">
      <div class="tit">
          <span>产品展示</span><span class="more"><a href="#"><img src="img/
          more.gif" /></a></span>
      </div>
      </div>
      <div class="show_con">
      <table cellpadding="5">
          <tr>
            <td><img src="img/show/image060.jpg" width="130" height="110" /></td>
            <td><img src="img/show/image066.jpg" width="130" height="110" /></td>
            <td><img src="img/show/image070.jpg" width="130" height="110" /></td>
            <td><img src="img/show/图片 1.jpg" width="130" height="110" /></td>
          </tr>
          <tr>
          <td align="center" bgcolor="#CC9900">博世力士乐</td>
          <td align="center" bgcolor="#CC9900">唐纳森过滤器</td>
          <td align="center" bgcolor="#CC9900">德国贺德克</td>
          <td align="center" bgcolor="#CC9900">意大利阿托斯</td>
          </tr>
        </table>
      </div>
    </div>
```

效果如图 11.11 所示。

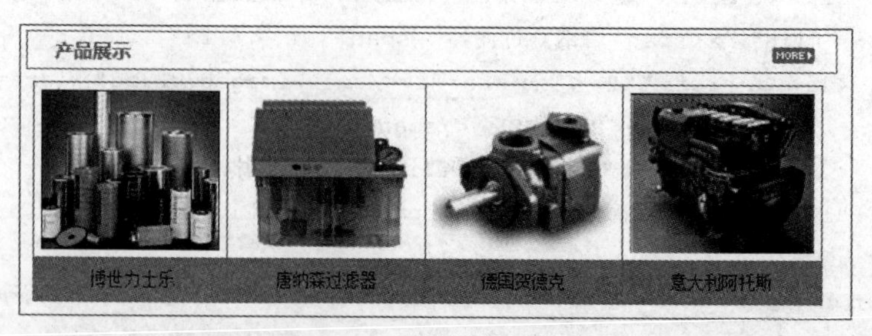

图 11.11　表格结构的效果

虽然在结构上都能实现，但是，我们能很方便地为列表结构增加鼠标经过的效果。

CSS 代码如下：

```
#right{
    width: 600px;
    float: left;
    margin-left: 16px;
    height: 500px;
    margin-top: 20px;
}
#right .show{
    margin-top: 5px;
    width: 580px;
    }
#show_pic{
    width: 580px;
    margin-left: 0px;
    margin-top: 10px;
    height: 150px;
    overflow: hidden;
}
.userul{                                       /*定义列表的样式*/
}
.userul li{
    text-align: center;
    width: 130px;
    float: left;
    margin-left: 6px;
    }
.userul li a{                                  /*列表中超链接的样式*/
    display: block;
    text-align: center;
    width: 130px;
}
.userul li a img{                              /*列表中超链接里图片的样式*/
    display: block;
    margin: 0px auto;
    padding: 1px;
    border: #d3d3d3 solid 1px;
}
.userul li a: hover img{
    border: #fda800 solid 3px;
                  /*当鼠标经过图片时，图片的边框线为 3 px，这样会撑开原来定义的区域*/
    padding: 1px;
    margin-left: -2px;      /*当撑开时，向左减少 2px 的间距，会覆盖左边的元素，也就是人们
                              看到图片被着重显示时，会遮挡其他元素*/
```

```
}
.userul li a span{
    text-align: center;
    display: block;
    font-size: 12px;
    margin-top: 5px;
    width: 130px;
    background-color: #fda800;
}
```

当鼠标经过某个产品时,会感觉突出显示了该产品。实现效果如图 11.12 所示。

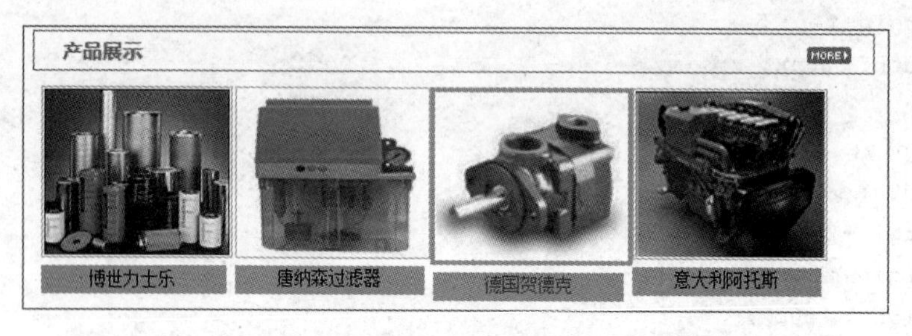

图 11.12　列表结构下鼠标经过时的效果

接下来,就要考虑如何实现图片的滚动了。以前用过<marquee>标签,但是在滚动期间,总会有空白的区域,显示效果不是很好。在这里,推荐 MSClass.js 包,也称为 Class Of Marquee Scroll,是通用不间断滚动 JS 封装类,兼容绝大多数的浏览器。使用方法也非常简单,下面运用该 js 文件实现页面中的图片滚动。首先在页面头部添加包。

```
<head><script src="js/MSClass.js" type="text/javascript"></script></head>
```

在产品展示模块结束的地方,添加下面的代码:

```
<script type="text/javascript">
  new Marquee(
{
    MSClass     : ["show_pic","userul"],        //设定滚动区域的 id
    Direction   : 2,                            //滚动方向向左
    Step        : 0.1,
    Width       : 580,                          //滚动区域的宽度
    Height      : 150,                          //滚动区域的高度
    Timer       : 20,
    DelayTime   : 2000,                         //决定滚动的快慢
    WaitTime    : 0,
    ScrollStep  : 170,                          //一次滚动的幅度
    SwitchType  : 0,
    AutoStart   : true
});
    </script>
```

具体用法在 MSClass.js 中有详细说明，在此就不做过多介绍了。

下面来看“合作企业”部分，该部分没有动态的效果，只是将公司的 logo 进行组织展现，最好的方法便是运用表格进行内容的组织。

HTML 代码如下：

```
<div class="coop"><!--合作企业-->
    <div class="tit">
      <span>合作企业</span><span class="more"><a href="#"><img src="img/
  more.gif" /></a></span>
    </div>
  <div class="coop_con">
    <table>
      <tr>
        <td><img src="img/show/image002.jpg" width="70" /></td>
        <td><img src="img/show/image0011.jpg" width="70" /></td>
        <td><img src="img/show/image017.jpg" width="70" /></td>
        <td><img src="img/show/image020.jpg" width="70" /></td>
        <td><img src="img/show/image021.png" width="70"/></td>
        <td><img src="img/show/image026.jpg" width="70" /></td>
        <td><img src="img/show/image022.jpg" width="70" /></td>
      </tr>
      <tr>
        <td><img src="img/show/image027.jpg" width="70" /></td>
        <td><img src="img/show/image029.jpg" width="70" /></td>
        <td><img src="img/show/image030.jpg" width="70" /></td>
        <td><img src="img/show/image032.gif" width="70" /></td>
        <td><img src="img/show/image033.jpg" width="70" /></td>
        <td><img src="img/show/image035.jpg" width="70" /></td>
        <td><img src="img/show/image038.png" width="70" /></td>
      </tr>
      <tr>
        <td><img src="img/show/image041.jpg" width="70" /></td>
        <td><img src="img/show/image042.jpg" width="70" /></td>
        <td><img src="img/show/image045.gif" width="70" /></td>
        <td><img src="img/show/image047.jpg" width="70" /></td>
        <td><img src="img/show/image049.jpg" width="70" /></td>
        <td><img src="img/show/image057.jpg" width="70" /></td>
        <td><img src="img/show/image059.jpg" width="70" /></td>
      </tr>
    </table>
  </div>
</div>
```

CSS 样式代码：

```
#right .coop{
    margin-top: 25px;
    width: 580px;
}
#right .coop .coop_con table tr td{
    padding: 5px;
}
```

11.3.5 footer 区域

footer 区域和 menu 区域相呼应,也是宽度 100%,上方有一条橙色线,内容居中。实现比较简单,HTML 代码如下:

```
<div id="footer">
<p align="center">烟台法信液压设备有限公司</p>
<p align="center">邮箱: ytfasun@126.com     网址: www.
ytfasun.com</p>
</div>
```

CSS 部分代码如下:

```
#footer{
    width: 100%;
    height: 80px;
    border-top: 3px #C63 solid;
    background-color: #ADADAD;
}
```

11.4 本章小结

本章运用一个企业网站,演示了网页制作的过程及每部分的实现方法。在实现具体模块的过程中,涉及 XHTML 结构的运用、CSS 样式表书写及技巧、JavaScript 在网页中的运用,基本涵盖了教材的所有知识点。

通过本章的学习,大家对网页设计应该有更深入的了解,如果能够顺利做完整个案例,相信大家通过以后的实践,会逐渐对网页设计得心应手。

11.5 习题

参考图 11.13 的网页效果图及提供的素材,实现网页的整体设计。

图 11.13 班级网站效果

参 考 文 献

[1] 张洪斌，刘万辉. 网页设计与制作(HTML+CSS+JavaScript)[M]. 北京：高等教育出版社，2013.

[2] 孙俊琳. 基于 Web 标准的网页设计[M]. 北京：北京邮电大学出版社，2013.

[3] 传智播客高教产品研发部. 网页设计与制作(HTML+CSS)[M]. 北京：中国铁道出版社，2014.

[4] 前沿科技，曾顺. 精通 CSS+DIV 网页样式与布局[M]. 北京：人民邮电出版社，2007.

[5] www.w3school.com.cn.

[6] 朱印宏. JavaScript 速查手册[M]. 北京：中国铁道出版社，2010.

[7] 曾海，高春艳，于一，等. JavaScript 程序设计基础教程[M]. 北京：人民邮电出版社，2009.